2021

Civil Engineering

中国
土木工程建设

发展报告

中国土木工程学会　组织编写

中国建筑工业出版社

序

改革开放以来，我国土木工程建设经历了产业规模从小到大、建造能力由弱变强的转变，对经济社会发展、城乡建设和民生改善作出了重要贡献。正如习近平总书记在 2019 年新年贺词所说：中国制造、中国创造、中国建造共同发力，继续改变着中国的面貌。《中华人民共和国国民经济和社会发展第十四个五年规划和 2035 年远景目标纲要》中明确提出：要加快补齐基础设施、市政工程、农业农村、公共安全、生态环保、公共卫生、物资储备、防灾减灾、民生保障等领域短板，推动企业设备更新和技术改造，扩大战略性新兴产业投资。推进既促消费惠民生又调结构增后劲的新型基础设施、新型城镇化、交通水利等重大工程建设。面向服务国家重大战略，实施川藏铁路、西部陆海新通道、国家水网、雅鲁藏布江下游水电开发、星际探测、北斗产业化等重大工程，推进重大科研设施、重大生态系统保护修复、公共卫生应急保障、重大引调水、防洪减灾、送电输气、沿边沿江沿海交通等一批强基础、增功能、利长远的重大项目建设。这些都为我国土木工程建设指明了发展方向、拓展了市场空间。面对新的发展形势和任务，需要通过对我国土木工程建设发展历程的全方位回顾，系统总结土木工程建设的发展经验；需要全面厘清土木工程建设的发展现状，以此了解、把握土木工程建设项目管理与技术创新的进展程度，发现亟待解决的问题，研判、分析土木工程建设发展的趋势和动向；需要通过先进典型的标杆示范，引领土木工程建设企业不断提升自身的核心竞争力。从这个意义而言，通过加强土木工程学科智库的建设，推进土木工程建设研究的科学化、专业化水平，显得尤为重要。

《中国土木工程建设发展报告 2021》是中国土木工程学会系统谋划，组织专业团队精心打造的一项重要的智库成果。这部报告的出版，对于全面了解我国土木工程建设的发展状况，总结土木工程建设的发展经验，研判土木工程建设发展的趋势，打造"中国建造"品牌，提升我国土木工程建设企业的核心竞争力，具有十分重要的意义。报告每年出版一部，力图全面记载、呈现过去一年我国土木工程建设的发展概况，对于系统梳理土木工程建设的发展脉络、总结土木工程建设的发展经验具有重要作用。报告不仅通过翔实的数据资料和丰富的工程案例来呈现我国土木工程建设的发展概貌，而且还基于中国土木工程学会下达的年度研究课题，围绕土木工程建设年度热点问题，汇集了相应的研究成果。这些对明确今后推进土木工程建设的具体目标、行动路径都具有十分重要的借鉴价值。报告还通过建立模型和数据分析，进行土木工程建设企业综合实力、国际拓展能力和科技创新能力排序分析，将会对土木工程建设企业起到标杆引领和典型示范作用。

本报告是我国发布的第二本土木工程建设发展年度报告。在短短几个月的时间里，编委会精心组织，系统谋划，全体参编人员集思广益、反复推敲，付出了极大的努力。我向为本报告的成功出版作出贡献的同志们表示由衷的感谢。

期待本报告能够得到广大读者的关注和欢迎，也希望读者在分享本报告研究成果的同时，也对其中尚存的不足提出中肯的批评和建议，以利于编写人员认真采纳与研究，使下一个年度报告更趋完美，让读者更加受益。希望中国土木工程学会和本书的编写者们，能够持之以恒地跟踪我国土木工程建设的发展动态，长期不懈地关注土木工程建设发展的热点问题和前沿方向，全面系统地总结土木工程建设企业项目管理和技术创新的成功经验，逐步形成年度序列性的土木工程建设发展研究成果，引领我国土木工程建设的发展方向，为打造"中国建造"品牌，提升我国土木工程建设企业的核心竞争力作出更大的贡献。

中国土木工程学会理事长

2022 年 10 月

前言

为了客观、全面地反映中国土木工程建设的发展状况，打造"中国建造"品牌，提升中国土木工程建设企业的核心竞争力，中国土木工程学会从 2021 年开始，每年编制一本反映上一年度中国土木工程建设发展状况的分析研究报告——《中国土木工程建设发展报告》。本报告即为《中国土木工程建设发展报告》的 2021 年度版。

本报告共分 6 章。第 1 章对土木工程建设的总体状况进行分析，包括对固定资产投资总体状况的分析和对房屋建筑工程、铁路工程、公路工程、水利与水路工程、机场工程、市政工程建设情况的分类分析，对工程机械发展状况的分析；第 2 章从土木工程建设企业的经营规模、市场规模和效益三个侧面，对土木工程建设企业的竞争力进行了分析，并通过构建综合实力分析模型，对土木工程建设企业进行了综合实力排序；第 3 章通过对进入国际承包商 250 强、全球承包商 250 强、财富世界 500 强中的土木工程建设企业的分析，提出了土木工程建设企业国际拓展能力的排序方法，并给出了土木工程建设国际拓展能力前 100 家企业榜单；第 4 章从研究项目、标准编制、专利研发三个侧面，分析了土木工程建设领域科技创新的总体情况，对中国土木工程詹天佑奖获奖项目的科技创新特色进行了分析，提出了土木工程建设企业科技创新能力排序模型，对土木工程建设企业科技创新能力进行了排序分析，分析列举了土木工程领域的重要学术期刊；第 5 章基于中国土木工程学会、北京詹天佑土木工程科学技术发展基金会下达的年度研究课题，围绕绿色建造技术发展、智能建造发展、住宅建设新技术发展、港口工程绿色建设技术发展、深大地下工程技术进展和创新、地下空间资源开发、混凝土及预应力混凝土学科研究与发展七个土木工程建设年度热点问题，汇集了相应的研究成果；第 6 章汇编了土木工程建设年度颁布的相关政策、文件，总结了土木工程建设年度发展大事记和中国土木工程学会年度大事记。

本报告是系统分析中国土木工程建设发展状况的系列著作，对于全面了解中国土木工程建设的发展状况、学习借鉴优秀企业土木工程建设项目管理和技术创新的先进经验、开展与土木工程建设相关的学术研究，具有重要的借鉴价值。可供广大高等院校、科研机构从事土木工程建设相关教学、科研工作的人员、政府部门和土木工程建设企业的相关人员阅读参考。

本报告在制定编写方案、收集相关数据和书稿编写及审稿的过程中，得到了住房和城乡建设部主管领导、有关行业专家、中国土木工程学会各分支机构、相关土木工程建设企业的积极支持和密切配合；在编辑、出版的过程中，得到了中国建筑工业出版社的大力支持，在此表示衷心的感谢。

限于时间和水平，本书错讹之处在所难免，敬请广大读者批评指正。

2022 年 10 月

目录

第 3 章　土木工程建设企业国际拓展能力分析

第4章 土木工程建设领域的科技创新

第5章 土木工程建设前沿与热点问题研究

第 6 章　2021 年土木工程建设相关政策、文件汇编与发展大事记

附　录

1.1 固定资产投资的总体状况

1.1.1 固定资产投资及其增长情况

1.1.1.1 我国固定资产投资的总体情况

图 1-1 示出了 2011~2021 年我国固定资产投资的总体情况。从图中可以看出,2021 年,我国全社会固定资产投资为 552884.20 亿元,固定资产投资(不含农户)为 544547.00 亿元。

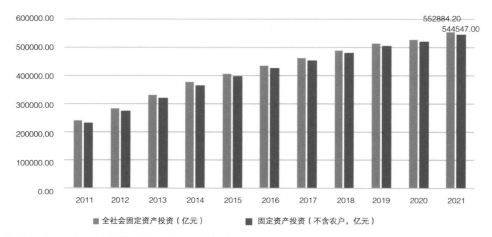

图 1-1 2011 ~ 2021 年我国固定资产投资的总体情况
数据来源:国家统计局《国家数据》

1.1.1.2 固定资产投资总体增长情况

图 1-2 示出了 2021 年我国固定资产投资(不含农户)的增长情况。从图中可以看出,2021 年 1~2 月全国固定资产投资(不含农户)增幅高达 35%,而后增幅逐月下降,上半年降至 12.6%,全年投资比上年增长 4.9%,增速比 1~11 月和前三季度分别加快下降 0.3 和 2.4 个百分点;民间固定资产投资增长趋势与全国固定资产投资增长趋势类似,但增幅高于全国。2021 年,民间固定资产投资比上年增长 7.0%,增速比 1~11 月下降 0.7 个百分点;国有及国有控股固定资产投资增长趋势也与全国固定资产投资增长趋势类似,但增幅低于全国。

2021 年，国有及国有控股固定资产投资比上年增长 2.9%，增速比 1~11 月放缓 0.1 个百分点。

三次产业的固定资产投资增长情况如图 1-3 所示。从图中可以看出，三次产业固定资产投资均实现了正增长。2021 年，第一产业投资比上年增长 9.1%，增速比 1~11 月放缓 0.2 个百分点；第二产业投资增长 11.3%，增速比 1~11 月增加 0.2 个百分点；第三产业投资增长 2.1%，增速比 1~11 月减少 0.4 个百分点。

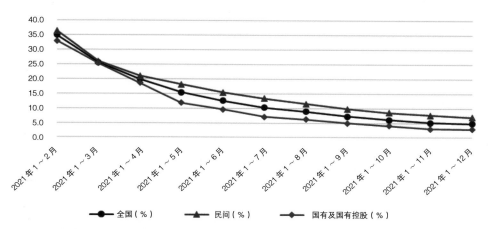

图 1-2　2021 年我国固定资产投资（不含农户）增长情况
数据来源：国家统计局《国家数据》

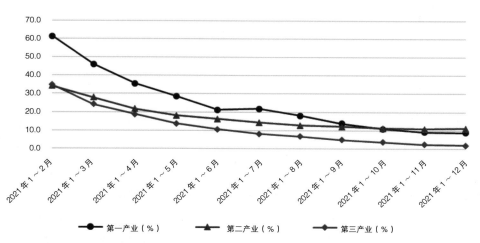

图 1-3　2021 年三次产业固定资产投资增长情况
数据来源：国家统计局《国家数据》

1.1.1.3 按建设项目性质划分的固定资产投资增长情况

按建设项目性质划分的固定资产投资增长情况如图 1-4 所示。从图中可以看出，新建、改建固定资产投资均实现了正增长，扩建固定资产投资则为负增长。2021 年，新建项目投资比上年增长 7.0%，增速比 1~11 月降低 0.3 个百分点；扩建项目投资减少 3.0%，增速比 1~11 月加快 2.6 个百分点；改建项目投资增长 10.1%，增速比 1~11 月降低 1.3 个百分点。

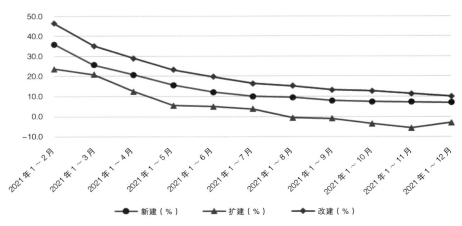

图 1-4 2021 年按建设项目性质划分的固定资产投资增长情况
数据来源：国家统计局《国家数据》

1.1.1.4 按构成划分的固定资产投资增长情况

按构成划分的固定资产投资增长情况如图 1-5 所示。从图中可以看出，建筑

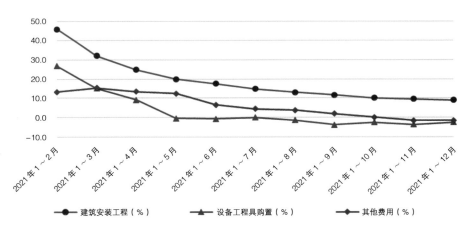

图 1-5 2021 年按构成划分的固定资产投资增长情况
数据来源：国家统计局《国家数据》

安装工程固定资产投资实现了正增长，设备工器具购置和其他费用固定资产投资则为负增长。2021 年，建筑安装工程投资比上年增长 8.9%，增速比 1~11 月降低 0.6 个百分点；设备工器具购置投资下降 2.6%，降速比 1~11 月加快 1.1 个百分点；其他费用投资下降 1.5%，增速比 1~11 月放缓 0.1 个百分点。

1.1.1.5 基础设施领域固定资产投资增长情况

2021 年，我国基础设施投资（不含电力、热力、燃气及水生产和供应业）比上年增长 0.4%。其中，铁路运输业投资下降 1.8%，降速比 1~11 月加快 0.1 个百分点；道路运输业投资下降 1.2%，降速比 1~11 月增加 0.9 个百分点；航空运输业投资增长 18.8%，增速比 1~11 月放缓 3.5 个百分点；水利管理业投资增长 1.3%，增速比 1~11 月放缓 0.8 个百分点；生态保护和环境治理业投资下降 2.6%，降速比 1~11 月加快 1.0 个百分点；公共设施管理业投资下降 1.3%，降速比 1~11 月放缓 0.3 个百分点。上述行业 2021 年固定资产投资增长情况如图 1-6 所示。

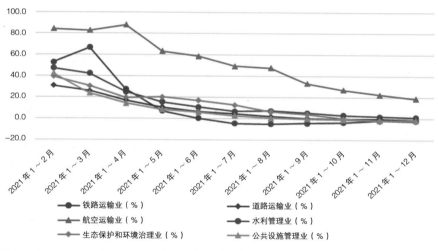

图 1-6　2021 年基础设施领域部分行业固定资产投资增长情况
数据来源：国家统计局《国家数据》

1.1.2 房地产开发投资及其增长情况

1.1.2.1 房地产开发投资总体情况

图 1-7 示出了 2011~2021 年我国房地产开发投资的总体情况。从图中可以

看出，2021 年，我国房地产开发投资为 147602.08 亿元，比上年增长 4.35%，增幅比上年降低了 2.64 个百分点。

图 1-8 示出了 2011~2021 年我国房地产开发投资的构成情况。从图中可以看出，建筑工程投资在房地产开发投资中占比最大，2021 年为 60.24%；其次为其他费用投资，2021 年为 35.25%；2021 年两者合计占比达到 95.49%。

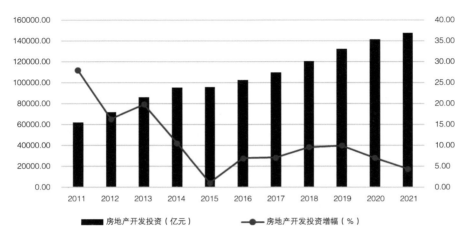

图 1-7　2011~2021 年我国房地产开发投资的总体情况
数据来源：国家统计局《国家数据》

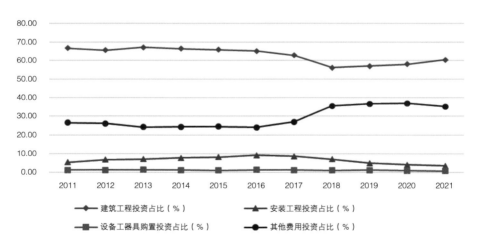

图 1-8　2011~2021 年我国房地产开发投资的构成情况
数据来源：国家统计局《国家数据》

1.1.2.2　2021 年我国房地产开发投资的增长情况

图 1-9 示出了 2021 年我国房地产开发投资的增长情况。2021 年，房地产开发投资比上年增长 4.4%，增速比 1~11 月降低 1.6 个百分点。

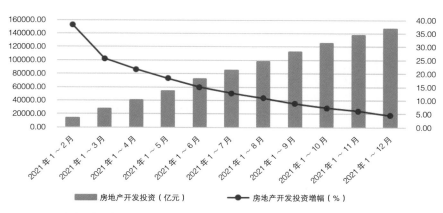

图 1-9　2021 年我国房地产开发投资的增长情况
数据来源：国家统计局《国家数据》

1.1.2.3　2021 年我国房地产开发投资的构成及其增长情况

图 1-10 示出了 2021 年我国不同类型房地产开发投资的增长情况。2021 年，住宅投资增长 6.4%，增速比 1~11 月放缓 1.7 个百分点；办公楼投资下降 8.0%，降幅比 1~11 月加快 1.9 个百分点；商业营业用房投资下降 4.8%，降幅比 1~11 月加快 1.7 个百分点；其他投资增长 3.3%，增速比 1~11 月降低 1.6 个百分点。

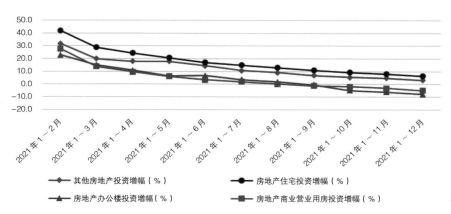

图 1-10　2021 年我国不同类型房地产开发投资的增长情况
数据来源：国家统计局《国家数据》

1.1.2.4 我国房地产施工面积、竣工面积情况

图 1-11 示出了 2011~2021 年我国房地产施工面积、竣工面积情况。2021 年，房地产施工面积为 97.54 亿 m²，比上年增长 5.2%，增速比上年增加 1.5 个百分点；房地产新开工施工面积为 19.89 亿 m²，比上年减少 11.4%，增速比上年降低 10.2 个百分点；房地产竣工面积为 10.14 亿 m²，比上年增加 11.2%，增速比上年增加 16.1 个百分点。

图 1-12 示出了 2011~2021 年我国商品住宅施工面积、竣工面积情况。

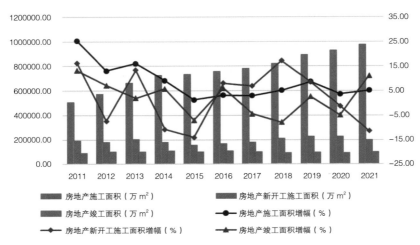

图 1-11 2011~2021 年我国房地产施工面积、竣工面积情况
数据来源：国家统计局《国家数据》

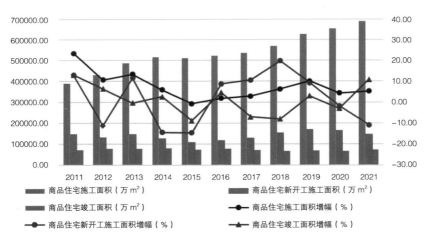

图 1-12 2011~2021 年我国商品住宅施工面积、竣工面积情况
数据来源：国家统计局《国家数据》

2021 年，商品住宅施工面积为 69.03 亿 m²，比上年增长 5.3%，增速比上年增加 0.9 个百分点；商品住宅新开工施工面积为 14.64 亿 m²，比上年减少 10.9%，增速比上年降低 9.0 个百分点；商品住宅竣工面积为 7.30 亿 m²，比上年增长 10.8%，增速比上年增加 13.9 个百分点。

图 1-13 示出了 2011~2021 年我国办公楼施工面积、竣工面积情况。2021 年，办公楼施工面积为 3.77 亿 m²，比上年增长 1.7%，增速比上年增加 2.2 个百分点；办公楼新开工施工面积为 0.52 亿 m²，比上年减少 20.9%，增速比上年降低 14.1 个百分点；办公楼竣工面积为 0.34 亿 m²，比上年增长 11.0%，增速比上年增加 33.6 个百分点。

图 1-14 示出了 2011~2021 年我国商业营业用房施工面积、竣工面积情况。2021 年，商业营业用房施工面积为 9.07 亿 m²，比上年减少 2.7%，增速比上年提高 4.5 个百分点；商业营业用房新开工施工面积为 1.41 亿 m²，比上年减少 21.7%，增速比上年降低 16.8 个百分点；商业营业用房竣工面积为 0.87 亿 m²，比上年增长 1.1%，增速比上年增加 21.4 个百分点。

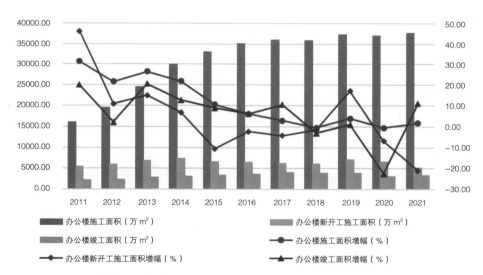

图 1-13　2011~2021 年我国办公楼施工面积、竣工面积情况
数据来源：国家统计局《国家数据》

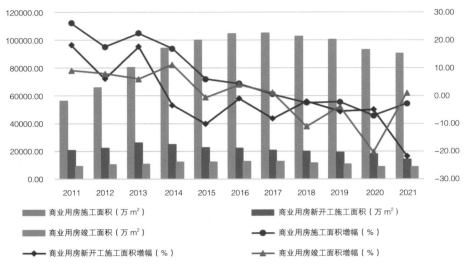

图 1-14　2011~2021 年我国商业营业用房施工面积、竣工面积情况

数据来源：国家统计局《国家数据》

1.1.3　固定资产投资与土木工程建设的相互作用关系

土木工程是建造各类工程设施的科学技术的统称。它既指所应用的材料、设备和所进行的勘测、设计、施工、保养、维修等技术活动，也指工程建设的对象。即建造在地上或地下、陆上或水中，直接或间接为人类生活、生产、军事、科研服务的各种工程设施，例如房屋、道路、铁路、管道、隧道、桥梁、运河、堤坝、港口、电站、飞机场、海洋平台、给水排水以及防护工程等。

固定资产投资与土木工程建设具有非常密切的相互作用关系。固定资产投资为我国土木工程建设企业的生产经营提供了巨大的市场空间，我国土木工程建设企业的生产经营活动，也为固定资产投资的实现做出了重要贡献。图 1-15 所示的我国固定资产投资（不含农户）与建筑业总产值的关系曲线，形象地反映出二者间的这种相互作用关系。2021 年，我国土木工程建设企业完成的建筑业总产值占我国固定资产投资（不含农户）的比重为 53.82%，比上年增加 2.95 个百分点，是 2011 年以来的最高点。

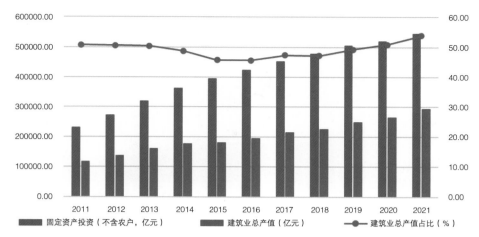

图 1-15　我国固定资产投资（不含农户）与建筑业总产值的关系曲线
数据来源：国家统计局《国家数据》

1.2　房屋建筑工程建设情况分析

1.2.1　房屋建筑工程建设的总体情况

房屋建筑工程是指各类房屋建筑及其附属设施和与其配套的线路、管道、设备安装工程及室内外装修工程。房屋建筑指有顶盖、梁柱、墙壁、基础以及能够形成内部空间，满足人们生产、居住、学习、公共活动等需要的工程。房屋建筑工程一般简称建筑工程，是指新建、改建或扩建房屋建筑物和附属构筑物所进行的勘察、规划、设计、施工、安装和维护等各项技术工作及其完成的工程实体。

1.2.1.1　房屋建筑施工面积

图 1-16 示出了 2011~2021 年我国房屋建筑施工面积的情况。2021 年，我国土木工程建设企业完成房屋建筑施工面积 157.55 亿 m^2，比上年增长 5.13%。其中，新开工面积 49.21 亿 m^2，比上年减少 4.13%。

1.2.1.2　房屋建筑竣工面积

图 1-17 示出了 2011~2021 年我国房屋建筑竣工面积的情况。2021 年，我

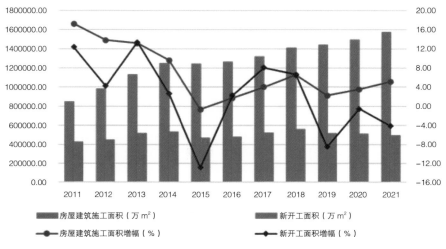

图 1-16 2011~2021 年我国房屋建筑施工面积的情况
数据来源：国家统计局《国家数据》

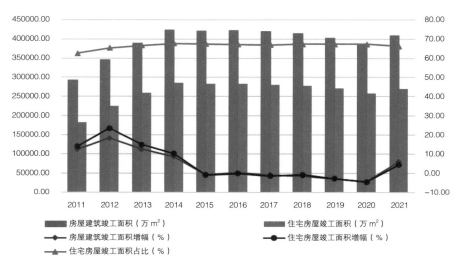

图 1-17 2011~2021 年我国房屋建筑竣工面积的情况
数据来源：国家统计局《国家数据》

国土木工程建设企业房屋建筑竣工面积 40.83 亿 m²，比上年增长 6.09%。从房屋建筑竣工面积的构成看，住宅房屋占比最大，2021 年，住宅房屋竣工面积的占比为 66.28%。2021 年，住宅房屋竣工面积为 27.06 亿 m²，比上年增长 4.44%。

图 1-18 示出了 2011~2021 年我国除住宅外的民用建筑房屋竣工面积情况。2021 年，我国土木工程建设企业商业及服务用房屋竣工面积 2.53 亿 m²，办公

用房屋竣工面积 1.67 亿 m²，科研、教育和医疗用房屋竣工面积 2.09 亿 m²，文化、体育和娱乐用房屋竣工面积 0.41 亿 m²，分别比上年增长 –1.64%、2.27%、14.97% 和 11.61%。这四类房屋建筑竣工面积，分别占土木工程建设企业房屋建筑竣工面积的 6.19%、4.08%、5.12% 和 1.01%。

厂房和建筑物、仓库、其他未列明的房屋三类房屋建筑竣工面积情况参见图 1–19。2021 年，我国土木工程建设企业厂房和建筑物竣工面积 5.64 亿 m²，仓

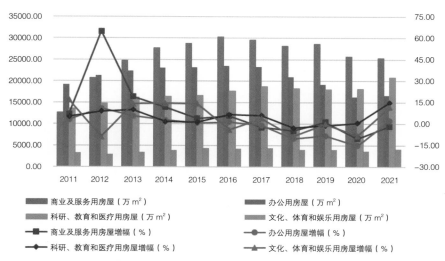

图 1–18　2011~2021 年我国除住宅外的民用房屋竣工面积情况
数据来源：国家统计局《国家数据》

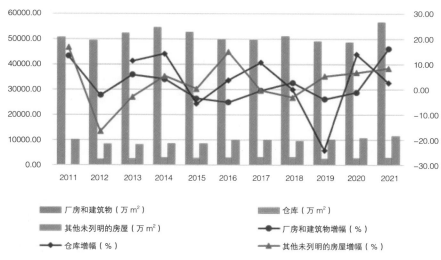

图 1–19　2011~2021 年我国厂房和建筑物、仓库、其他未列明的房屋建筑竣工面积情况
数据来源：国家统计局《国家数据》

库竣工面积 0.28 亿 m²，其他未列明的房屋竣工面积 1.16 亿 m²，分别比上年增长 16.20%、2.63% 和 8.37%。这三类房屋建筑竣工面积，分别占土木工程建设企业房屋建筑竣工面积的 18.81%、0.68% 和 2.83%。

1.2.1.3 房屋建筑竣工价值

图 1-20 示出了 2011~2021 年我国房屋建筑竣工价值的增长情况。2021 年，我国土木工程建设企业房屋建筑竣工价值 7.94 万亿元，比上年增长 10.49%。从房屋建筑竣工价值的构成看，住宅房屋占比最大，2021 年，住宅房屋竣工价值的占比为 63.62%。2021 年，住宅房屋竣工价值为 5.05 亿 m²，比上年增长 6.39%。

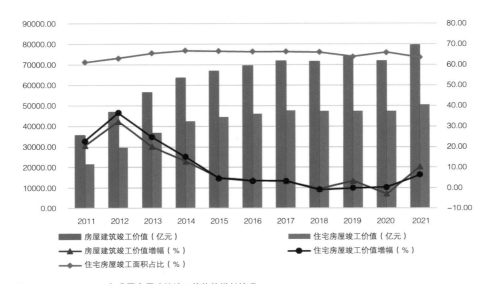

图 1-20　2011~2021 年我国房屋建筑竣工价值的增长情况
数据来源：国家统计局《国家数据》

图 1-21 示出了 2011~2021 年我国除住宅外的民用建筑房屋竣工价值情况。2021 年，我国土木工程建设企业商业及服务用房屋竣工价值 0.55 万亿元，办公用房屋竣工价值 0.38 万亿元，科研、教育和医疗用房屋竣工价值 0.55 万亿元，文化、体育和娱乐用房屋竣工价值 0.15 万亿元，分别比上年增长 8.77%、10.98%、26.55% 和 47.54%。这四类房屋建筑竣工价值，分别占土木工程建设企业房屋建筑竣工价值的 6.90%、4.83%、6.90% 和 1.73%。

图 1-22 示出了 2011~2021 年我国厂房和建筑物、仓库、其他未列明的房屋三类房屋建筑竣工价值情况。2021 年，我国土木工程建设企业厂房和建筑物

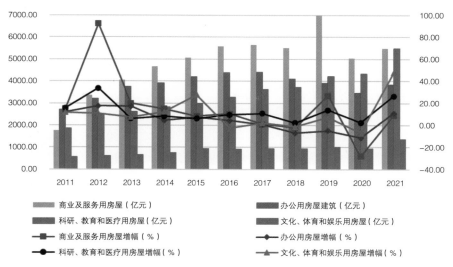

图 1-21　2011~2021 年我国除住宅外的民用房屋竣工价值情况
数据来源：国家统计局《国家数据》

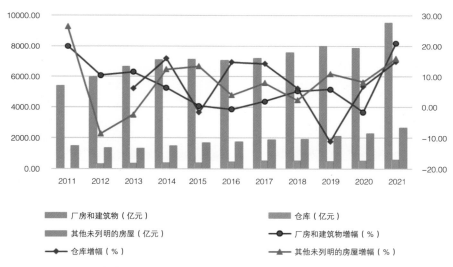

图 1-22　2011 ~ 2021 年我国厂房和建筑物、仓库、其他未列明的房屋建筑竣工价值情况
数据来源：国家统计局《国家数据》

竣工价值 0.95 万亿元，仓库竣工价值 0.06 万亿元，其他未列明的房屋竣工价值 0.26 万亿元，分别比上年增长 21.03%、14.95% 和 15.90%。这三类房屋建筑竣工价值，分别占土木工程建设企业房屋建筑竣工价值的 11.99%、0.70% 和 3.33%。

1.2.2 典型的建筑工程建设项目

1.2.2.1 北京冬奥村

北京冬奥村位于北京市朝阳区奥体中路南奥体文化商务园内，为 2022 年北京冬季奥运会、冬残奥会最大的非竞赛类场馆之一，主要为运动员等提供住宿、餐饮、医疗等服务。2021 年 6 月 26 日，北京冬奥村全面完工并交付北京冬奥组委使用。

北京冬奥村由总建筑面积 33 万 m² 的 20 栋住宅组成，分为居住区和运行区两部分，从空中俯瞰是一个传统的三进院落，在突出以运动员为中心的理念外也体现出中国传统文化特色，参见图 1-23。北京冬奥村在冬奥会期间为官员和运动员提供 2338 张床位，赛后转换为北京市人才公租房项目，向符合首都功能战略定位的人才配租。

图 1-23　北京冬奥村

北京冬奥村践行绿色办奥理念，引入健康建筑的全新理念，竭力打造低碳建筑。结构上冬奥村采用的是装配式钢结构住宅的形式，室内采用剪力墙设计，外墙采用半单元式幕墙。这种结构设计，具有自重轻、绿色环保、质量易于控制、施工速度快、抗震性能好等优点，采用装配式施工有利于绿色可持续利用，减少建筑垃圾污染。同时，钢结构空间布局灵活，方便拆除和改造，能大大减少从冬奥会到冬残奥会、从赛时到赛后的两次功能转化工作。

北京冬奥村 2018 年 9 月 27 日开工，为满足冬奥会整体测试运行的要求，北京冬奥组委将完工日期提前到了 2020 年 12 月 31 日，为了在规定的工期内，确保建设质量、安全、绿色施工等各项目标都达到预期，项目应用全过程、全专业

BIM 技术，科学组织施工、优化施工方案、精细过程管理。采用 BIM 技术模拟建设，精准、高效部署施工场地规划；通过三维图纸审核发现问题，减少 109 处设计问题；使用质量协同平台管理与工程实际相结合，提高工程标准化，减少 48 项质量问题；采用 BIM+ 智慧管理平台辅助安全管理，降低 10 项安全隐患，提升工程整体施工安全性；利用 BIM 技术服务商务、物资部门，提取审核工程量，确保成本控制，实现现场材料精细化管理，节约成本约 5%。

为了营造更加舒适、健康、绿色的居住环境，北京冬奥村引入了"健康建筑"WELL 金级认证标准，建筑按照空气、水、营养、光等十大体系 112 项标准设计。冬奥村的用水采用多级水质净化装置，为居住者提供干净的生活用水和直饮水。降噪方面，卫生间采用了同层排水系统，杜绝了多层排水所产生的噪声，同时防止病菌的传播，保证赛时运动员能够有良好的休憩环境。为了打造"会呼吸"的居所，每个居室建立了独立新风系统，在室外建立小型气象站，对 PM2.5、PM10、温度及相对湿度等参数进行测量。北京冬奥村通过合理的朝向、保温隔热以及节能散热系统等，让房屋内无论是在炎热的夏天，还是寒冷的冬天，都可以达到舒适的温度和湿度要求，在降低能源消耗的同时，提升宜居体验。整个建筑节能比率可达 82%，每年可减少二氧化碳排放量约 42.4t。

冬奥村全面部署了以 AI 为核心的智慧社区解决方案，结合遍布奥运村的智能网络摄像机，对采集的数据传回视觉智能管理中心，进行分析处理、计算，最后形成解决方案。利用视觉智能管理，可以精准定位人、车、物的位置，对行为、物品、车辆等状态进行综合分析和处理，实现可视、可控、可管的管理需求，加强安全保障、提升居住体验、提高管理效率。

1.2.2.2 国家高山滑雪中心

国家高山滑雪中心位于北京市延庆区西北部小海坨山南麓区域，于 2021 年 6 月竣工，是作为滑降、回转、大回转、超级大回转、全能项目、团体项目 2022 年北京冬奥会的雪上项目竞赛场馆，是国内首条世界级别的高山滑雪赛道。

国家高山滑雪中心共设 7 条雪道，全长 9.2km，最大垂直落差可达 900m，项目主雪道的起点位于山巅的 2198m 处，是冬奥场馆中海拔最高、环境最恶劣、建设难度最大的"三最"工程。参见图 1-24。

图 1-24　国家高山滑雪中心

国家高山滑雪中心运用 BIM 技术进行雪道设计，利用 BIM 设计软件搭建现状山体与设计雪道模型，推敲研究雪道与山体地形的拟合度，分析雪道各项技术指标的合理性与经济性，建立"实地踏勘 – 模型搭建 – 踏勘对比 – 调整模型"的循环工作方式，从技术、经济、施工等多方面进行统筹，达到精准设计。

山地气候条件复杂严苛，生态环境高度敏感，土石山体的地质条件给建设实施带来极大难度。场馆主体结构选型贯彻山地施工条件下优先选用装配化的设计思路，采用预制装配式钢结构梁柱支撑、钢筋桁架组合楼板体系，钢材选用低温耐候钢，全螺栓连接。针对山顶特殊的风环境气候条件，结构构件按足尺（1∶1）加工构件，取最不利荷载设计值，进行静力加载试验。桁架楼板室内采用免拆底模板材，保证施工进度；室外挑檐部分选用可拆底模板材，以实现建筑效果。

高山滑雪作为"冬奥会皇冠上的明珠"，追求技术、勇气、速度、冒险、判断力及身体素质的高度展现，是速度与技巧的完美结合，为世界广大滑雪爱好者所瞩目。设计基于复杂山地条件建立的多专业密切配合、与山地环境契合的系统性工作回应了雪上运动和奥运赛事的复合需求，积累了在面向高水平高山滑雪赛事场馆规划建筑设计方面的关键技术，为中国雪上运动发展和场馆设计提供了经验借鉴。

1.2.2.3　杭州亚运村

杭州亚运村位于钱塘江南岸的钱江世纪城北部，与钱江新城二期隔江相望，2021 年底竣工，2022 年 3 月全面投入试运行。项目规划总用地面积 113 公顷，赛时总建筑面积 241 万 m^2，是杭州 2022 年亚运会最大的非竞赛场馆，由运动员村、技术官员村、媒体村、国际区和公共区组成。参见图 1-25。

图 1-25 杭州亚运村

杭州亚运村的建设遵循杭州亚运会"绿色、智能、节俭、文明"的办赛理念，全域打造高星级绿色健康建筑，实现 300m 见树，500m 见园，亚运村二星级及以上绿色建筑占比达到 100%，高星级绿色建筑示范面积超 200 多万平方米。杭州亚运村绿色生态管理团队根据招标阶段的要求及绿色生态城区规划的指引，在节能与能源利用（建筑节能设计、能量综合利用等）、节水与水资源利用（水系统规划设计、节水系统等）、节材与材料资源利用（节材设计、材料选用）、室内环境质量（隔声、温湿度等）、完善的绿色生活设施、适老及无障碍设计等几大方面进行了设计管控。透水混凝土让地面会"呼吸"，引导路面雨水进入地下室雨水回水池，实现雨水循环利用。同理的还有低势绿地、生态树池等，这些综合采用"渗、滞、蓄、净、用、排"等技术措施，统筹协调水量与水质、生态与安全、分布与集中、绿色与灰色、景观与功能等关系，成为亚运村海绵城市建设的亮点成果。

在智慧化管理方面，杭州亚运村全方位引入 BIM 技术，服务于建设项目的设计、建造、运营维护等。并在项目建设过程中创新众多 BIM 应用，包括：建设方看板、BIM+ 智慧工地集成、工程例会新样式、无人机航拍进度对比、VR 工艺展示、VR 精装交互等。2020 年 5 月，杭州亚运村被授予"国家绿色生态城区二星级设计规划标识"，是浙江省首个通过绿色生态城区评价的示范项目。

1.2.2.4　青岛海天中心

青岛海天中心项目位于青岛市市南区香港西路，于 2021 年 6 月 20 日投入使用，是集酒店、办公、会议、商务、公寓、观光、文娱七大业态于一体的超高层

图 1-26　青岛海天中心

城市综合体，建筑面积约 46.9 万 m²，总投资 137 亿元，由 3 座塔楼组成，其中 T2 楼高 369m，是黄金海岸线"新地标"。参见图 1-26。

海天中心三栋塔楼的幕墙均为单元式幕墙，其中 T2 塔楼的幕墙造型为国内首创，有着独特的设计和施工方案。

（1）空间单元体不对称交错排布。海天中心 T2 主塔楼分成东西南北四个大立面，南北立面各分两个立面。每个立面的同层单元体呈锯齿状排布，上下层单元体空间交错排布。每层 130 多块单元体，全楼近万块单元体，都是空间存在，无一共面。南北立面各有一条空间曲线将每个立面分成两个互成角度的小立面，随着曲线的摆动，两个小立面空间交错布置，曲线两侧的单元体出现里出外进的错位效果。为了将近万块"错位"的单元体顺利安装，在设计上将单元体采用双挂点连接形式，下挂点固定到楼板面，上挂点固定到主体结构钢梁上。为减少对结构的影响，重力荷载通过下挂点传递到较强的楼板面，而较弱的钢梁仅承受上挂点传递的水平荷载。

（2）三棱柱玻璃组合悬挑式观光结构。幕墙系统设计上采用全玻璃悬挑围护结构，即四块玻璃组成的三棱柱玻璃盒。这样既增加了结构的稳定性，又形成一个通透的观光空间，宛如一双明亮的目光注视着大海，让游客有种悬浮、悬空感，仿佛瞬间融入海天之间，提高观光体验感。2019 年 8 月 29 日，海天中心 T2 塔楼全景观玻璃盒性能试验圆满成功。该节点的完成，标志着海天中心项目幕墙设计难点已全被江河幕墙攻克，同时该试验也填补了国内对全玻璃结构体系进行测试验证的空白。

（3）节能环保、自动变色遮阳玻璃。塔楼塔冠顶部是一个半球形玻璃采光顶系统，球体幕墙位于第 73 层。与传统采光顶相比，该系统设计不仅节能环保、自动变色遮阳，自身基本不用能耗，还能收获自然光，让视野不再阻断。既免除了窗帘、遮阳的维护，也引领了建筑的时代感和科技感。

1.2.2.5　石丰花园

石丰花园位于广州市白云区石井大道地段，于 2021 年 10 月竣工，总建筑面积约 29 万 m²，共有 11 栋 28~32 层住宅楼。2022 年 3 月正式入住，共有 3450 套公租房，解决超 8000 人居住问题。参见图 1-27。

图 1-27　石丰花园

石丰花园是广州市首个保障性住房建筑产业化及 BIM 技术试点示范项目。项目充分采用智慧工地系统、装配式施工技术、铝合金模板施工技术、集成附着式升降脚手架技术、轻质隔墙免抹灰施工技术等创新技术，最高装配率为 53.4%。有效提高工程施工质量的同时，减少了建筑模板用量约 85%、减少脚手架用量约 60%、减少抹灰工程量约 25%、节水约 40%、节电约 10%、节约耗材 40%、施工现场垃圾减少 70%，充分实现建造过程节能环保。并且利用 BIM 信息模型技术，通过三维模型展示传统图纸，指导和优化装配式设计和施工的各环节，提高质量安全的同时，施工周期缩短 5%~10%，时间进度和资金成本得到了有效控制。

石丰花园小区优化设计、施工各环节，提高建设质量和效率。例如，在现浇混凝土部位采用铝合金模板施工，大量节约木材与人工，且成型质量好，可达到免抹灰直接进行装饰面施工的效果。通过采用集成附着式升降脚手架技术,项目减少了连墙件造成的外墙渗水隐患,同时通过工期合理穿插,实现一体化施工,外墙装修、室内装修、室外园林紧跟结构施工,大大节省了总工期。

1.2.2.6 武汉同济航天城医院

武汉同济航天城医院位于武汉国家航天产业基地核心区,2021 年 7 月 21 日竣工,用地面积 148059.65m^2,约 222.09 亩,总投资 24.3 亿元,是新洲区首家"平疫结合"三甲医院。项目由中建三局总承包公司承建,分两期建设,一期建成 1000 张床位,包括 200 床感染床位,800 床平战结合床位。

院区整体采用"三区两轴"的总体平面布局设计,感染区、综合医疗区、行政后勤区依次明确排开,各区之间被宽阔的绿化隔离带分隔,相互之间用连廊连接,疫情发生时,可迅速管控连廊,起到阻隔作用。在此规划布局下,院区可实现分级分区防控,根据疫情规模逐级开放,弹性应对不同程度的突发疫情。此外,院区设置专门的医用物流空中传输系统,装有手术包、检验样本、各类包装药品的 32 台轨道小车和 12 个气动物流传输瓶,轻松穿梭于各科室间,快速实现资源传递和信息共享,同时减少医护人员工作量及接触可能。

工程建设中,施工方以火神山为标杆,倒排工期,形成了全面统筹设计、技术、组织协调、资源等各方面管理要素的快速建造技术,在确保工程质量和施工安全的条件下,使工程快速推进。集成运用快速建造、智能建筑、精益建造、绿色建造四大关键技术,10 天开挖土方 20 万 m^3,28 天完成 5510 根工程桩施工,83 天首栋单体——感染楼主体结构封顶,113 天医院主体结构全面封顶,289 天医院建设正式完工。

武汉同济航天城医院为武汉市"四区两院"六大公共卫生重点工程之一,项目投入使用后,将有效增强武汉国家航天产业基地的产业配套功能,有力提升武汉市应对突发公共卫生事件的救治能力。参见图 1-28。

1.2.2.7 海口云洞图书馆

云洞图书馆是海南省海口湾标志性艺术建筑,于 2021 年 4 月建成并投入使用。云洞图书馆由清水混凝土一体浇筑成型,包括可以藏书万本的阅读空间和多功能影音区,以及咖啡厅、母婴室、公共休息区、屋顶花园等配套设施,是市民游客阅读和休憩的理想场所。参见图 1-29。

图 1-28　武汉同济航天城医院

图 1-29　海口云洞图书馆

　　云洞图书馆主体由清水混凝土整体浇筑而成,建筑的楼板、墙体、顶棚、结构、管线等浑然一体,深化设计阶段全部基于数字化模型,屋面和楼板均采用形似"华夫饼"的双层中空肋板形式,既能满足大跨度、大悬挑的受力需求,又能利用结构中空铺设设备管线、填充建筑保温材料,实现简洁完整的室内空间。

　　云洞图书馆建筑采用 CNC 模板进行混凝土整体浇筑,局部使用 3D 打印模板浇筑,以满足复杂的曲面混凝土墙面施工精准度要求。由于该项目墙体、顶板及楼层板均为异形无规则玛雅面造型,常规预留预埋方式无法满足异形墙体开口留槽的施工要求,且对幕墙预留槽口的定位精准要求较高。所有结构预埋一次性浇筑完成,预埋件各标高水平横截面段埋入墙体的深度各不相同。因墙体造型原因导致常规预埋方式施工的预埋件与模板的连接部位牢固性较低，存有跑模风险。于是云洞图书馆在预留槽口施工中分为墙体定型、槽口定型、槽口定位、槽口邦板及盖板安装，并保证预留槽的定位精度与连接稳固性。同时根据建筑墙体与顶板的特殊造型特点，幕墙槽口与墙体背楞一同深化，在墙体定型背楞深化过程中完成槽口定型工作，槽口邦板及盖板单独深化，同时在邦板、盖板做定位刻度线，安装过程中对应定型背楞；通过与墙体定型背楞一体化保证幕墙槽口的连接稳固性，完成墙体找形的过程中一并完成槽口的定位找形工作。

云洞图书馆既有鲜明的设计，也有人性化的细节，注重节能环保。设备管道藏匿在混凝土腔体，将设备对空间的视觉干扰降到最低。可开启的玻璃幕墙和弧形推拉门带来更好的观海视野和通风效果。为适应当地炎热的气候条件，朝阳面的屋檐采用悬挑设计，通过物理遮阳降低热辐射，实现可持续的节能建筑。

1.3　铁路工程建设情况分析

1.3.1　铁路工程建设的总体情况

铁路工程是指铁路上的各种土木工程设施，同时也指修建铁路各阶段（勘测设计、施工、养护、改建）所运用的技术。铁路工程最初包括与铁路有关的土木（轨道、路基、桥梁、隧道、站场）、机械（机车、车辆）和信号等工程。随着建设的发展和技术的进一步分工，其中一些工程逐渐形成为独立的学科，如机车工程、车辆工程、信号工程；另外一些工程逐渐归入各自的本门学科，如桥梁工程、隧道工程。

图 1-30 示出了 2011~2021 年我国铁路固定资产投资情况。2021 年，全国铁路完成固定资产投资 7489 亿元，比上年降低 4.22%。

图 1-31、图 1-32 分别示出了 2011~2021 年我国铁路、高速铁路营运里程情况。2021 年，我国铁路营运里程达到 15 万 km，比上年增长 2.53%。其中，高速铁路营运里程达到 40000km，比上年增长 5.26%。

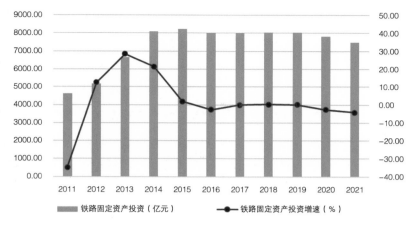

图 1-30　2011~2021 年我国铁路固定资产投资情况
数据来源：交通运输部《交通运输行业发展统计公报》

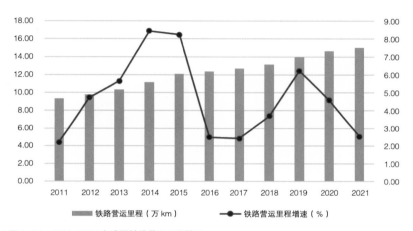

图 1-31　2011~2021 年我国铁路营运里程情况
数据来源：交通运输部《交通运输行业发展统计公报》

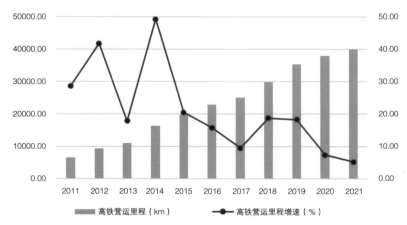

图 1-32　2011~2021 年我国高速铁路营运里程的增长情况
数据来源：交通运输部《交通运输行业发展统计公报》

1.3.2　典型的铁路工程建设项目

1.3.2.1　张吉怀高速铁路

张吉怀高速铁路是我国"八纵八横"高速铁路网的区域连接线，位于湖南省西部，北接黔常铁路，南连沪昆高铁、怀邵衡铁路，由湖南省与国铁集团合资建设，全长245km、总投资376.5亿元、设计时速350km，全线设张家界西、芙蓉镇、古丈西、吉首东、凤凰古城、麻阳西、怀化南站共7个车站，其中张家界西站和怀化南站为既有车站。2016年12月18日正式开工建设的张吉怀高速铁路，经过5年的建设，于2021年12月6日正式开通。参见图1-33。

图1-33　张吉怀高速铁路

张吉怀高速铁路穿越武陵山区，沿线地质构造复杂，地形地貌多变，可溶岩广布，岩溶强烈发育，溶洞、落水洞等广泛分布，施工难度大。铁路全线共有桥梁67.472km、隧道160.493km，全线路桥隧比高达91.3%，共有桥梁168座，隧道124座，其中重难点控制工程有"8路13桥37隧"。张吉怀高速铁路的建设过程中，多项重难点工程采取了新技术，攻克了一系列难关，最终完成铁路建设。

吉首隧道全长12.162km，是张吉怀高速铁路全线最长的单洞双线隧道，采用了全断面3D自动扫描系统解决隧道超欠挖问题。2020年5月1日，吉首隧道贯通。

官田隧道全长3.77km，先后穿越8条断层带，具有较强的不稳定性，富水区段每小时最大涌水量达490m^3，施工难度大，安全风险高。为保护周边环境，项目建立污水处理系统，设立三级沉淀池及时处理废水。为了抑制工地扬尘，项目对隧道地表裸露区域进行植被覆盖，防止水土流失。同时，施工过程中采用了聚能水压光面爆破技术、三臂凿岩台车、3D激光扫描仪等先进工艺和设备，结合超前地质预报及监控测量等方式，保证了隧道安全顺利掘进。2019年11月

21 日，官田隧道贯通。

熊家西、边岩、邓家坡隧道分别位于张家界永定区和湘西自治州永顺县，三条隧道相连，全长 12.2km，属全线跨越两个地区最长连续单洞双线隧道。隧道所在区域位于张家界至古丈至吉首断裂带，属于断陷盆地构造变形核心部位，地质褶曲发育不全，岩体松散破碎。针对地质软弱围岩大变形、突泥、渗水等施工难题，项目创新施工工艺，通过地表钻探，向地下软弱围岩加注特制混凝土，使软弱围岩凝固结构。同时，该连续隧道与焦柳铁路石家湾隧道、蜈蚣山一号隧道和黄土岗隧道在地下有 4 次上跨或下穿交汇，其中两条铁路隧道结构最近距离相距仅 11.59m，施工风险系数在中国国内罕见，且三条隧道 V 级围岩占比 80% 以上。2020 年 7 月 24 日，熊家西、邓家坡、边岩三座一级高风险隧道贯通。

酉水大桥是张吉怀高速铁路全线重点、难点和控制性工程。桥址处山坡地形陡峭且不对称，横向高差大。为减少对山体及植被的破坏，结合交通运输条件，主桥创新性地采用主跨 292m 非对称拱桥，建成时是世界上最大跨度非对称拱桥，两侧拱脚竖向高差达 43.5m。酉水大桥在设计施工中采用了多项创新技术：一是在大跨度拱桥中首次采用桁架式双肢钢管截面，大幅提升主拱的通透性和景观性；二是拱上结构采用刚构 – 连续体系，将高度较高的立柱顶部与梁固接，在减小拱上立柱尺寸的同时，提高整体结构的刚度；三是实现了拱肋、立柱、拱上主梁的全预制拼装施工，提高了施工效率；四是拱肋及拱上钢立柱采用免涂装的耐候钢，解决了深邃峡谷中钢结构桥梁养护难题。2020 年 9 月 28 日，酉水大桥主梁合龙。

张吉怀高速铁路沿线文化旅游资源丰富，开通运营后，沿线的张家界、湘西州将通过高速铁路路网与郑州、武汉、杭州、桂林等多个旅游城市串联起来，形成多条纵贯南北、横穿东西的黄金旅游通道，各地优质文化旅游资源相互之间将产生连带效应，将对张吉怀高速铁路沿线旅游产业起到促进作用。

1.3.2.2　中老昆万铁路

中老昆万铁路，即"中老国际铁路通道"，是一条连接中国云南省昆明市与老挝万象市的电气化铁路。中老昆万铁路由中国按国铁 I 级标准建设，是第一个以中方为主投资建设、共同运营并与中国铁路网直接连通的跨国铁路。中老昆万铁路由昆玉段、玉磨段、磨万段组成，其中昆玉段由昆明南站至玉溪站，全长 79km，设计速度 200km/h；玉磨段由玉溪站至磨憨站，全长 507km，设计速度 160km/h；磨万段由磨丁站至万象南站，全长 418km；设计速度 160km/h。2010

图 1-34　中老昆万铁路

年 5 月 21 日，中老昆万铁路昆玉先建段开工建设，2021 年 12 月 3 日，中老昆万铁路全线通车运营。参见图 1-34。

中老昆万铁路的建设存在地质环境条件差、雨季气候不适宜、沟通交流组织难等难题。重点和难点建设工程有宝峰隧道工程、万和隧道工程、扬武隧道工程、元江特大桥工程、阿墨江双线特大桥工程、友谊隧道工程、琅勃拉邦湄公河特大桥工程以及楠科内河特大桥工程。这些工程均具有施工组织难度大、地质条件复杂、安全风险高的特点。

为顺利实现项目按期交付和建设安全，中老昆万铁路的建设过程应用了数字施工、智能建造等新技术。从工程测量、深化设计、施工生产、试验检测、交付运维五个阶段着手，聚焦数字化、智能化、集约化和标准化，研发了应用于中老昆万铁路的接触网 4C 检测车、便携式接触网智能检测小车，居中国领先水平；SZP-Ⅰ型隧道综合智能作业平台、接触网施工参数一体化测量装置等智能装备填补了中国国内空白。

中老昆万铁路是两国互利合作的旗舰项目，是高质量共建"一带一路"的标志性工程，也是推进中国与周边国家互联互通的重要基础设施。中老昆万铁路将带动老挝经济发展，促进中老两国经济合作，为中国和东南亚国家合作交流作出贡献，成为老挝连通周边国家和国际铁路网的桥梁和纽带。

1.3.2.3　拉林铁路

拉林铁路是中国一条连接拉萨市与林芝市的国铁Ⅰ级单线电气化快速铁路，也是川藏铁路的重要组成部分。拉林铁路于 2014 年 12 月 19 日开工建设，于 2021 年 4 月 1 日开始静态验收，于 2021 年 6 月 25 日开通运营。拉林铁路起于

图 1-35 拉林铁路

协荣站（利用拉日铁路接入拉萨站和拉萨南站），沿拉萨河而下，经贡嘎转向东，经山南、朗县、米林，跨越雅鲁藏布江到林芝站，全长 403.144km、设计速度为 160km/h。参见图 1-35。

拉林铁路共建设隧道 47 座，占线路总长 54%。隧道建设即是拉林铁路的重点和难点工程。巴玉隧道位于巴玉雪山"腹部"，海拔 3400m 以上，全长 13073m，最大埋深达 2080m，洞内地温约 47℃，岩爆里程就占了 94%，是目前世界上岩爆最强、独头掘进距离最长、埋深最大的高原铁路隧道。隧道施工中遭遇的前所未有的强岩爆，成为巴玉隧道能否贯通的关键技术难题，也成为国际岩石力学与工程界研究的焦点和难点。面对岩爆这一岩石力学领域世界性难题，建设者与岩石力学科研人员一起，开始了艰难的攻关。在海拔 3500m 的隧道施工区，中国科学院武汉岩土力学研究所科研人员，开展了累积长达 4650m 大埋深洞段岩爆实时监测、预警与调控研究工作，驻守长达 918 天。在建设者与科研人员的共同努力下，多套岩爆频发条件下的施工方法被摸索出来。他们首次在青藏高原搭建了远距离无线通信传输的岩爆实时微震监测系统，首次揭示了川藏铁路深埋隧道间歇型岩爆孕育规律与机制，率先建立了川藏铁路深埋高应力隧道岩爆定量预警标准，并提出了巴玉隧道岩爆针对性、主动性动态施工方案。除了岩爆灾害，拉林铁路还攻克了多个青藏高原隧道建设难题。包括通过创新运用综合降温技术、隔热技术，建成了世界上罕见的高地温铁路隧道——桑珠岭隧道；通过对富水地段采取帷幕注浆、无水地段采取"大管棚＋超前小导管及周边小导管注浆＋型钢拱架支护相结合"的措施，建成了典型的富水冰碛层隧道——藏嘎隧道等。

藏木雅鲁藏布江双线特大桥均是拉林铁路沿线重点控制性工程，藏木雅鲁藏布江双线特大桥位于西藏自治区山南市加查县境内，屹立于桑加大峡谷藏木水电站上游库区，横跨水深达 66m 的雅鲁藏布江，全长 525.1m，两岸对接隧道。这座大桥创造了多项桥梁领域新纪录，代表着中国乃至世界同类型桥梁建设的最高水平。大桥主拱跨径 430m，是世界上跨度最大的铁路钢管拱桥。主拱管径 1.8m 在同类型桥梁中排名世界第一。管内混凝土一次性顶升方量高达 1022m³，创下世界纪录。大桥主拱钢材采用免涂装耐候钢新材料，钢板最大厚度 52mm，在中国国内铁路大型桥梁主体工程中采用尚属首次。钢管拱管内为 C60 自密实无收缩混凝土，该高强度自密实混凝土在海拔 3350m 的雪域高原也属首次使用。2020 年 6 月 20 日，藏木雅鲁藏布江双线特大桥现浇主梁完成合龙。

巴玉雅鲁藏布江三线大桥（巴玉大桥）位于雅鲁藏布江大峡谷区域的山南市境内，全长 283.3m，桥面宽 19.1m，桥墩最高为 61.5m，跨越雅鲁藏布江，是连接桑珠岭隧道和巴玉隧道的重要纽带。建设中使用了高耐久性混凝土施工技术，克服温差大混凝土易开裂等难题。同时，配备蒸汽发生器对梁体进行喷雾养护，确保混凝土阴阳面养护均匀、梁体强度受控。建设巴玉大桥还采用了消能减震技术，在桥台顶帽侧面与梁底相连接处安装 6 个阻尼器，保护主体结构及构件在强地震或大风中免遭破坏，具有更高安全性、经济性和技术合理性。

拉林铁路的修建将完善和优化西藏铁路网的布局和规划，同时为中国西部大开发战略，完善路网布局、增强民族团结、维护国家安全起到巨大的促进作用，使西藏的交通迈上一个新的台阶，成为一条逐梦"新天路"，对西部地区今后的战略发展意义深远。

1.3.2.4　徐连高速铁路

徐连高速铁路，简称徐连高铁，又名连徐高铁、徐连客运专线，是江苏省北部一条连接徐州市与连云港市的东西向高速铁路，是中国《中长期铁路网规划》（2016 年版）中"八纵八横"高速铁路主通道之一"陆桥通道"的重要组成部分。2009 年，徐连高速铁路前期工作启动。2016 年 11 月 5 日，徐连高速铁路连云港先导段动工建设。2017 年 7 月 13 日，徐连高速铁路全线动工建设。2019 年 12 月 30 日，徐连高速铁路徐州东至后马庄段开通运营。2021 年 2 月 8 日，

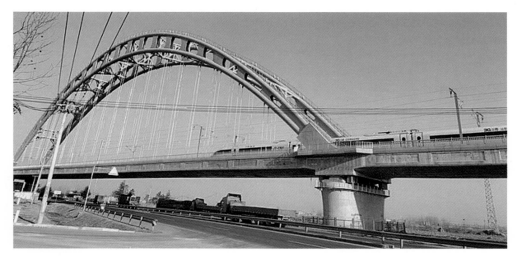

图 1-36　徐连高速铁路

徐连高速铁路全线开通运营。参见图 1-36。

  徐连高速铁路位于江苏省北部平原地区，西起江苏省徐州市，东至连云港市，沿线经过徐州市经济开发区、铜山区、邳州市、新沂市，连云港市东海县、海州区，正线运营里程 185km，设 7 座车站：徐州东站、后马庄站（越行站）、大许南站（暂不办理客运业务）、邳州东站、新沂南站、东海县站、连云港站。设计速度 350km/h。

  徐连高速铁路穿越郯庐地震断裂带段路基长 2110m，基于断裂带的现实条件以及地震后易修复的需要，采用夯土地基与有砟轨道方案，通过大小不一，精心配比的沙石分层夯出一段与铁路高架桥等高的地基，经过 6 个月的时间检验合格后，为防止高速列车带起石子，再铺设特级道砟。同时，为监测道路基础变形，在路基中埋设传感器，为国际首创技术。

  徐连高速铁路建设过程中应用先进的连续梁工业智能化预制装配技术，通过梁厂集中预制箱梁，再运输至施工现场，利用移动式悬拼吊机将预制梁段起吊至桥位，然后采用环氧树脂胶和预应力钢丝束连接成整体进行装配，区别于以往高速铁路桥梁现场浇筑工法，对自然环境影响更小，建设周期更短，安全质量得到保障，该项技术填补了国内外技术空白。应用装配式构件智能化制造技术，建立智能化装配式构件厂，实现厂内预制构件钢筋加工安装、入模，混凝土浇筑、养护，构件运输、存放等全过程智能化、自动化、机械化，使施工不受环境影响，施工周期完全受控，大大提高施工效率，保证施工质量。

徐连高速铁路建成通车后，陆桥通道从连云港至乌鲁木齐将全线贯通，实现连云港至徐州 1h，至南京、郑州和济南 2h "高铁交通圈"，结束沿线邳州、新沂、东海三地不通高铁的历史，对于进一步完善中国国家快速铁路网布局、助推苏北鲁南经济社会发展、服务 "一带一路" 建设和长三角高质量一体化发展等具有重要意义。

1.3.2.5 福厦高铁湄洲湾跨海大桥

湄洲湾跨海大桥是福厦高速铁路的重要组成部分，也是福厦高速铁路重点控制性工程。2021 年 3 月 10 日，湄洲湾跨海大桥主塔成功封顶。2021 年 11 月 13 日，湄洲湾跨海大桥成功合龙。参见图 1-37。

湄洲湾跨海大桥全长 14.7km，其中 10km 位于海上，海域线路长、工程量大、工程难度高。主桥为预应力混凝土连续刚构矮塔斜拉桥，主跨 180m，跨越湄洲湾规划 3000t 级航道，设南北两座双柱式主塔，桥面以上塔高 30m，共有 28 根斜拉索，施工精度高、技术难度大，是国内首座跨海高铁矮塔斜拉桥。

福厦高铁工程在设计跨海大桥时，采用了大量新结构和新技术。技术团队对桥梁主塔造型进行了创新设计。为了解决长联高墩跨海大桥的抗震设计难题，设计团队研制、采用了纵向黏滞阻尼器、可剪断的耐候双曲面球型钢支座、金属阻尼器的综合减隔震体系及技术；采用无支座整体刚构桥，实现长联高墩桥梁的柔性高墩、梁部体系协同受力，解决了地震高烈度区长联高墩大跨桥梁的抗震设计难题。另外，在建设过程中，中铁十一局采用我国自主研发的 "昆仑号" 千吨级运架一体机和大跨度移动模架制梁机，分别从南向北进行海面架梁作业、由北向南进行现浇梁施工，解决了大跨度海上现浇梁等施工难题。截至目前，大桥已经有 32 项技术工艺获得国家专利授权。

图 1-37 福厦高铁湄洲湾跨海大桥

湄洲湾跨海大桥合龙，标志着福厦高铁关键控制性节点顺利打通，"乘坐高铁看海"的愿望即将实现。

1.3.2.6　福厦高铁太城溪特大桥

新建福厦高铁是我国首条设计时速 350km 的跨海高铁，福厦高铁正线全长 277.42km，其中太城溪特大桥位于福清市镜洋镇，全长 728.13m，主跨水平跨越沈海高速公路，转体部分全长 221.3m，总重量达 3.8 万 t，参见图 1-38。2021 年 8 月 23 日，重达 3.8 万 t 的福厦高铁太城溪特大桥完成不平衡转体 40°，合龙精度达到 9mm，成功实现转体对接。这是中国跨海高铁线路最大吨位不平衡转体斜拉桥合龙。随着太城溪特大桥主桥成功转体合龙，福厦高铁建设进入冲刺阶段。福厦高铁建成通车后，福州、厦门两地将实现"一小时生活圈"，对于促进东南沿海城市群快速发展具有重要意义。

由于索塔两侧梁体长度不等，重量相差 570t，转动姿态控制难度大，配重困难，转体预留空间仅有 9.6cm，施工过程必须一步到位，施工难度极大。为保证太城溪特大桥转得动、转得稳、转得准，建设者通过异位大节段支架现浇后实施转体，在平行于沈海高速公路一侧采用大节段支架现浇施工，一次浇筑成型 23.5m，浇筑成型后通过异位转体，实现对接目标。针对大桥配重难题，建设者采用连续式

图 1-38　福厦高铁太城溪特大桥

千斤顶配合电脑数控控制，现场数据做到了实时监控传送，及时修正转体姿态，同时球铰底部安装限位装置，防止过转。大桥最终以轴线偏位 8mm，顶面高程误差 10mm，相邻节段高差 10mm 的精度实现了精准对接。

在转体施工过程中，中铁十二局建设者先后研发应用了大直径桩液压反循环成孔技术、超深基坑临近高速公路防护桩施工技术、超大直径球铰高精度预埋施工技术、塔梁同步施工技术、大跨度斜拉桥大节段支架现浇施工、大容重耐久性铁砂混凝土配重块、超大吨位独塔斜拉桥转体施工等技术成果，以转体施工为依托，将太城溪特大桥转体打造为转体桥梁技术管理创新的新高地。

福厦高铁太城溪特大桥成功实现转体对接，打通了新建福厦高铁全线工程建设瓶颈，为通车运营奠定坚实基础。

1.4 公路工程建设情况分析

1.4.1 公路工程建设的总体情况

公路工程指公路构造物的勘察、测量、设计、施工、养护、管理等工作。公路工程构造物包括：路基、路面、桥梁、涵洞、隧道、排水系统、安全防护设施、绿化和交通监控设施，以及施工、养护和监控使用的房屋、车间和其他服务性设施。

图 1-39 示出了 2011~2021 年我国公路固定资产投资情况。2021 年，全国公路固定资产投资达到 25995 亿元，比上年增长 6.92%。其中，高速公路固定资产投资达到 15151 亿元，比上年增长 12.40%。高速公路固定资产投资占公路固定资产投资的 58.28%，比上年增加 2.84 个百分点。

图 1-40、图 1-41 分别示出了 2011~2021 年我国公路总里程、高速公路里程情况。2021 年，我国公路总里程达到 528.07 万 km，比上年增长 1.59%。其中，高速公路里程达到 16.91 万 km，比上年增长 5.03%。

图 1-42、图 1-43 分别示出了 2011~2021 年我国公路桥梁和公路桥梁长度情况。2021 年，我国公路桥梁达到 96.11 万座、7380.21 万延米，分别比上年增长 5.29%、11.34%。其中，特大桥梁达到 7417 座、1347.87 万延米，分别比上年增长 15.10%、15.90%。大桥达到 13.45 万座、3715.89 万延米，分别比上年

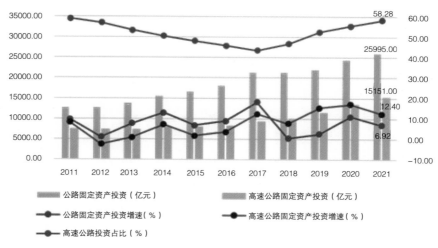

公路固定资产投资（亿元）　　　　高速公路固定资产投资（亿元）

公路固定资产投资增速（%）　　　　高速公路固定资产投资增速（%）

高速公路投资占比（%）

图 1-39　2011~2021 年我国公路固定资产投资情况
数据来源：交通运输部《交通运输行业发展统计公报》

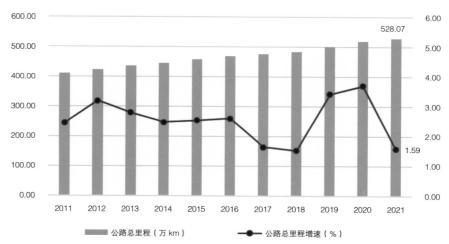

公路总里程（万 km）　　　　公路总里程增速（%）

图 1-40　2011~2021 年我国公路总里程情况
数据来源：交通运输部《交通运输行业发展统计公报》

增长 12.14%、13.37%。

图 1-44、图 1-45 分别示出了 2011~2021 年我国公路隧道和公路隧道长度情况。2021 年，我国公路隧道达到 23268 处、2469.89 万延米，分别比上年增长 9.16%、12.27%。其中，特长隧道达到 1599 处、717.08 万延米，分别比上年增长 14.71%、15.00%。长隧道达到 6211 处、1084.43 万延米，分别比上年增长 12.09%、12.57%。

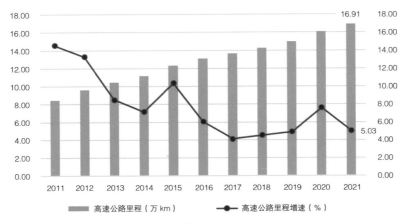

图 1-41　2011~2021 年我国高速公路里程情况
数据来源：交通运输部《交通运输行业发展统计公报》

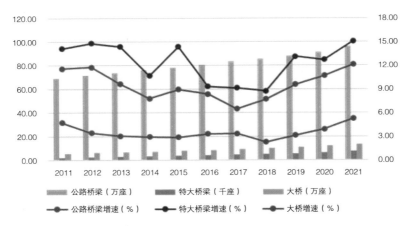

图 1-42　2011~2021 年我国公路桥梁情况
数据来源：交通运输部《交通运输行业发展统计公报》

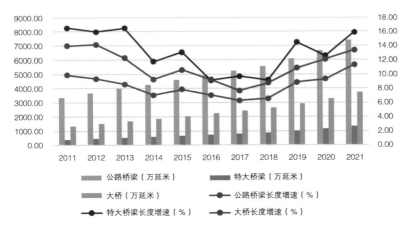

图 1-43　2011~2021 年我国公路桥梁长度情况
数据来源：交通运输部《交通运输行业发展统计公报》

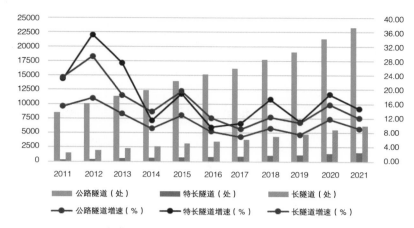

图 1-44　2011~2021 年我国公路隧道情况
数据来源：交通运输部《交通运输行业发展统计公报》

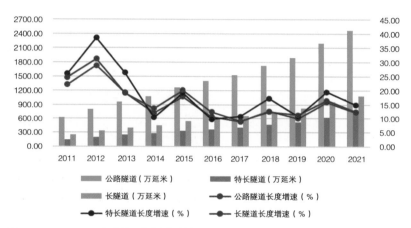

图 1-45　2011~2021 年我国公路隧道长度情况
数据来源：交通运输部《交通运输行业发展统计公报》

1.4.2　典型的公路工程建设项目

1.4.2.1　京新高速公路

2021 年 6 月 30 日北京—乌鲁木齐高速公路（简称京新高速公路）全线建成通车。京新高速公路是《国家高速公路网规划》布局的 7 条首都放射线中的第六条，编号 G7，连接北京和乌鲁木齐两个主要城市，主要控制点为北京、张家口、集宁、呼和浩特、包头、临河、额济纳旗、哈密、吐鲁番、乌鲁木齐。京新高速公路是西北新疆和河西走廊连接首都北京、华北、东北及内地东部地区最为便捷的公路

图 1-46 京新高速公路

通道,全长 2584km,建成后成为乌鲁木齐至北京最快捷高速公路通道。参见图1-46。

京新高速公路由东到西经历多个省市,可以分为六个段,即:北京段、河北段、山西段、内蒙古段、甘肃段、新疆段。北京段的斜拉桥是华北地区跨径最大的桥梁。河北段即胶泥湾至西洋河(冀晋界)段,起点位于山西省大同市天镇县新平堡镇平远堡村东北晋冀界,终点位于内蒙古自治区乌兰察布市兴和县韩家营村南晋蒙界。内蒙古段即韩家营(蒙晋界)至呼和浩特段,其中临河—白疙瘩段建成是世界上穿越沙漠最长的高速贯通。甘肃段途经酒泉市肃北县马鬃山镇,路线起自白疙瘩(蒙甘界),经马鬃山镇,止于明水(甘新界),该路段的建成有效改善了酒泉北部交通条件。新疆段包括明水(甘新界)至哈密(梧桐大泉)段,哈密(梧桐大泉)至伊吾段,伊吾至巴里坤段,巴里坤至木垒段,木垒至奇台段,奇台至大黄山段,大黄山至乌鲁木齐段,途经无人区,施工条件复杂,施工难度极大。

京新高速公路依次需要经过乌兰布和、腾格里和巴丹吉林三片沙漠,干旱的荒野和几百公里的无人区,施工环境极其恶劣。面对风沙天气频繁、昼夜温差大等重重困难,施工团队攻克了盐渍土难题,创造了铺设土工膜等独特工艺,解决了 30.5km 的盐渍土填筑施工难题;针对金盆湾隧道中的建设难题,施工团队在工程先期就进行了全面跟踪,不断优化方案,最终依据隧道不同围岩的特点,将中隔壁法、双层初期支护法与三台阶法配合使用,引用机械开挖方式,既保障了开挖过程中断面的稳定性,有利于施工安全,又加快了工程进度;针对沙漠里风沙大、土质软的问题,施工团队利用草方格沙障作业法,在公路沿线稳扎稳打,取得了防风固沙的有效成果。

京新公路大通道打通了北京连接内蒙古西北部、甘肃北部和新疆的陆路大通道,是国家"一带一路"建设的重要组成部分,向东连接京津冀经济圈,向西进入新疆。对于深入实施国家西部大开发战略，改善区域交通条件，建设祖国北疆稳定屏障具有重要意义。

1.4.2.2 京雄高速公路河北段

2021 年 5 月 29 日京雄高速公路河北段正式通车。京雄高速公路是北京—雄安新区高速公路，由北京段和河北段两部分组成，是"四纵三横"雄安新区高速公路网络中的一条。京雄高速河北段是雄安新区"四纵三横"区域高速公路网重要组成路段，是连接北京城区和雄安新区最便捷的高速通道。参见图 1-47。

图 1-47　京雄高速公路河北段

按照"世界眼光、国际标准、中国特色、高点定位"要求，京雄高速公路综合运用北斗高精定位、物联网、大数据、5G、云计算、人工智能、自动驾驶等新一代信息技术，着力打造便捷舒适高效畅行、安全耐久品质示范、绿色生态资源节约、智能运维车路协同、路域经济协同发展的"全国先行样板路"。京雄高速河北段由主线和大兴国际机场北线支线组成，全长约 93km，一期工程先期实施 75km。经涿州市、固安县、高碑店市、白沟新城，到雄安新区与既有荣乌高速公路相接，路线长 69.4km，采用双向八车道高速公路标准。支线起自涿州市京冀界，向西经涿州市义和庄镇与主线相接，路线长 5.6km，采用双向六车道高速公路标准。

京雄公路实现了交通强国建设的两个试点任务。第一个试点任务的智慧中枢杆的应用。通过在全线设置 3728 根指挥中枢杆，每个中枢杆集成了智慧专用摄像机、路侧通信设备、能见度检测仪、路面状况检测器等新型智能设备，具备智能感知、智慧照明、节能降耗"一杆多用"功能，可以保障低能见度下高速公路通行安全，并辅助夜间视频监控、事件识别、应急处置等功能。实现"车来灯亮、车走灯暗"的通车效果，从而有效地降低能耗，减少碳排放。第二个试点任务是建设自动驾驶专用车道，将最内侧两车道建设为支持自动驾驶的智能驾驶专用车道，专用车道和其他车道之间采用软隔离，设置智慧专用车道摄像机，用于提供智慧专用车道非开放状态时的普通车辆车道闯入抓拍。基于车道级高精地图，搭建京雄高速数字孪生平台，并融合监控视频与北斗数据，提升高速精细化管控水平。

1.4.2.3 五峰山长江大桥南北公路接线工程

2021年6月30日五峰山长江大桥南北公路接线工程建成通车。五峰山长江大桥南北公路接线工程起自京沪高速与沪陕高速交叉的正谊枢纽，向南跨芒稻河，接五峰山长江大桥公铁合建段，跨长江后与铁路桥分离，止于泰镇高速与江宜高速交叉的大港枢纽。五峰山公路接线工程位于江苏中轴线，是长三角高速公路网和江苏省"十五射六纵十横"高速公路网规划中"纵四"的重要组成部分，也是京津冀地区和长三角地区间南北向最便捷的过江通道。五峰山长江大桥南北公路接线工程全长33.004km（不含公铁合建段2.877km），全线采用双向八车道高速公路标准建设，共设6处互通式立交、4处匝道收费站和1处服务区。参见图1-48。

五峰山公路接线工程沿线地质复杂、施工难度大、质量安全风险高、管理协调压力大，建设极具挑战。全线大部分路段位于沿江圩区，90%的路基段存在软土等不良地质；全线跨越诸多河流，桥梁比例高达50%，其中芒稻河特大桥，为淮水行洪入江的主要河道，大桥5个水中墩全部采用利于泄洪的低桩承台，深水基础施工技术难度大；与公铁合建大桥相接的南北引桥多为35m以上高墩，最高墩达66m，上部结构为省内首次采用的超宽节段箱梁，宽度达20m，制作安装精度要求高，存放及吊装难度大。

图1-48 五峰山长江大桥南北公路接线工程

五峰山长江大桥南北公路接线工程作为江苏首条新建双向八车道标准高速公路，是唯一代表江苏参加交通运输部品质工程攻关行动试点项目，也是江苏第一批公路水运品质工程示范创建项目，省绿色智慧科技示范工程。项目积极开展品质工程创建，着力质量提升攻关，在钢筋保护层厚度、混凝土强度稳定性、预应力控制、构件尺寸精度、混凝土外观质量等质量控制上取得新突破，圆满完成了交通运输部节段梁攻关任务，发布团体标准 2 项，申报地方标准 1 项；着力科技攻关，深入开展"基于围檩支撑水下整体安装的超长钢板桩围堰施工关键技术"研究，在芒稻河特大桥施工中采用 36m 超长钢板桩围堰，创造了国内最长、水头差最大钢板桩围堰基础施工新纪录，施工技术指南形成了团体标准，拓宽了钢板桩围堰技术的应用范围，积极组织开展"四新""微创新"活动，共形成了 97 项四新技术应用及 31 项微创新成果，获得国家专利 29 项（其中发明专利 6 项）；着力智慧交通建设，全力打造智能、高效、便捷的智慧工地信息化管理平台，借助 5G 通信技术，推进 BIM、大数据、物联网、云计算等技术与高速公路建设深度融合，建立全息感知的数据采集及传输系统，构建全数字管养平台，保障全天候条件下行车安全，提升高速公路服务能力和数字化运维能力，打造了全国第一条"未来高速公路"。

1.4.2.4　京德高速公路

京德高速公路于 2019 年 11 月开工建设，2021 年 5 月 29 日建成通车。京德高速总长约 280km，起于北京大兴区国际机场（新机场高速北线），经北京、河北，终点位于河北故城县城东刁南庄与吴夏庄之间卫运河（冀鲁省界），与德州—上饶高速公路（G0321）连接，是中国高速公路网中的一条南北纵线。京德高速分为北京段和河北段，北京段起自大兴机场高速北线，终点至河北省固安县的京冀界（永定河），道路全长约 14km。河北段由固安县的京冀界（永定河）至沧州任丘市与津石高速交叉处的主线和衡德高速公路故城支线组成，主线全长 87.256km，支线全长 27.25km。参见图 1-49。

京德高速公路建设过程中在永久路面、智能建造、智慧高速三大技术创新方面重点攻关并实现突破。河北段主线首次在高速公路建设中大规模地使用"永久路面"的新材料，即往沥青中添加废旧轮胎粉碎加工得到的橡胶粉，从而提高沥青的热稳定性，延长了路面的使用寿命，实现了废旧轮胎的再利用。在智能建造和智慧高速公路建设方面，京德高速公路通过顶层设计，构建全过程安全风险预

图 1-49　京德高速公路

警系统。在盘扣式支架、大型挂篮、转体施工、枢纽互通等关键部位采用智慧监控与云端监测系统，利用多维信息融合分析技术手段，实现在线视频智能监控、安全风险云端监测和实时预警，有效规避了施工风险。建设过程中实施建设全周期气象监测预警，提前部署施工安全保障措施。路面施工采用机械防撞与雷达预警系统"双保险"，实现 10m 监测、超前鸣笛、降速减挡、自动刹车等多级安全预警。

京德高速是雄安新区"四纵三横"区域高速公路网中纵四线，是雄安新区通往北京新机场的主要高速公路，是雄安新区与冀东南、鲁西之间的重要联系通道，是北京新机场"五纵两横"地面综合交通体系中纵向机场高速的重要组成部分，是国家高速公路网京台、大广高速公路的加密线路，是京津冀地区重要的经济干线。该条高速公路建成通车后将有力促进高速公路沿线的经济发展，为脱贫攻坚战取得好成绩奠定了良好的基础。

1.4.2.5　荣乌高速新线

荣乌高速新线 2019 年 11 月开始全面施工，2021 年 5 月 29 日正式通车。荣乌高速新线全长约 72.814km。起点位于廊坊市永清县刘街乡，与京台高速交叉设置枢纽互通，预留东延条件。终点位于保定市定兴县柳卓乡东，与京港澳高速交叉设置枢纽互通，预留西延条件。荣乌高速新线采用双向八车道高速公路标准建设，设计时速为 120km/h。参见图 1-50。

为了实现安全保证和视觉效果，荣乌高速新线采用新型龙门架和隔声墙。新型龙门架采用简单流畅的几何线条勾勒出骏马奔腾的流线，将"一马当先""万马奔腾""跨越发展"的内涵赋予高速公路。同时，门架结合 LED 屏、交安指示牌、

图 1-50 荣乌高速新线

道路监控、ETC 拍照等不同实际需求，实现分车道行驶、分时段通行、一架多用的效果，为司乘人员提供良好的安全导视。隔声墙采取折线设计，增大了吸声面积，合理布置金属微穿孔及百叶窗孔隙，提升了降噪效果，同时和周边环境协调一致，给人行车不造成压抑感。荣乌高速新线率先使用车路云网一体化智慧高速解决方案，在全路段安装了超距毫米波雷达、监控视频、气象监测等感知设备，同时通过与第三方导航地图平台合作，在现有手机导航 App 的基础上，为司乘人员提供车道级事件提示并推荐最优的车道和行驶速度，保障驾驶安全。建立高速公路智慧运维平台，该平台通过毫米波雷达和监控视频数据融合，快速识别车辆异常、拥堵、停驶等交通事件，实时评估交通运行态势，对交通拥堵点进行预判，并通过智慧门架系统，对不同车道进行速度、开启/封闭提示，调控不同车道的通行状态和建议速度，减少因交通事件导致的交通拥堵，提高通行效率。

荣乌高速新线建成后将替代原荣乌高速公路穿越雄安新区段的功能和作用，能够缓解天津市与河北雄安新区之间区域交通需求的，完善新区对外骨干交通路网，推动京津冀协同发展和交通一体化建设进程。

1.4.2.6 阿乌高速公路

新疆首条沙漠高速公路，阿乌高速公路于 2019 年 12 月 30 日正式启动开工，工程历时 2 年，2021 年 12 月 25 日正式通车。阿乌高速公路起自新疆维吾尔自治区乌鲁木齐市，终点为新疆维吾尔自治区阿勒泰地区阿勒泰市，全长 373.61km，一期工程为乌鲁木齐—黄花沟段（又称黄乌高速），主线长 229.188km，二期为黄花沟—阿勒泰段，主线长 113.350km，连接线长 3.647km。参见图 1-51。

图 1-51　阿乌高速公路

阿乌高速公路中荒漠及沙漠路段长达 175.7km，无水、无电、无信号的无人区导致施工条件极其恶劣。阿乌高速一期第四合同段标段长 36.5km，全部位于沙漠腹地，建设中平均每公里就要挖平 2~4 座沙丘、填平 2~4 座沙坑，整个标段挖山、填坑 200 余处。其中，最高沙丘需深挖 30 多米、最深沙坑需要填高 20 多米才能与路面齐平。面对恶劣的建造环境，为确保项目建设成为优质耐久、安全舒适、经济环保和社会认可的优质工程，施工方投入人力物力，着力进行科技创新和技术攻关。在项目建设中，全面推广高耐久性混凝土技术、装配式混凝土结构建筑信息模型应用技术和机器人焊接、光伏电产业照明、三沉淀池等多项新技术。在疆内首次应用桥涵工业化建造、"定制性"沥青、智慧化无人驾驶摊铺等技术。在疆内首次推行桥涵工业化建造、使用"定制性"沥青、智慧化无人驾驶摊铺技术、36cm 大厚度摊铺技术一次性完成水稳基层、土路肩摊铺的新技术应用成为行业热议焦点。首次使用路面底基层掺配水泥改良技术、玄武岩摊铺水泥稳定土基层等一系列举措成为行业率先垂范之举。以科技攻关为统领攻克沙漠地区筑路材料奇缺、就地取材利用弱膨胀性泥岩、工业废渣废旧利用、风积沙填筑路基等科研项目取得了重大进展。以"三同步"构建超大规模公路工程电子文档管理填补新疆交通建设史上空白。

阿乌高速是丝绸之路经济带核心区交通枢纽中通道、北通道的重要组成部分。它打通了新疆北疆和乌鲁木齐首府地区的沙漠便捷通道，形成乌鲁木齐至阿勒泰的三小时经济圈。同时为北屯市（兵团十师）接入快速公路网奠定基础。解决阿勒泰地区"旅长游短"的问题，带动沿线旅游业发展，对稳疆兴疆具有重要意义。

1.4.2.7　南宁沙吴高速公路

南宁沙吴高速公路于 2019 年 12 月 20 日开工，2021 年 9 月 28 日建成通车。沙吴高速公路起自南宁绕城高速公路沙井枢纽互通，路线由北向南，终点位于南友高速公路吴圩西枢纽互通，全长 28.5km。参见图 1-52。

沙吴高速公路项目是广西首个智慧交通示范项目，致力打造开放的智慧交通试验测试平台，推动 5G 通信网络服务、北斗导航与位置服务、车路协同、交通运行智能管控、新能源智能网联车等智慧交通产业、数字经济在广西发展，对东盟数字交通、智慧交通发展起到引领、示范作用。项目布设 26 处通信 5G 宏站、6 处北斗高精度基站及相关外场感知设备，建设智慧云控系统，为车辆提供实时精确的位置信息。全线每隔 350m 布设摄像机和毫米波雷达，每隔 700m 布设的边缘计算节点和路侧单元，重点路段布设微气象站，通过大数据平台分析，极大提高了事件识别、发布和处理速度，为车辆实现自动驾驶提供了全方位的数据支持，也提高了道路通行安全性。此外，项目建成的广西首个收费站智慧通道，在沙井收费站出口匝道处设置自由流收费门架，采取"匝道 ETC 设施预收费 + 出口验证"新一代收费模式，提高 ETC 交易成功率，提升车辆整体的通行速度，使得沙井到吴圩的时间由原来的 40 分钟缩短至 20 分钟。建成全国首条 ETC 和

图 1-52　南宁沙吴高速公路

C-V2X 融合的智慧高速，解决了车路协同初期终端渗透率低的难题。

南宁沙吴高速公路是南宁市区通往吴圩机场与空港区的第三条高速大通道，是交通强国试点和广西交通运输科技示范工程，项目建成通车后，将有效连接南友高速公路、吴大高速公路、南宁绕城高速公路、清厢快速路、环城快速路，形成多向联结的高速公路网络，提升交通通行效率，极大缓解南宁南站及机场货运压力，助力南宁吴圩国际机场进一步完善机场集疏运通道，更好发展机场空港经济区。

1.5 水利与水路工程建设情况分析

1.5.1 水利与水路工程建设的总体情况

1.5.1.1 水利工程建设的总体情况

水利工程是用于控制和调配自然界的地表水和地下水，达到除害兴利目的而修建的工程。水利工程需要修建坝、堤、溢洪道、水闸、进水口、渠道、渡漕、筏道、鱼道等不同类型的水工建筑物，以实现其目标。因水利工程的相关统计数据发布滞后，本报告对 2011~2020 年水利工程建设的总体情况进行分析。

近年来，我国水利建设投资总体保持增长态势，图 1-53、图 1-54 分别示

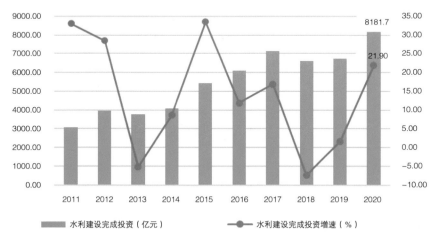

图 1-53　2011~2020 年我国水利建设投资情况
数据来源：水利部《全国水利发展统计公报》

出了 2011~2020 年我国水利建设投资和投资构成情况。2020 年，我国水利建设投资为 8181.7 亿元，比上年增长 21.90%，实现两连增。其中，建筑工程完成投资 6014.9 亿元，较上年增加 20.6%；安装工程完成投资 319.7 亿元，较上年增加 31.5%；机电设备及工器具购置完成投资 250.0 亿元，较上年增加 13.1%；其他完成投资 1597.1 亿元，较上年增加 26.8%。

图 1-55 示出了 2011~2020 年我国水利建设投资按用途的构成情况。2020 年完成投资中，防洪工程建设完成投资 2801.8 亿元，较上年增加 22.4%；水资源工程建设完成投资 3076.4 亿元，较上年增加 25.7%；水土保持及生态工程完

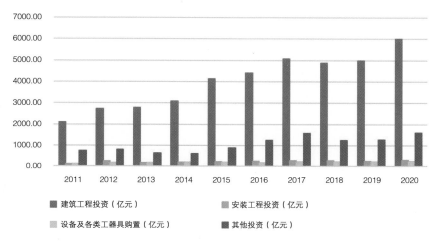

图 1-54　2011~2020 年我国水利建设投资构成情况
数据来源：水利部《全国水利发展统计公报》

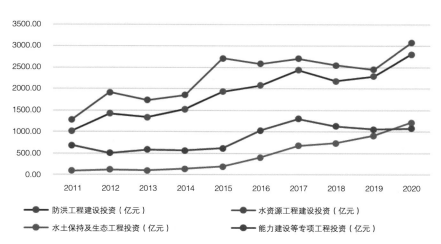

图 1-55　2011~2020 年我国水利建设投资按用途的构成情况
数据来源：水利部《全国水利发展统计公报》

成投资 1220.9 亿元，较上年增加 33.7%；水电、机构能力建设等专项工程完成投资 1082.2 亿元，较上年增加 2.1%。

图 1-56 示出了 2011~2020 年我国江河堤防建设情况。截至 2020 年年底，全国已建成 5 级及以上江河堤防 32.8 万 km，累计达标堤防 24.0 万 km，堤防达标率为 73.0%。其中，1 级、2 级达标堤防 3.7 万 km，堤防达标率为 83.1%。

图 1-57、图 1-58 分别示出了 2011~2020 年我国水闸的建设情况和不同类型水闸的分布情况。截至 2020 年年底，全国已建成流量为 5 m³/s 及以上水闸

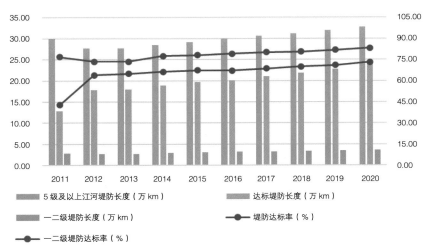

图 1-56　2011~2020 年我国江河堤防建设情况
数据来源：水利部《全国水利发展统计公报》

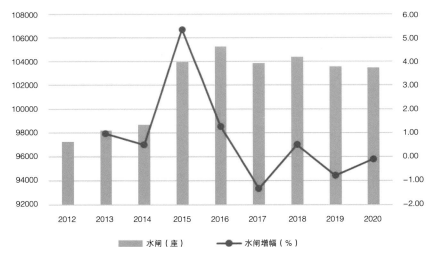

图 1-57　2011~2020 年我国水闸的建设情况
数据来源：水利部《全国水利发展统计公报》

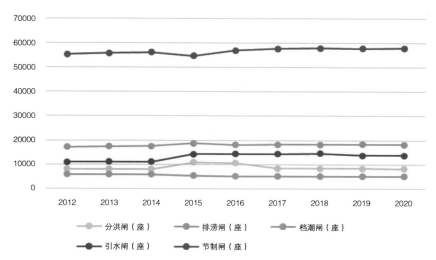

图 1-58　2011~2020 年我国不同类型水闸的分布情况
数据来源：水利部《全国水利发展统计公报》

103474 座，其中，大型水闸 914 座。按水闸类型分，分洪闸 8249 座、排（退）水闸 18345 座、挡潮闸 5109 座、引水闸 13829 座、节制闸 57942 座。

　　图 1-59~ 图 1-61 分别示出了 2011~2020 年我国水库以及大型水库、中型水库的建设情况。截至 2020 年年底，全国已建成各类水库 98566 座，水库总库容 9306 亿 m³。其中，大型水库 774 座，水库总库容 7410 亿 m³；中型水库 4098 座，水库总库容 1179 亿 m³。

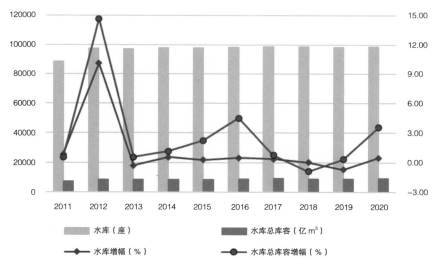

图 1-59　2011~2020 年我国水库建设情况
数据来源：水利部《全国水利发展统计公报》

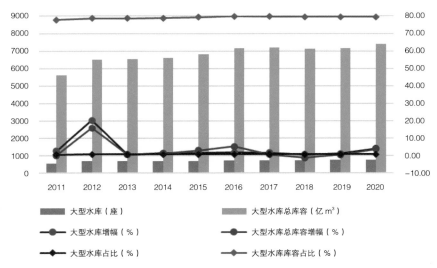

图 1-60　2011~2020 年我国大型水库建设情况
数据来源：水利部《全国水利发展统计公报》

图例：
- 大型水库（座）
- 大型水库总库容（亿 m³）
- 大型水库增幅（%）
- 大型水库总库容增幅（%）
- 大型水库占比（%）
- 大型水库库容占比（%）

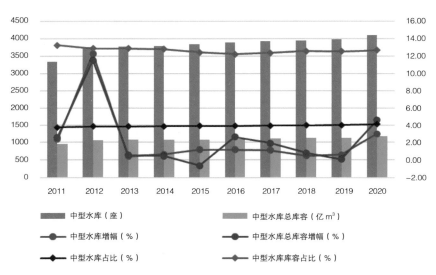

图 1-61　2011~2020 年我国中型水库建设情况
数据来源：水利部《全国水利发展统计公报》

图例：
- 中型水库（座）
- 中型水库总库容（亿 m³）
- 中型水库增幅（%）
- 中型水库总库容增幅（%）
- 中型水库占比（%）
- 中型水库库容占比（%）

1.5.1.2　水路工程建设的总体情况

水路工程指为保证内河运输和海上运输所实施的建设工程。

图 1-62 示出了 2011~2021 年我国水路固定资产投资情况。2021 年，我国水路固定资产投资为 1313 亿元，比上年增长 13.76%，实现两连增。其中，内河

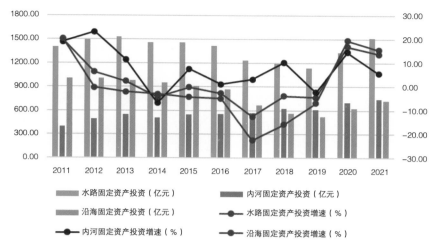

图 1-62 2011~2021 年我国水路固定资产投资情况
数据来源：交通运输部《交通运输行业发展统计公报》

固定资产投资为 743 亿元，比上年增长 5.54%；沿海固定资产投资为 723 亿元，比上年增长 15.50%。

图 1-63 示出了 2011~2021 年我国生产用码头情况。2021 年，我国生产用码头泊位数量仍延续下降态势，已经连续 10 年下降。生产用码头泊位数量为 20867 个，比上年降低 5.76%。其中，沿海港口生产用码头泊位数量为 5419 个，比上年降低 0.77%，连续 6 年下降；内河港口生产用码头泊位数量为 15448 个，比上年降低 7.39%，连续 10 年下降。

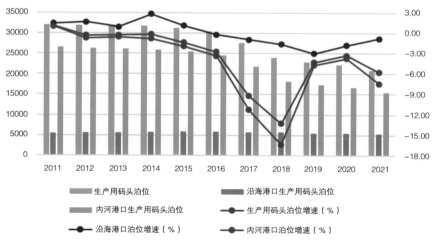

图 1-63 2011~2021 年我国生产用码头情况
数据来源：交通运输部《交通运输行业发展统计公报》

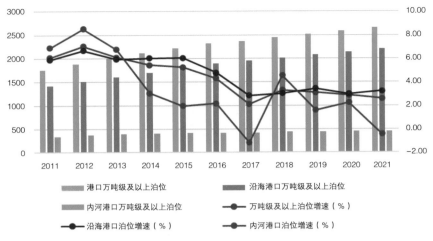

图1-64示出了2011~2021年我国港口万吨级及以上泊位情况
数据来源：交通运输部《交通运输行业发展统计公报》

图1-64示出了2011~2021年我国港口万吨级及以上泊位情况。与全国生产用码头泊位状况相比，港口万吨级及以上泊位状呈现相反态势，近年来一直保持正增长态势。2021年，我国港口万吨级及以上泊位数量为2659个，比上年增加2.58%。其中，沿海港口万吨级及以上泊位数量为2207个，比上年增长3.23%；内河港口万吨级及以上泊位数量为452个，比上年减少0.44%。

1.5.2 典型的水利与水路工程建设项目

1.5.2.1 广西落久水利枢纽工程

2020年10月13日，广西落久水利枢纽工程正式下闸蓄水，标志着该项水利工程从建设期进入到了管理运营、综合开发利用期，开始投入初期运用，发挥综合效益。

广西落久水利枢纽工程为国家172项重大水利工程之一，是一座以防洪为主，兼顾灌溉、供水、发电和航运等任务的综合性水利枢纽工程。工程等别为Ⅱ等，工程规模为大（2）型，水库相应总库容3.46亿m³，防洪库容2.50亿m³，电站装机容量2×21MW。参见图1-65。

该项目于2016年10月11日正式开工。为确保按期实现下闸蓄水节点目标，项目建设者克服了前期征地困难、砂石骨料供应不足、地质条件不良、疫情防控压力大等多重困难，于2018年12月31日大坝碾压混凝土封顶；2019年9月

图 1-65　广西落久水利枢纽工程

19 日溢流坝段封顶，大坝全线贯通；2019 年 12 月 31 日大坝金属结构完成安装；2020 年 4 月 30 日完成首台机组安装；2020 年 9 月 28 日工程通过下闸蓄水阶段验收。

广西落久水利枢纽项目是柳江流域（防洪）控制性枢纽工程，也是广西壮族自治区实施"双核驱动、三区统筹"战略的重大基础设施项目。该项目可为广西融水县提供 8.83 万亩灌溉水源，日提供 7.5 万 t 饮用水源，受益人口达 20 万人；还将带动当地库区旅游景点开发及相关产业的可持续发展。工程建成后，将通过与柳江上游即将建设的洋溪水利枢纽联合调度运行，柳州市区的防洪标准由 50 年一遇提高到 100 年一遇，对于完善柳江流域防洪体系及至整个广西防洪体系也具有重大意义。

1.5.2.2　重庆金佛山水库

2020 年 12 月 30 日，历时 6 年建设的重庆金佛山水库正式下闸蓄水，标志着国家 172 项重点水利工程之一、重庆市重点水利工程、重庆市首座高海拔大型水库全部建成。

金佛山水库由大坝、溢洪道、泄洪放空洞、灌溉发电引水建筑物及坝后电站等组成，工程任务为以灌溉、供水为主，兼有水力发电等综合利用功能。水库正

图 1-66　重庆金佛山水库

常蓄水位 836.00m，水库总库容 1.01 亿 m^3，调节库容为 9372.7 万 m^3，为多年调节水库。项目设计洪水标准为 100 年一遇，设计洪水位高程 836.00m；校核洪水标准为 2000 年一遇，校核洪水位 838.04m。消能防冲设计洪水标准为 50 年一遇。大坝为钢筋混凝土面板堆石坝，最大坝高 109.8m。灌区设计灌溉面积 30.59 万亩（其中农田 16.67 万亩，土地 13.92 万亩），可满足南川区 18 个乡、镇、街道办事处的城镇用水以及 8.79 万农村人口和 12.32 万头牲畜的用水需求。参见图 1-66。

　　金佛山水库是重庆第一座高海拔大型水库工程，在建设过程中曾遇到三个"拦路虎"。一是水库大坝所在位置的左岸边坡高且陡，高差达 180m，传统施工方式不可行。施工方采取国内领先的高自密实特性混凝土材料填充等一系列措施，确保了工程建设保质保量；二是渠系工程的马鞍山隧洞工程进口段撑子面掘进施工中，曾出现大量涌水，阻止了隧洞掘进。建设者采用 TSP、地质 CT、瞬变电磁法等物探技术进行地质预报和超前探孔等手段，提前判明水文地质、工程地质情况，及时采取堵排相结合、绕道施工等措施，确保了施工安全同时保证施工进度；三是金佛山水库大坝填筑所需近 300 万 m^3 石料，采用国家特大型地质灾害甑子岩危岩在治理清除时产生的废弃石料用作大坝的填筑用料，使其变废为宝。既解决工程潜在的重大地灾隐患问题，又满足大坝建设用料需求，有效节约建设成本。

1.5.2.3　浙东引水工程

　　浙东引水工程于 1971 年大旱之后首次提出，经多次规划论证，于 2003 年正式提出，2005 年 12 月正式开工，2021 年 6 月 29 日正式启动试运营。浙东引水工程干线总长 323km，总投资超过 117 亿元，由萧山枢纽、曹娥江大闸、曹娥江至慈溪引水工程、曹娥江至宁波引水工程、新昌钦寸水库、舟山大陆引水二期工程 6 项骨干工程组成，浙东引水工程以萧山枢纽工程为起点，引富春江水到绍兴曹娥江，再通过曹娥江大闸、曹娥江至慈溪引水工程、曹娥江至宁波引水工程，将水引至宁波，最后通过舟山大陆引水工程二期，最终使海岛人民喝上富春江水是浙江省跨流域最多、引调水线路最长、受益区域最广的水资源战略配置工程。参见图 1-67。

　　率先动工的曹娥江大闸，位于钱塘江河口强涌潮区，工程建设克服了强涌潮冲击、闸下泥沙淤积、软基沉降、海水侵蚀等一系列世界级难题，如今成为"中国第一河口大闸"，挡潮蓄淡，安澜镇流，可增加年利用水量 6.9 亿 m³。该工程先后荣获中国建设工程鲁班奖、中国土木工程詹天佑奖等国家级荣誉。曹娥江至宁波引水工程是浙江省内最大的集引排功能为一体的综合水利枢纽，建设过程中攻克了软土深基坑垂直开挖、大体积混凝土温控防裂、高压电网交叉施工等技术难点，并先后克服了连续雨雪冰冻、强台风以及新冠肺炎疫情等不利影响，攻坚克难，建设团队先后荣获长江经济带重大水利建设劳动和技能竞赛先进集体、"全国工人先锋号"等荣誉称号；舟山大陆引水工程打造了国内海底钢管线路最长、口径最大的输水工程。18 年的建设周期中，参建各方多次组织全国知名高校、科研院所，开展科技攻关，先后攻克了强涌潮冲击、闸下泥沙淤积、海水侵蚀、大口径薄壁海底管道施工等一系列世界级难题，取得了一大批具有自主知识产权的科技创新成果。

图 1-67　浙东引水工程

浙东引水项目建设之前，萧绍甬平原人均水资源量约 830 m³，仅为全省平均水平的 1/3，舟山人均水资源量仅 605 m³，缺水问题严重制约浙东地区经济社会可持续发展和人民生活质量的进一步提高。全线贯通后的浙东引水工程，每年平均可引 8.9 亿 m³ 的富春江水到浙东地区，远至舟山海岛。实现了浙东水网重构，在水资源保障、水环境改善、水灾害防御等方面发挥了巨大的社会和经济效益，惠及杭州、宁波、绍兴、舟山 4 个市 18 个县（市、区）1750 万人口。

1.5.2.4　鄂北水资源配置工程

鄂北水资源配置工程是国务院确定的 172 项重大节水供水工程之一，也是湖北省投资规模最大、覆盖面积最广、受益人口最多的重大民生工程，被誉为湖北水利"一号工程"，总投资约 180 亿元。工程 2015 年正式动工，从丹江口水库取水，横穿 3 市 7 县，全长 270km，年均引水 7.7 亿 m³，2020 年试通水成功，2021 年初工程全线通水。

鄂北水资源配置工程输水线路总长度 269km，以丹江口水库为水源，以清泉沟输水隧洞进口为起点，线路自西北向东南横穿鄂北岗地，利用受水区 36 座水库进行联合调度，终点为大悟县王家冲水库。自西北向东南方向穿越湖北襄阳市、襄州区、枣阳市、随州市、曾都区和广水市。鄂北水资源配置工程是以城乡生活、工业供水和唐东地区农业供水为主，通过退还被城市挤占的农业灌溉和生态用水量，改善受水地区的农业灌溉和生态环境用水条件为任务的一项大型水资源配置工程。参见图 1-68。

鄂北水资源配置工程建设段孟楼渡槽全长 4.99km，由 164 榀渡槽连接而成，

图 1-68　鄂北水资源配置工程

单榀渡槽长 30m、重 1200t，是鄂北工程中跨度最大、里程最长、结构最复杂的大型输水渡槽。建造渡槽的传统工法是先建模，模内绑扎钢筋笼，然后浇筑。而孟楼渡槽任务创造性地采用槽身整体预制浇筑、"槽上运槽""提槽运槽"等新工法。仅预制现浇一项创新，就比传统工法节约工期近 9 个月。这段渡槽申报国家专利 12 项，申报专利之多，在国内渡槽建设中少见。建设段枣阳七方渡槽总长 4.16km，被丘陵分割成了 4 段渡槽、3 段明渠。施工团队为七方渡槽，量身定制了"无穿墙拉杆模板技术"。这种技术采用"外桁架 + 内台车"组合的无穿墙拉杆钢模板技术，创造性地解决了普通渡槽槽身侧壁模板加固方式所引起的漏浆、胀膜、后期渗漏水等现象，提高了施工质量。七方渡槽建造施工已获得 5 个实用新型专利、1 项省级工法、5 项国家行业 QC 成果、4 项省级行业 QC 成果。

鄂北水资源配置工程建成后，丹江口水库年均调水量 7.7 亿 m^3，将有效解决鄂北地区 482 万人，469 万耕地的生活和工农业用水，历史性改变湖北水资源战略格局，发挥水资源配置优势，为湖北经济社会高质量发展提供强大的水安全保障。

1.5.2.5 重庆新生港项目

重庆新生港位于长江北岸香水溪至秀水溪江段，长江上游航道里程 437.5~438.8km，规划用地面积 317.25 公顷，总投资 50 亿元，按照"前港中仓后园、铁公水联运"进行布置，新生港全面建成后，向北通过兰渝铁路对接中欧国际班列西部通道，向东通过重庆新生港对接长江经济带，形成我国西北地区通江入海的重要通道。2021 年 9 月 29 日，新生港正式开港运营。参见图 1-69。

图 1-69 重庆新生港项目

重庆新生港工程的建设面临三峡库区蓄水水位调节影响、水上施工有效期极短(仅为每年6~8月)、工序转换频繁、气候条件恶劣、施工组织难度大等重重困难。新生港建设在开工后，于同年9月涨水前（三峡库区蓄水前）抢先完成了钢平台搭设工作，3.5万m^2钢平台用钢量达2.2万t。同年10月，陆域190m平台5~6号堆场龙门起重机轨道梁基础开始施工，4根232m的轨道梁需要预埋1800余个螺栓安装预埋件。为了尽量缩短工期，早日建成开港，项目抛弃了传统"钢筋、模板、预埋、浇筑"的做法，转而使用"钢筋、模板、浇筑、钻孔"的做法，这个技术上的创新为项目节约了近80天工期。

新生港开港后形成了重庆忠县对外开放的重要引擎和新的经济增长点，以"新生港＋梁忠疏港铁路（新生港铁路专用线）＋达万铁路"融入国家铁路网为路径，长江中下游货物水运至港口转铁路连接可直连"渝新欧"，将进一步推动"一带一路"和长江经济带的无缝衔接。

1.5.2.6　湘江永州至衡阳三级航道建设一期工程湘祁二线船闸

湘江永州至衡阳三级航道工程是交通运输部、湖南省重大水运建设项目，属于湘江高等级航道建设规划重要组成部分，于2021年6月24日建成通航。项目分一、二、三期实施，建设潇湘、浯溪、近尾洲、湘祁4座二线船闸。湘祁二线船闸是其关键控制性工程，主要建设内容为：按1000吨级标准整治湘祁枢纽至蒸水河口140km航道，按1000吨级标准扩建湘祁二线船闸及建设相应配套设施。项目攻克了紧邻高水位运行船闸工况、地下饱和承压水等难点，提前5个月完成施工任务，且首创了船闸浮式系船柱槽混凝土一次浇筑成型支撑系统。参见图1-70。

湘江永州至衡阳三级航道项目坚持生态优先，以科技赋能，推进项目高质量建设。为确保施工建设安全，湘江永州至衡阳三级航道创新应用北斗高精度定位、智能传感等感知技术，整合采集水文、边坡、基坑、船闸大体积混凝土结构等综合信息数据，并自动监测船闸主体基坑位移、深层变位，及时预警施工过程中出现的险情隐患。北斗安全监测系统通过传感器和卫星定位技术实时采集沉降位移等数据，利用物联网监控围堰安全状态，一旦变形值达到报警阈值将立刻发出警报，相比于传统的人工巡检大幅提升了险情预警的精准性和科学性。

在生态保护上，工程建设过程中使用砂石分离机，对浇筑混凝土的余料等进行充分清洗，分离出来的砂石可重新作为混凝土原材料，分离出来的污水经过滤

图 1-70　湘祁二线船闸

可循环使用，实现污水零排放，既有效解决了混凝土污染问题，还能实现废物循环利用。

湖南湘江永州至衡阳三级航道建设一期工程湘祁二线船闸建成通航，进一步完善了湖南综合交通运输体系，标志着国家"两横一纵两网十八线"长江水系高等级航道中的湘江航道实现千吨级船舶畅通无阻，对于远期沟通长江水系和珠江水系，打通湖南第二条出海通道，促进地方经济发展具有重要战略意义。

1.6　机场工程建设情况分析

1.6.1　机场工程建设的总体情况

图 1-71 示出了 2011~2021 年我国民航固定资产投资情况。2021 年，全国民航完成固定资产投资 1880.44 亿元，比上年增长 15.54%，终止了两连降的势头。

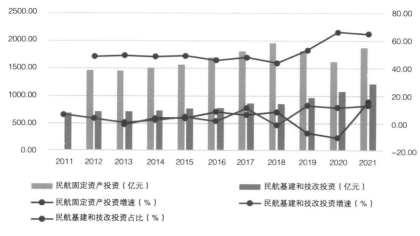

图 1-71　2011~2021 年我国民航固定资产投资情况
数据来源：中国民用航空局《民航行业发展统计公报》

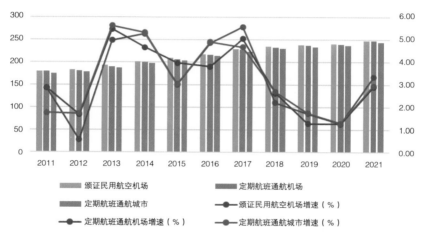

图 1-72　2011~2021 年我国机场和通航城市的情况
数据来源：中国民用航空局《民航行业发展统计公报》

其中，民航基本建设和技术改造投资达到 1222.47 亿元，比上年增长 13.04%。

图 1-72 示出了 2011~2021 年我国机场和通航城市的情况。2021 年，我国有颁证民用航空机场 248 个，比上年增加了 7 个，增长了 2.90%。其中，定期航班通航机场 248 个，比上年增加了 8 个，增长了 3.30%。2021 年，我国定期航班通航城市 244 个，比上年增加了 7 个，增长了 2.95%。

1.6.2 典型的机场工程建设项目

1.6.2.1 成都天府国际机场

　　成都天府国际机场位于中国四川省成都市简阳市芦葭镇空港大道，2021年6月27日正式通航，为4F级国际机场、国际航空枢纽、丝绸之路经济带中等级最高的航空港之一、成都国际航空枢纽的主枢纽。成都天府国际机场有2座航站楼，建筑面积共71.96万㎡；民航站坪设210个机位，其中C类机位113个、D类机位7个、E类机位82个、F类机位8个；跑道共3条，规格分别为4000m长、60m宽，3800m长、45m宽，3200m长、45m宽；可满足年旅客吞吐量6000万人次、货邮吞吐量130万t的使用需求。参见图1-73。

　　天府国际机场在建设中应用和创造了多个"首次"和"第一"。在超长混凝土施工方面，首次在全国机场项目中，地上、地下同步采用跳仓法，避免后浇带一系列质量隐患，确保了工程高品质建设；在钢结构施工中运用"超大双曲面网架整体提升"施工技术，实现了屋顶网架高精度提升质量控制；通过云筑智联网络平台，打造了全国领先的智慧建造管理系统；在大铁施工中，通过"3m厚双曲面弧形顶板施工"工法，实现了全球首例航站楼下穿350km/h不减速高铁工程顺利实施。

　　西一跑道是天府机场目前唯一一条可以起降空客A380的跑道，跑道全长4000m，在推广新技术、新工艺、新设备方面，也创造了国内多个"首次"。

　　（1）国内首次跑滑系统均采用道面沥青复合层新型工艺施工。西一跑道在机场水泥混凝土道面层与基层之间设置沥青复合基隔离层，具有隔离、防水、抗冲刷和应力缓冲等功能，可有效解决上述唧泥、脱空、断裂等病害，使机场水泥混凝土道面具有使用寿命长、养护工作量小和环境适应性强等优点。

图1-73　成都天府国际机场

（2）全国首次全场采用深桶灯安装新工艺的内陆机场。该项新工艺有着多项专利技术应用，包括深桶灯安装新工艺、灯箱电缆保护管防水密封装置、灯桶预留环形槽成形件、胶体灌注机均获得国家新型实用专利。不但解决了天府机场工期紧面临的各项难题，同时提高工效、提升质量、节约成本、绿色环保，对未来机场助航灯光工程的建设提出了新思路、新方法和新标准。

（3）全国首次全线使用 PVC-UH 新型管材的飞行区消防工程。管材采用承插式连接方式，安装快捷，变形冗余度高，确保工程质量及进度推进，适用天府机场超大体量消防管道安装，为天府机场建设进度提供有力支撑。

（4）全国首次采用智能跑道系统技术的 4F 级跑道。通过智能化设施，对跑道性状进行实时采集、统一管理和分析预警，为跑道的健康和维护提供科学支持，为后续跑道的安全运行提供保障。

成都天府国际机场是我国"十三五"期间规划建设的最大民用运输枢纽机场项目，也是"十四五"开局之年投用的最大民用机场，是成渝地区双城经济圈国家战略的重要支撑。建成后的天府机场，将同成都双流国际机场一道，成为引领西部民航发展的国际航空枢纽和建设交通强国的国际性综合交通枢纽，为西部开发开放高质量发展注入新的动力源，进一步助力全国民航创新发展示范高地建设。

1.6.2.2　拉萨贡嘎国际机场 T3 航站楼

拉萨贡嘎国际机场航站区改扩建工程于 2017 年 12 月正式开工建设，工程总投资 39.07 亿元，由中建八局承建。2021 年 8 月，拉萨贡嘎国际机场 T3 航站楼正式投入运营。

航站楼外观设计充分吸收藏文化元素，从整体建筑形态到入口门头、两侧结构柱、屋面挑檐及吊顶设计，处处体现浓郁民族特色和设计师的独具匠心。高空俯瞰，航站楼宛如盛放的雪莲花瓣，正面观看，纯白屋檐又像一条飘扬的哈达，迎接八方来客。参见图 1-74。

在雪域高原建设一个现代化的"四型机场"受到诸多条件的限制，包括：高原上稀缺的劳动力、复杂的气候和地质条件、本地有限的建材生产能力、材料较长的运输周期以及就地取材的可能性。

拉萨地区混凝土材料供应难度较大，本地无生产 C50 以上混凝土的能力，并且缺少超长结构必备的粉煤灰等外加剂。然而拉萨机场中心区混凝土主体结构长

图 1-74 拉萨贡嘎国际机场 T3 航站楼

度约 350m，且不设置防震缝，属于对设计和施工要求极高的超长结构。于是设计过程中对本地取材的混凝土粗骨料和替代添加剂提出了相应设计要求，并针对温度效应以及混凝土收缩、徐变进行了详细计算。同时，航站楼在构造上采用了设置膨胀后浇带、优化混凝土配合比、合理化施工顺序等方式，综合解决了超长结构带来的开裂问题。截至项目竣工验收时，无混凝土楼面开裂的情况出现。

相比平原地区，"日光之城"拉萨日照时间长，昼夜温差大，夏无酷暑冬无严寒。为应对高原空气密度低、温度变化大的不利影响，工程师设计加大空调通风系统风量，满足室内舒适度。并对高低压电器进行了耐压、绝缘、额定电流校验，根据环境条件选择适合的电线电缆敷设方式以及工程的防雷接地措施，保障工程进度和质量。同时，在机场高大空间，结合值机岛、商铺等房中房设置空调送风口侧向送风，仅处理人员活动区的热量而非整个高度空间的热量，达到节省空调运行能耗的作用。

拉萨贡嘎国际机场航站区改扩建工程是西藏自治区"十三五"重点建设项目和自治区重要民生项目，拉萨贡嘎国际机场 T3 航站楼的建成投运，必将进一步提升拉萨机场的综合保障能力，进一步满足各族人民便捷出行的美好需求，对进一步促进西藏经济社会高质量发展有着重大而深远的意义。

1.6.2.3　深圳机场卫星厅及其配套工程

深圳机场卫星厅，位于深圳机场 T3 航站楼北侧，机场一跑道和二跑道中间，是深圳机场新一期扩建的核心项目之一，2021 年 6 月 1 日正式通过竣工验收。项目总建筑面积 23.9 万 m²，整体采用"X"型蝙蝠构造设计，集行李捷运、地铁换乘、旅客航运、货物集散等多功能于一体，可满足 2200 万人次使用需求。参见图 1-75。

深圳机场卫星厅建设工程包括卫星厅主体工程、配套工程、供油工程三部分，属于大型施工工程，专业性极强，工序穿插也复杂多样。为了确保工程的施工质量和进度，深圳机场在国内机场中率先"全过程、全专业"引入 BIM 技术，辅助进行卫星厅施工管理。通过 BIM 技术开展全专业 BIM 深化设计，进行了管线综合、空间优化，通过可视化交底以及施工模拟等应用，实现了工程建设全过程的精细化管理。

卫星厅桩基施工工程是项目建设难点之一。由于深圳地铁 11 号线贯穿深圳卫星厅正下方，项目开工时，便面临与正在运营的地铁线路距离过近的难题。卫星厅桩基工程需在两条地铁区间隧道之间打入 18 根灌注桩，且桩与地铁隧道最小的净距离只有 35cm，远超国内同类项目的极限。为确保地铁运营安全，同时也保证项目施工开展，项目团队研发出"紧邻已运营地铁间桩基成孔施工微扰动技术"，能够在最大限度保障地铁隧道安全的情况下，确保卫星厅工程项目的安全和质量，而桩基施工的成功，无论技术还是难度，均开全国同类施工先河，共获得四项专利。

作为深圳机场新一期扩建工程首个建成的重要设施项目，绿色贯穿了项目建设全过程，卫星厅项目也获得了国家三星级绿色建筑设计标准。卫星厅延续了 T3 航站楼的节能设计，玻璃幕墙表面覆盖了遮阳构件，东西方向设置内遮阳，能实现节能和建筑艺术的平衡。此外，机坪所有助航灯光灯具均采用高光强、低能耗的 LED 光源，不仅节能减排，同时也为全场实施Ⅳ级（最高级）机场高级场面引导与控制系统做好灯具预留。

卫星厅是深圳机场打造高品质创新型国际航空枢纽的重要基础设施，启用后将对提升机场服务保障供给能力，增强机场在"双区"建设和民航高质量发展中的硬实力、竞争力具有重要意义。

1.7 市政工程建设情况分析

1.7.1 市政工程建设的总体情况

　　市政基础设施是指在城市区、镇（乡）规划建设范围内设置、基于政府责任和义务为居民提供有偿或无偿公共产品和服务的各种建筑物、构筑物、设备等。城市生活配套的各种公共基础设施建设都属于市政工程范畴，比如常见的城市道路、桥梁、地铁、地下管线、隧道、河道、轨道交通、污水处理、垃圾处理处置等工程，又比如与生活紧密相关的各种管线：雨水、污水、给水、中水、电力（红线以外部分）、电信、热力、燃气等，还有广场，城市绿化等的建设，都属于市政工程范畴。

　　图 1-76 示出了 2011~2021 年我国市政设施固定资产投资情况。2021 年，我国市政设施固定资产投资 2.75 万亿元，同比增长 4.93%。其中，道路桥梁占城市市政设施固定资产投资的比重最大，为 36.8%；轨道交通、排水和园林绿化投资分别占 23.1%、9.9% 和 7.3%；供水、市容环境卫生、地下综合管廊、集中供热、燃气占比均低于 5%，分别为 3.7%、3.6%、2.1%、2.0%、1.1%。其他投资占比 10.3%。

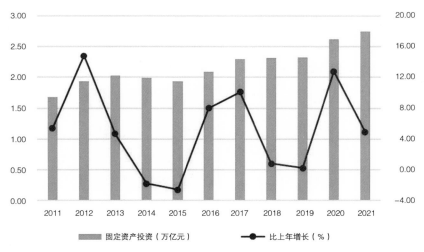

图 1-76　2011~2021 年我国市政设施固定资产投资情况情况
数据来源：住房和城乡建设部《2021 年中国城市建设状况公报》《中国建设年鉴 2020》

图 1-77 示出了 2011~2021 年我国城市实有道路长度和城市桥梁建设的相关情况。2021 年，我国城市实有道路长度为 53.25 万 km，比上年增加 8.08%。城市桥梁 83673 座，比上年增加 4.92%。

　　图 1-78 示出了 2011~2021 年我国城市轨道交通运营线路情况。2021 年，我国有地铁运营线路 223 条，比上年增长 17.99%；城市轨道交通（非地铁）运营线路 52 条，比上年增长 40.54%。

　　图 1-79 示出了 2011~2021 年我国城市轨道交通运营里程情况。2021 年，我国地铁运营里程 7664km，比上年增长 16.21%；城市轨道交通（非地铁）运营里程 1071.6km，比上年增长 41.07%。

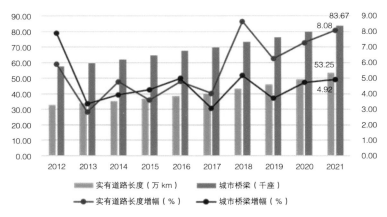

图 1-77　2011~2021 年我国城市实有道路长度和城市桥梁建设的相关情况
数据来源：国家统计局《中国统计年鉴 2012-2022》

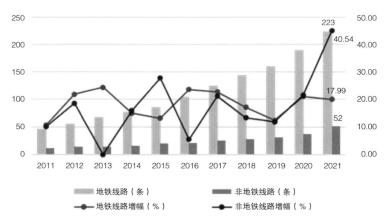

图 1-78　2011~2021 年我国城市轨道交通运营线路情况
数据来源：交通运输部《交通运输行业发展统计公报》

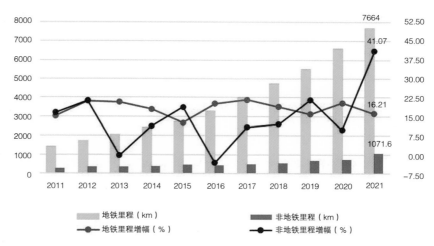

图 1-79　2011~2021 年我国城市轨道交通运营里程情况
数据来源：交通运输部《交通运输行业发展统计公报》

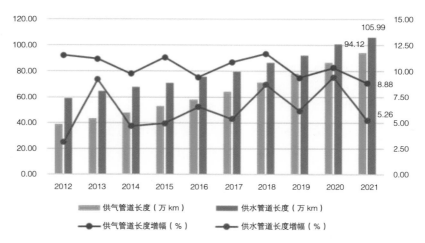

图 1-80　2012~2021 年我国供气、供水管道建设的相关情况
数据来源：国家统计局《国家数据》《中国统计年鉴 2022》

　　图 1-80 示出了 2011~2021 年我国供气管道（含天然气管道、人工煤气管道、液化石油气管道）、供水管道建设的相关情况。2021 年，我国年末供气管道长度为 94.12 万 km，比上年增加 8.88%。年末供水管道长度为 105.99 万 km，比上年增加 5.26%。

　　图 1-81 示出了 2011~2021 年我国城市排水管道建设的相关情况。2021 年，我国城市排水管道长度为 87.23 万 km，比上年增加 8.67%。

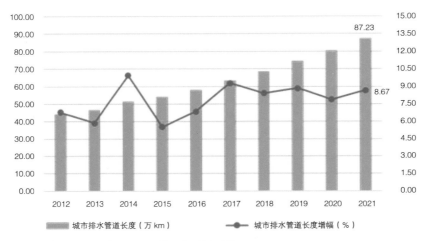

图 1-81　2012~2021 年我国城市排水管道建设的相关情况
数据来源：国家统计局《国家数据》《中国统计年鉴 2022》

1.7.2　典型的市政工程建设项目

1.7.2.1　武汉青山长江大桥

2021 年 4 月 30 日，武汉青山大桥通车运营。武汉青山长江大桥是中国湖北省武汉市境内连接洪山区与黄陂区的过江通道，位于长江水道之上，北起汉施互通，南至化工互通，桥梁总长 7548m，主桥长 4374m。桥面为双向八车道高速公路，桥宽 48m，是目前长江上最宽的大桥。参见图 1-82。

武汉青山大桥为斜拉公路特大桥，是长江上最宽的桥梁，主塔高 279.5m，是世界上最高的"A"型塔，相当于 100 层楼的高度；主跨 938m，是世界上跨度最大的全漂浮体系斜拉桥。其中主塔在大跨径斜拉桥中首次采用无下横梁的特殊设计，梁靠 252 根斜拉索的拉力将其拉起。发生大风或罕遇地震时，全漂浮斜

图 1-82　武汉青山长江大桥

拉桥可不受桥墩约束极大限度纵向摆动，顺着拉索方向"荡秋千"，避免结构共振，达到抗震消能的最佳效果。当桥梁发生温度变形或正常的徐变变形时，相互脱离的悬浮结构也能避免桥中产生过大的内部应力。

大体积混凝土施工中，如何有效控制因内外温差大而导致的裂缝是青山大桥建设过程中的一个难题。主塔承台是桥梁的关键受力构件，一旦出现裂缝，水中承台的钢筋就极易腐蚀，从而影响大桥的使用寿命。施工团队从原材料、混凝土配合比出发，系统运用了一整套大体积混凝土温控管理手段，杜绝了大体积混凝土裂缝的产生，同时将承台系梁受拉区钢筋全部换成专用不锈钢钢筋，保证了结构耐久性。

在主塔桩基础施工中，施工单位中铁大桥局首创"大直径变截面旋挖钻深水基础施工工艺"，成功解决了深水基础成孔效率低、孔形不易控制的难题，仅用83天就完成了60根钻深113m的主塔桩基施工，实现了高质量的快速化施工。这项技术最大的难点在于利用旋挖钻进行超深大直径变截面（直径3m变2.5m）钻孔桩施工中，要保证钻孔的同心度，以及变截面双层钢筋笼的精确制作和精确下放安装。而此前还没有任何施工团队在长江深水区施工中使用过这项技术。尽管无先例可循，但在创新驱动下，项目部不仅实现了"零"的突破，还取得了"成孔周期短，孔壁坍塌、变形概率低，第三方超声检测波形良好"的成效，主墩钻孔桩的成功经验也应用到全桥其他基础施工中。经自检和第三方检测，全桥1301根钻孔灌注桩均为Ⅰ类桩。

大桥建设过程中还创新施工工艺，变桩基基础水上施工为陆地施工，提高了施工效率，降低了安全风险；攻克了世界最大哑铃型双壁钢围堰施工中的一系列技术难题，为同类型施工积累了宝贵经验。

青山长江大桥是武汉市四环线高速公路（鄂高速S40）的重要组成部分，也是武汉重载交通的重要过江通道，它的通车将有力带动武汉长江两岸港区码头的经济发展。

1.7.2.2 舟岱大桥

2021年12月29日，舟岱大桥通车运营。舟岱大桥是中国浙江省舟山市境内连接定海区与岱山县的跨海通道，位于灰鳖洋海域，南起烟墩互通，北至双合互通，线路全长28km，其中跨海段全长16.347km，桥面为双向四车道高速公路，线路呈西南至东北方向布置，是定海—岱山高速公路（浙高速S6）的重要组成部分。

图 1-83 舟岱大桥

舟岱大桥分别由长白西航道桥（南通航孔桥）、舟山中部港域西航道桥（主通航孔桥）、岱山南航道桥（北通航孔桥）、非通航孔主桥、非通航孔引桥和长白互通立交桥组成，线路呈西南至东北方向布置。参见图 1-83。

舟岱大桥最大的特色就是采用了工业化建造，即将桥梁的桥墩、钢箱梁等各个部件在工厂内预制好，再搬到海面上逐段、逐层组装起来。项目设立了 3 个大型构件预制厂，除承台现浇、构件安装、钢管桩打设等为海上现场管理，跨海桥梁大部分工作实现了"移到岸上搬入工厂"，有效解决了施工环境、天气等不利因素对工期的制约，实现进度快、工程质量可控，安全有保障。舟岱大桥全桥共有预制构件 6 大类型，总数达 10805 件。桥梁上部结构实现了 100% 预制。其中，13.445km 长的主线非通航孔桥上部结构采用节段预制拼装梁及 70m 的整孔预制混凝土箱梁。该 70m 箱梁，系现今国内在建跨海大桥中最重最长的混凝土箱梁。舟岱大桥北通航孔桥作为宁波舟山港主通道项目控制性工程之一，主跨 260m，是目前国内外在建的最大跨径的悬臂拼装钢—混凝土混合梁连续刚构桥。其采用节段预制悬拼技术，有混凝土预制节段梁 208 节段，梁高、梁重均为国内同类桥梁之最。

舟岱大桥连接浙江舟山本岛和岱山县的大桥建成通车，彻底结束岱山人民自古以来出岛依靠渡船的方式，缩短岱山与宁波的时空距离，出行时间由原来的 1 小时 40 分缩短到了 1 小时，岱山县结束了长期以来不通陆路的历史。

1.7.2.3 运溪高架路

2021 年 8 月 1 日，运溪高架路正式开放通车。运溪高架路是杭州郊区组团的一条半包围环线高架快速路，全长 34km。运溪高架路连接运河流域、苕溪流域，

图 1-84 运溪高架路

主要沿疏港大道—东西大道走向，跨越余杭区、临平区两区，高架东起秋石高架路沿山互通，西至东西大道规划城南路交叉口，串联余杭区未来科技城、良渚、临平等区域，是余杭区"一环十纵四横"快速通道中的一条横线，也是杭州亚运会保障项目"杭州中环"的重要组成部分。参见图 1-84。

运溪高架路是浙江省一次性建设里程最长的城市高架桥梁，也是杭州中环首个启动开工、首个通车的项目。运溪高架路桥梁主跨上跨"世界文化遗产"京杭大运河，下穿"长三角铁路动脉"杭宁高铁，为了减少对地面交通运输的影响及河流环境的保护，主体桥梁钢结构安装采用主跨钢箱梁"异桥位拼装焊接 + 顶推浮托法架设"的施工工艺，并在实施过程中创新运用了 GIS（地理信息系统）、BIM（建筑信息模型）等行业新型技术和浮托顶推的施工方案，成功破解了复杂环境和有限工期两道难题；全线 27.2km 路段采用预制 T 梁架设工艺，共计预制T 梁 9078+525（涉铁段）片，同时梁板架设时大胆采用"高低吊"施工工艺，最大限度地节省工期。

运溪高架路项目是原余杭区第一个政府和社会资本合作的交通工程 PPP 项目，总投资约 86 亿元，是原余杭区历史上投资最大的交通工程项目。作为杭州都市区中环的重要组成部分，运溪高架路的通车标志着余杭、临平两区将正式开启"高架通勤"时代，来往临平城区与余杭未来科技城的车辆将不用再从主城区绕行，行程时间从原先的一个半小时左右缩短至 30~40 分钟，进一步方便了市民群众的出行，有效缓解城市道路拥堵情况。

1.7.2.4 廊坊市区光明道上跨铁路立交桥

光明道是城区南部的东西中轴线，由于京沪铁路、京沪高铁 45° 斜穿主城区，

图 1-85　廊坊市区光明道上跨铁路立交桥

将市区一分为二，导致交通绕行、效率迟缓。2019 年 9 月，光明道上跨铁路立交桥项目正式开工。作为连接城区铁路两侧的重要节点工程，历经两年奋战，终于迎来转体合龙这一重大里程碑节点。2021 年 10 月 27 日凌晨，同时跨越京沪高铁和京沪铁路的国内首座上跨运营高铁钢桁梁桥——廊坊市交通中心工程光明道上跨铁路立交桥成功转体。这在国内上跨运营高铁钢桁梁桥工程建设中尚属首次，为我国上跨运营高速铁路工程提供了宝贵经验，也标志着廊坊市区光明道东西中轴线即将全面贯通。参见图 1-85。

光明道上跨铁路桥项目建设最大的难点是主桥上跨中国最繁忙的高铁"南北大动脉"京沪线和京沪铁路，需同时跨越高铁廊坊站和廊坊北站站区之间共计 11 股铁路轨道，并在两大铁路"动脉"上空完成转体合龙，此前均无此类案例可借鉴参照。该工程的工序复杂性、准确性和测控技术难度，都达到了桥梁设计及施工的最高标准，其左右双向上跨桥体总重达 3 万 t，在最繁忙高铁仅两小时的"窗口期"，转体精度需达到毫米级别。

当日转体过程中，两幅总重量达 30000t 的钢桁梁桥，通过 4 台 500t 千斤顶的牵引，在 15m 高的上空同步逆时针慢慢旋转，现场工作人员通过可视化监测手段对数据进行实时观测和分析。两幅钢桁梁桥分别旋转 33.4° 和 29° 后顺利合龙，主跨 268m 的光明道上跨铁路桥实现了上跨京沪高铁、既有京沪铁路及远期规划铁路。整个旋转过程安全准时、一气呵成，各项施工参数完全满足设计要求。

1.7.2.5　芜湖轨道交通 1 号线

芜湖轨道交通 1 号线是中国安徽省芜湖市开通运营的第 1 条轨道交通线路，为单轨线路，于 2021 年 11 月 3 日开通运营。芜湖轨道交通 1 号线北起鸠江区

图 1-86　芜湖轨道交通 1 号线

和平路保顺路站，贯穿鸠江区、镜湖区和弋江区三个行政区，南至弋江区白马山站。截至 2021 年 11 月，芜湖轨道交通 1 号线全长 30.46km，共设 25 座车站，全部为高架车站，列车采用 6 节编组跨座式单轨车辆 CMRII 型车，最高运行速度为 80km/h；设车辆段 1 处、停车场 1 处，控制中心 1 座。参见图 1-86。

芜湖轨道交通 1 号线建设过程中的重点控制工程有弋江路隧道工程、芜湖轨道交通 1 号线跨芜湖长江大桥（引桥）工程以及芜湖轨道交通 1 号线上跨淮南铁路工程。

弋江路隧道是一条暗挖隧道。地下工程分为 1.4km 的明挖段和暗挖段，其中暗挖段沿站北路东西方向布置，下穿弋江北路，出火车站的左线长约 141.5m，进火车站的右线长约 125.9m。由于施工难度大、安全风险高，为了保障地面管线和地上交通安全，工人们需要利用风镐、铁锹等工具一步步人工挖出，每开挖 50cm 就用全站仪进行测量，全程确保贯通误差控制在 1cm 以内。

芜湖轨道交通 1 号线架设轨道梁需跨过芜湖长江大桥引桥，钢混结合梁位于银湖北路与长江大桥立交口，在芜湖轨道交通 1 号线港一路站至天柱山路站区间，上跨芜湖长桥大桥引桥，设计跨度 45m、重达 235t。采用 750t 履带式起重机，双线整体吊装架设，施工过程中克服了精度要求高、作业空间小、旋转角度大等难题，实现了钢混结合梁在下部墩身的精准就位。

芜湖轨道交通 1 号线上跨淮南铁路的简支钢混结合轨道梁就在长江大桥北侧不远处，该钢混结合梁全长 25m，总重 127t，采用 750t 履带式起重机整体吊装就位到设计位置。此段为芜湖轨道交通 1 号线最高点，墩柱高达 27.5m。为了减缓坡度，从最低位置的爬坡到此次最高位置再到最低位置的下坡总长度有 1.3km，共设 47 个墩柱。

芜湖轨道交通 1 号线的开通将会有效缓解城市交通压力，提升芜湖城市地位和品质，使其更好地融入长三角一体化高质量发展。

1.7.2.6　厦门地铁 3 号线

厦门地铁 3 号线是厦门地铁运营的第 3 条地铁线路，于 2021 年 6 月 25 日开通初期运营。厦门地铁 3 号线（厦门火车站至蔡厝站段）是厦门城市中心向东放射的轨道交通骨干线，构建了本岛与翔安区的快速跨海连接通道，连接了思明、湖里和翔安三个区，起于思明区厦门火车站，止于翔安区蔡厝，正线全长 26.5km，共设置 21 座车站，其中岛内 12 个车站全部开通、翔安区 9 个车站暂时开通 4 个（即林前站、鼓锣站、后村站、蔡厝站）。截至 2021 年 6 月，厦门地铁 3 号线线路长度 45.01km（开通 26.5km），全线共设 31 座车站（开通 16 座），其中 28 座为地下站，3 座为高架车站，采用 6 节 B 型编组列车。参见图 1–87。

厦门地铁 3 号线是连接厦门本岛与翔安组团的骨干线，工程难度大。作为厦门的第三条地铁，厦门地铁 3 号线在开挖过程中，要穿过运营中的地铁 1 号线、2 号线和铁路，在施工前，对方案进行反复论证，同时，在地铁、铁路轨行区布置监测点，提前采集数据，在施工过程中加密监测，确保及时发现异常情况、及时处置。

厦门地铁 3 号线工程施工难度最大、风险最高的，当属跨海段，它一头连着岛内的湖里区五缘湾，一头连着翔安区刘五店。地铁 3 号线跨海段海域区间长约 4km，长度约为地铁 2 号线海底隧道的 1.4 倍，存在着多个风化槽、风化囊、基岩突起等地质现象，堪称国内地质情况最复杂的海底地铁隧道之一，也是全国首条采用"矿山 + 盾构"工法组合施工的海底地铁隧道。为了解决地质复杂多变，

图 1–87　厦门地铁 3 号线

施工风险大的问题，施工方因地制宜选择多种工法组合，可以充分利用工法的优势，更好地控制风险。靠近厦门岛内侧的 2.6km 海域段，微风化花岗岩多，采用矿山法施工。穿越风化槽时，参建单位通过超前地质预报准确掌握地质情况，采用提前注射双液浆的方式，将风化槽固结，再进行爆破开挖。靠翔安侧的 1.4km 海域段软弱地层多，采用泥水盾构法施工。超高压条件下更换磨损的刀具作业是地铁 3 号线过海盾构掘进施工中遇到的最大挑战。其中一次，施工人员实施了高达 5.38 个标准大气压条件下的非饱和气压换刀作业，创造了过海泥水盾构掘进施工国内最新纪录。在盾构法施工过程中，厦门轨道集团和中国中铁先后创新了"近海域全断面砂层盾构始发""非饱和气压换刀""洞内盾构机弃壳解体""海域全风化花岗岩地层冻结施工联络通道"等多个工艺工法，实现了行业多项技术零的突破。

厦门地铁 3 号线（厦门火车站—蔡厝站段）开通运营后，厦门将由此构建起地铁三向出岛格局，进一步增强轨道交通联网效应，为跨岛发展注入强大动能，为"两高两化"城市建设提供又一个高质量的载体平台。

1.7.2.7 西安地铁 14 号线

西安地铁 14 号线，是中国陕西省西安市、咸阳市境内的一条地铁线路，于 2021 年 6 月 29 日开通运营，是第十四届全国运动会重要交通设施配套工程。西安地铁 14 号线一期工程东起贺韶站，西至北客站（北广场）站；机场城际段东起北客站（北广场）站，西至机场西（T1、T2、T3）站，连接了西安咸阳国际机场、铁路西安北站、西安奥林匹克体育中心等地。截至 2021 年 6 月，西安地铁 14 号线一期工程全长 13.65km。参见图 1-88。

图 1-88 西安地铁 14 号线

西安地铁 14 号线一期工程地处渭河、灞河河漫滩，地层以大厚度砂土、碎石土夹薄层黏性土为主，土质硬、水位高，地质条件复杂。面对地质环境难题，施工单位首次在 2 个长大区间采用"长隧短打、分段施工"的建设模式，先后在 6 个盾构区间累计投入 14 台盾构机，有效缓解了关键区间工期"卡脖子"的问题。

西安地铁 14 号线机场城际段横跨西咸新区，穿越秦宫汉塬，全线施工现场地下有古墓葬 300 余座、古井 70 余眼、古窑址 30 余处、房址 20 处、夯土遗迹 10 处、古道路 3 条。为了避让秦制陶作坊遗址、秦咸阳城遗址、五陵原等多处国家文物重点保护区，规划前期就曾几次更改线路。在建设时，西安地铁机场线采取架桥方式穿越建设控制地带，科学、合理布设桥桩位置，并采用新型轨道减震技术减少对沿线遗迹的损伤。

其中机场（T5）站至机场西（T1、T2、T3）站间的盾构隧道全长 2.85km，地下穿越西安咸阳国际机场 T1、T2 航站楼，并 2 次穿越停机坪、3 次穿越滑行道、4 次穿越航油输油管线。为了保障起飞时速达 300km 航班的安全起降，施工人员建立施工数据云台和远程监控系统等智能化技术，确保了重 350 多吨、刀盘直径 6.27m 的盾构机在下穿停机坪掘进时，前进方向上下左右纠偏量不大于 5mm，累计沉降量不超过 1.1mm，累计地表隆起量不超过 2.2mm，远低于控制标准值，为每 2 分钟一班航班的起降奠定了基础。

西安地铁 14 号线机场城际段连接了西安北站与西安咸阳国际机场陆空两大综合交通枢纽。有效实现机场客流的快速疏散，方便高铁、地铁、城际之间旅客的出行需求，同时为加快西咸新区建设、促进西咸经济一体化提供支撑，进一步提升西安国际化大都市的影响力。

1.7.2.8　深圳南山科技园立体钢结构公交车库

2021 年 12 月 9 日，深圳市道路交通管理事务中心组织召开了深圳南山科技园立体钢结构公交车库试点项目竣工验收会，标志着该项目正式通过竣工验收。参见图 1-89。

南山科技园试点项目位于南山科技园公交场站内，场站原有

图 1-89　南山科技园立体钢结构公交车库

18个地面车位，服务8条公交线路。试点项目为3组9层垂直升降类立体公交车库，建筑高度45.8m，建成后场站内公交停车位变成了66个，其中地面充电车位16个（含6个夜间临时停车位）、立体车库内车位50个，相应预留50个公交车充电接口。与此同时，承建单位通过自主研发，创新将使用车库的公交车辆所需搬运交换次数减到最少，取得明显的降噪效果，使车库运行更加节能环保、智能高效。

南山科技园立体钢结构公交车库试点项目采用全钢框架结构、全装配式安装，车库外立面由专业团队精心打造，简约大气，与周边建筑协调。项目的智能车厅配备了全方位的车辆运行引导和设备安全监测装置，确保停车设备动力装置安全平稳运行。试点项目车库的智能调度系统对公交车辆从进出场站、充电、出入车库全程进行无缝对接和智慧引导，实现一键式车辆智能存取和最优化停车运行部署，有力确保车库安全、高效运行。

南山科技园立体钢结构公交车库作为深圳市首批公交机械式立体停车库试点建设项目之一，提供了公交停车充电一体化服务，实现了公交车充电、调度、运维管理智能化，在国内具有创新示范意义。项目投入运营后可有效缓解南山科技园公交场站用地紧张、公交车夜间停车难、充电困难等问题，为深圳市发展公交出行奠定基础，为城市公交场站开发建设探索新模式起到引领示范作用。

1.8 工程机械发展状况分析

中国是世界工程机械的制造大国。中国工程机械包括挖掘机械、起重机械、铲土运输机械和混凝土机械等20大类产品。从销售金额指标衡量，中国品牌的工程机械约占世界工程机械总销售额的25%。从销售台份指标衡量，中国品牌的工程机械约占世界工程机械总台份的35%。由于世界工程机械50强企业中有10余家在中国，20多家外国企业在中国建有生产基地，因此从GDP指标衡量，中国制造的工程机械约占世界工程机械总产值的三分之一。

2021年，中国工程机械行业营业收入达到9065亿人民币左右，同比增长约17%。2021年中国工程机械出口达340亿美元，同比增长62%；贸易顺差203亿美元。出口额和贸易顺差均创历史纪录，为我国建设贸易强国战略贡献了力量，也为各国人民建设美好家园贡献了力量。

新中国成立 70 多年来，建设事业取得了巨大的成就。作为装备制造业中最具国际竞争力的行业之一，中国工程机械行业也取得了骄人的成绩。

1.8.1　工程机械的制造

1.8.1.1　混凝土机械

我国的混凝土机械世界领先，中联重科、三一重工、徐工集团为行业翘楚。中联重科和三一重工不断创造混凝土泵车臂架高度和混凝土泵送高度的世界纪录。图 1-90~ 图 1-92 分别示出了这三家企业混凝土机械现场施工的场景。

图 1-90　中联重科的泵车在广东台山核电站

2008 年中联重科收购了意大利 CIFA 公司，2012 年三一重工收购了德国大象公司，同年徐工集团又收购了德国施维英公司。目前中国已成为世界混凝土机械的强国。

图 1-91　三一重工的泵车在上海中心

2012 年，中国与德国联合承担了以混凝土机械、筑路机械为主的国际标准化组织的建筑施工机械与设备技术委员 ISO/TC 195 秘书处工作。

自 2020 年 5 月 1 日起，ISO/TC 195 国际标准

图 1-92　徐工集团的混凝土机械在曹妃甸施工

化组织秘书处由中国的北京建筑机械化研究院有限公司（SAC）独立承担，充分说明我国在该领域的技术水平。

1.8.1.2 移动式起重机

移动式起重机是核电、风电、水利、桥梁等基础设施建设不可或缺的装备。

我国的移动式起重机产量世界第一，徐工集团、中联重科、三一重工位居中国前三甲，不断创造着履带式起重机、轮式起重机起重能力的国内外新纪录，充分体现了三家企业的技术实力和制造能力。图1-93~图1-96分别示出了这三家企业以及国机重工移动式起重机现场施工的场景。

2012年国际标准组织的起重机技术委员会秘书处从英国伦敦迁址到中国长沙的中联重科，充分说明中国起重机行业的总体技术水平处于国际先进。

2021年，我国汽车式起重机销售49136台，同比下降9.3%；出口3182台，同比增长54.8%。履带式起重机销售3991台，同比增长21.6%；出口941台，同比增长105%。

图1-93 徐工集团1000t履带式起重机在化工建设工地

图1-94 中联重科ZCC3200NP履带式起重机在田湾核电工地

图1-95 三一重工全地面起重机在进行风电安装

图1-96 国机重工QUY履带式起重机在进行风电安装

1.8.1.3 塔式起重机

我国的塔式起重机产量世界第一，中联重科、徐工集团、永茂建机为世界前十强，位居中国前三甲。图 1-97~ 图 1-99 分别示出了这三家企业塔式起重机现场施工的场景。

中国大规模的基础设施建设拉动了中国塔式起重机的快速发展。中国塔式起重机企业不断创造该领域的世界纪录，塔式起重机行业是中国工程机械行业最早实现出口大于进口的子行业。2019 年，中联重科的塔式起重机销售额突破 100 亿人民币，成为全球最大的塔式起重机制造企业。

图 1-97　中联重科的平头塔式起重机在陕西高速项目施工

图 1-98　徐工集团的塔式起重机在印尼雅加达 METRO PARK 项目施工

1.8.1.4 挖掘机

我国的挖掘机产量世界第一，卡特彼勒等国际挖掘机巨头均在中国设有生产基地。三一重工、徐工集团、山东临工、柳工位居中国挖掘机品牌前列。图 1-100、图 1-101 分别示出了三一重工位

图 1-99　永茂建机的塔式起重机在澳大利亚阳光海岸大学医院施工

于昆山的挖掘机产业园和徐工集团的挖掘机在陕西煤矿作业的场景。

二十年前，外国品牌的挖掘机占据中国市场的 94%。经过这 20 多年的努力，中国品牌的挖掘机有了质的提高，市场占有率已超过 70%，而且有批量出口。2021 年中国挖掘机销售 342784 台，同比增长 4.6%；其中：三一重工 75024 台，徐工集团 48835 台，卡特彼勒 14095 台。出口 68427 台，同比增长 97%。

图 1–100　三一重工位于昆山的挖掘机产业园　　　　图 1–101　徐工集团的挖掘机在陕西煤矿

1.8.1.5　装载机

　　我国的装载机产量世界第一（最高时年产 25 万台）。龙工、柳工、山东临工、徐工集团位居前列。图 1–102~ 图 1–105 分别示出了这四家企业的装载机。

　　我国的装载机目前已经形成了自己独到的技术体系和制造体系，由于具有良好的性价比，在国际市场具有很强的竞争力。 多年来，装载机是中国工程机械行业的代表性产品。2021 年中国装载机销售 128144 台，同比增长 4.2%；出口34008 台，同比增长 38.2%。

图 1–102　龙工集团的装载机　　　　　　　　图 1–103　柳工集团的装载机在上海港作业

图 1–104　山东临工 L953FN 装载机　　　　　　图 1–105　徐工集团 LW900K 装载机在作业

1.8.1.6 压路机

我国的压路机产量世界第一。徐工集团、柳工、三一重工位居前三。图1-106~图1-108分别示出了这三家企业路面机械现场施工的场景。

始于我国20世纪90年代中期的大规模高速公路建设,推动了压路机等路面机械行业的快速发展。徐工集团一度成为世界压路机生产数量最多的企业。维特根等压路机行业的国际巨头均在中国建有制造基地。2021年中国压路机销售19519台,同比增长0.2%;出口5323台,同比增长68.3%。

我国的摊铺机行业也有较快的发展,徐工集团、三一重工名列前茅。2021年中国市场摊铺机销售2377台。图1-109示出了中联重科沥青摊铺机在高速公路施工的场景。

图1-106 徐工集团路面机械在肯尼亚施工

图1-107 厦工压路机在菲律宾进行道路施工

图1-108 国机集团压路机在六盘山公路养护施工

图1-109 中联重科沥青摊铺机在高速公路施工

1.8.1.7 掘进机械

我国的掘进机械产量世界第一,中铁装备和铁建重工并驾齐驱。图1-110、图1-111分别示出了这两家企业生产的掘进机械。

图 1-110 中铁装备生产的用于迪拜 SD233 深埋雨水隧道洞项目的盾构机

图 1-111 铁建重工国产首台常压式换刀超大直径泥水平衡盾构机

近年来中国的城市地铁建设促使中国掘进机械产业的跨越式发展，迅速占领了国内地铁建设的市场，并大量出口国外，是近年来工程机械行业发展最快，效益最好的子行业之一。2021 年中国全断面掘进机械销售 620 台。

1.8.1.8　推土机和平地机

山推的推土机在国内的销售遥遥领先，图 1-112 示出了山推的推土机现场作业的场景。2021 年中国推土机销售 6914 台，同比增长 17%；出口 2974 台，同比增长 78%。

徐工集团、山东临工和柳工是我国平地机的骨干制造企业。图 1-113 示出了国机重工的平地机。2021 年中国平地机销售 6990 台，同比增长 56%；出口 5357 台，同比增长 93%。

图 1-112　山推的推土机在施工现场作业

图 1-113　国机重工制造的平地机

1.8.1.9　叉车

我国的叉车产量世界第一，安叉、杭叉、龙工位居中国前三甲。图 1-114、

图 1-114 合力制造的柴油 12 t 叉车

图 1-115 杭叉的叉车装配线

图 1-115 分别示出了合力制造的柴油 12 t 叉车和杭叉的叉车装配线。

2021 年中国叉车销售 1099382 台,同比增长 37.4%;出口 315763 台,同比增长 73.8%。

1.8.2 工程机械的国际化

我国是世界工程机械最国际化的国家。国际工程机械的主要制造商及供应商,如卡特彼勒、特雷克斯、马尼托瓦克、小松、日立建机、沃尔沃、利勃海尔、维特根、法亚、斗山等,均通过兼并、合资、独资等方式在中国设有制造基地,有的还是他们在全球的主要制造基地,如马尼托瓦克的张家港塔式起重机工厂。参见图 1-116。

我国的工程机械企业,如徐工集团、中联重科、三一重工、柳工、山东重工等,也通过兼并、合资、独资等方式在世界多地设有制造基地,如德国、美国、意大利、

（a）卡特徐州制造基地

（b）广西康明斯工业动力工厂

（c）位于江苏无锡的德纳中国技术中心

图 1-116 部分国际工程机械的主要制造商及供应商在中国设立的制造基地

（a）徐工集团欧洲研发中心

（b）CIFA办公大楼

图 1-117　部分国内工程机械的主要制造商在国外设立的制造基地

波兰、印度、巴西、白俄罗斯等，参见图 1-117。 2008 年中联重科收购了意大利 CIFA 公司，2012 年三一重工收购了德国大象公司，2012 年徐工集团收购了德国施维英公司，2012 年柳工收购了波兰锐斯塔公司，2012 年山东重工收购了德国林德液压公司。

1.8.3　工程机械的世界纪录

1.8.3.1　世界起重力矩最大的回转塔机

2010 年 3 月 22 日，依靠其坚强的技术实力、卓越的设计和强大的制造能力，中联重科在与世界顶级制造商的激烈竞争中赢得了一个重要合同。该合同就是为中铁大桥局的马鞍山长江公路大桥项目量身定制一台起重力矩为 5200tm 的上回转水平臂塔式起重机 D5200，用于大桥中塔的主体钢箱节段的吊装。2011 年 4 月 29 日，D5200 在马鞍山大桥工地成功安装。2012 年 1 月 11 日，D5200 将最后一节 230t 的节段吊至 205m 高，并成功安装。至此，马鞍山长江大桥的中塔吊装工作圆满完成。该项目创造了两项世界纪录：一是首次用一台塔式起重机将 200t 以上的重物吊装到 200m 以上高度；二是在 90 天内完成 42 块 200t 以上的重物吊装。

2021 年中联重科为常泰长江大桥建设特别研发的起重力矩达 12000tm 的 W12000-450 型上回转塔机再次创造世界纪录。该产品重达 4000t，额定起重力

图 1-118　中联重科特别研发的起重力矩达 12000tm 的 W12000-450 型上回转塔式起重机

图 1-119　中联重科研发的世界臂架高度最高的 101m 的碳纤维臂架泵车

矩达 12000tm，是全球首台超万吨米级的上回转超大型塔机，其最大起重重量达到 450t，最大起升高度 400m，相当于可以一次起吊 300 辆小轿车至 130 层楼的高度。参见图 1-118。

1.8.3.2　世界臂架高度最高的臂架泵车

2021 年，中联重科研发出世界臂架高度最高的 101m 的碳纤维臂架泵车。参见图 1-119。

混凝土臂架泵车基本组成部件主要是由底盘、臂架系统、转塔、泵送系统、液压系统以及电气系统六大部分组成。其基本工作原理是泵送系统利用底盘发动机将料斗中的混凝土加压送入管道，而这个管道搭在臂架上，施工人员通过操纵臂架移动，将经过泵送系统泵出的混凝土浇到指定的地点。

这台由中联重科研制出的世界最长的臂架泵车，其臂架的高度可以让它"摸到"30层的楼房，也就是30层楼以下的地方，都可以轻轻松松地进行施工，这将大大提高工作效率并降低能耗。

这台泵车的底盘装备了一台型号为R620的7轴斯堪尼亚的重型卡车，其长度为15.5m，配备了斯堪尼亚V8发动机，最大输出马力为620匹。上装部分，前七节使用的是仿生学臂架，最后末端四节是用碳纤维材质，这可以减少臂架自身的重量，而且其具有非常优良抗拉能力，能承受混凝土较大的重量。这是中国人第一次将碳纤维运用到架臂泵车上。

1.8.3.3　世界最大吨位的履带起重机

2021年10月，世界最大吨位履带式起重机——三一重工SCC98000TM履带式起重机在浙江湖州成功下线。此次下线的"全球第一吊"，将应用于国家核电、石化建设领域。该履带起重机下线，使我国成为首个能够自主研制4500t级陆上超大吨位移动起重机的国家。

SCC98000TM履带式起重机主机四履带八驱动，双臂打开长216m，再加上超起桅杆、配重、吊钩，其占地近4200 m²，约等于10个篮球场大小，参见图1–120。

最近几十年来，我国完成了一系列大规模基础建设和超级工程，无论是公路、铁路还是架桥等方面都处于世界先列，在这过程中，随着国家基础建设和超级工

图1–120　三一重工研制的世界最大的4000吨级履带式起重机

程规模越来越大，需要吊运的物品质量、体积和起升高度都越来越大，履带式起重机作为大型吊装施工装备，愈来愈显示出其优越性。

SCC98000TM 主要满足石化罐体、核电穹顶等大型化吊装的需求，具备双臂工况与单臂工况两大工况，双臂工况为 4500t，单臂工况则可做 2000t，拆装运输快捷，实现一车两用。

基于模块化设计和有限元仿真技术，SCC98000TM 履带式起重机与三一重工其他大吨位起重机的零部件通用性高达 95%。根据实际需求，只需要更换少数几个部件，这台 4500 吨级的"巨无霸"可以拆解成独立运转的 2000 吨级履带式起重机，以联合作业的方式，完成复杂任务。

身躯虽然庞大，但 SCC98000TM 的操作微动性不亚于小吨位产品。SCC98000TM 首创了独立动力的超起配重系统，数字回转驱动系统和集成控制系统等，整机作业启停平稳，控制精度可达到毫米级。此外，SCC98000TM 履带式起重机还拥有 56 种吊具组合，多种臂架模式，超起半径从 28m 到 37m 可调节。

1.8.3.4　全球最大的内爬式动臂塔机

2019 年 10 月，中联重科研发的 LH3350-120 动臂塔机下线仪式在湖南常德举行。LH3350-120 动臂塔机（参见图 1-121）以 120t 的最大起重量刷新世界纪录，成为全球最大吨位内爬式动臂塔机。

LH3350-120 动臂塔机的下线，打破了外资品牌超大型动臂塔式起重机在超高层建筑工程中的垄断，同时也标志着中联重科掌握了全球动臂塔至臻技术，进一步提高了中国品牌在全球塔机领域的影响力和竞争力。

LH3350-120 动臂塔机起重力矩为 3350tm，最大起重量达 120t。110m 每分钟的起升速度和 8.5mm/s 的蚁速就

图 1-121　中联重科研发的起重力矩为 3350tm 的全球最大的内爬式动臂塔机

位技术，让施工快慢随心、既快又准，让作业更高效。同时，其内爬高度可达73m，也突破了行业纪录。

LH3350-120 产品在平衡臂的形式、标准节连接方式等方面都具有创新，装拆便捷。在转场运输方面，该产品除上支座以外的运输单元的宽度不超过 3.75m，高度不超过 3.25m，满足《超限运输车辆行驶公路管理规定》的要求，极大地提升了设备在转场运输过程中的经济效益。

超高建筑模块化吊装日益朝 120t、150t、200t 发展，适合超高层建筑、大型基建工程施工的超大型动臂塔机的市场巨大，具有较好的经济效益前景。

1.8.3.5　世界最大的平头塔机

2018 年永茂建机研发出了最大起重力矩为 4200tm 的世界最大的平头塔机（图 1-122）。

图 1-122　永茂建机研发的世界最大的平头塔机

Civil Engineering

第 2 章

土木工程
建设企业
竞争力分析

本章从土木工程建设企业的经营规模、市场规模和效益三个侧面，对土木工程建设企业的竞争力进行了分析，并通过构建综合实力分析模型，对土木工程建设企业进行了综合实力排序。

2.1 分析企业的选择

2.1.1 名单初选

本报告拟选择若干代表性的土木工程建设企业,对土木工程建设企业的发展状况进行分析。入选的土木工程建设企业,主要从入选福布斯 2000 强、财富 500 强、中国企业 500 强、财富中国企业 500 强,以及拥有特级资质的土木工程建设企业中进行选择。此外,由于中国建筑股份有限公司、中国中铁股份有限公司、中国铁建股份有限公司、中国交通建设股份有限公司、中国电力建设股份有限公司、中国能源建设股份有限公司、中国冶金科工股份有限公司等建筑业央企与其下属公司有包含关系,因此不纳入对比分析的范畴。

2.1.2 数据收集与处理

2.1.2.1 企业填报

企业根据自身需求,采用线上填报的方式,自主选择参加以上各类分析,学会对企业参加分析的数量和种类均不做要求。拟申报企业于 2022 年 4 月 30 日之前,登录网站,按照文件要求,选择希望参加的排行分析,将网站上各项数据填写完整,要求切实保证数据的真实性,并按要求提供相应的签字、盖章齐全的申报材料。

2.1.2.2 申报资格

申报土木工程建设企业的范围主要是曾入选福布斯 2000 强、财富 500 强、中国企业 500 强、财富中国企业 500 强的土木工程建设企业,以及具有特级资质的土木工程建设企业。

在中国大陆取得经营许可、持有中国各级政府住房和城乡建设主管部门核发从事工程承包和施工活动、勘察设计资质的独立法人单位,均可报名参加《中国土木工程建设发展报告 2021》活动。港、澳、台地区企业暂不列入;国资委管理的大型央企最高层级独立法人单位不列入。

参与企业应在上一年度未发生较大以上安全、质量责任事故和有重大社会影响的企业失信事件、违规招标投标事件、违法施工事件、企业主要领导贪腐案件等。

2.1.3　最终入选名单的确定

按照《中国土木工程建设发展报告2021》确定的评审内容和评价标准，课题组对各企业填报的数据和申报材料进行了认真细致的复核和审查，最终确定了106家企业作为入选企业，具体参见附表2-1。

从入选《中国土木工程建设发展报告2021》的土木工程建设企业地理位置分布来看（图2-1），入选企业分布在22个地区。入选企业数量排在前4位的地区分别是：北京（22家）、浙江（11家）、上海（8家）、江苏（7家），这4个地区入选企业的数量上占所有入选企业的45.28%。

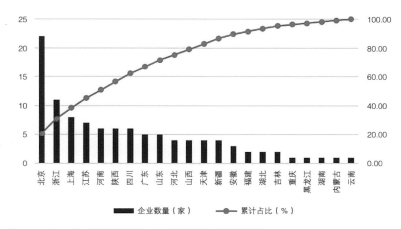

图 2-1　2021 年入选发展报告的土木工程建设企业地理位置分布

2.2　土木工程建设企业经营规模分析

2.2.1　土木工程建设企业营业收入分析

根据国家统计局的统计数据，我国土木工程建设企业2021年实现的营业收入为29.3万亿元。2021年，我国有施工活动的土木工程建设企业有128746家。

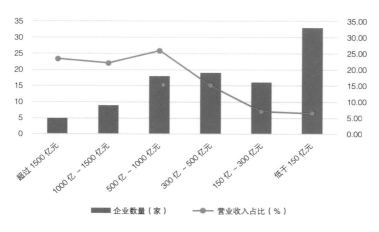

图 2-2　不同营业收入水平的企业数量分布及其营业收入占比

本报告分析入选的营业收入排在前 100 家的土木工程建设企业，仅占总数量的 0.078%。但这 100 家企业实现的营业收入总额为 5.054 万亿元，占土木工程建设企业 2021 年实现营业收入的 17.25%。

从 100 家土木工程建设企业的营业收入构成看，不同营业收入水平企业的数量分布及其营业收入占入选企业总营业收入的比重情况，如图 2-2 所示。

由图 2-2 可以看出，入选的营业收入排在前 100 家的土木工程建设企业中，2021 年营业收入超过 1500 亿元的土木工程建设企业只有 5 家，占入选企业总数的 5%，但其营业收入占到了入选企业总营业收入的 23.29%；2021 年营业收入超过 1000 亿元的企业有 14 家，占入选企业的 14%，其营业收入占入选企业的 45.42%；年营业收入超过 500 亿元的企业有 32 家，占入选企业的 32%，其营业收入占入选企业的 71.29%。由此可见，从营业收入角度分析，2021 年土木工程建设企业的集中度非常明显。

2021 年入选的营业收入排在前 100 家的土木工程建设企业如表 2-1 所示。

2021 年入选的营业收入排在前 100 家的土木工程建设企业　　　　表 2-1

序号	企业名称	营业收入（亿元）	序号	企业名称	营业收入（亿元）
1	中国建筑第八工程局有限公司	3487.45	5	广州市建筑集团有限公司	1802.24
2	上海建工集团股份有限公司	2810.55	6	中国建筑一局（集团）有限公司	1419.95
3	中国建筑第二工程局有限公司	1891.82	7	北京城建集团有限责任公司	1405.15
4	陕西建工控股集团有限公司	1826.27	8	中国化学工程股份有限公司	1379.00

序号	企业名称	营业收入（亿元）	序号	企业名称	营业收入（亿元）
9	中交一公局集团有限公司	1241.02	37	江苏省苏中建设集团股份有限公司	460.76
10	北京建工集团有限责任公司	1193.33	38	浙江交通科技股份有限公司	460.58
11	中国建筑第七工程局有限公司	1190.88	39	中交疏浚（集团）股份有限公司	451.11
12	山西建设投资集团有限公司	1172.54	40	中国电建集团华东勘测设计研究院有限公司	403.56
13	旭辉控股（集团）有限公司	1078.35	41	中铁十五局集团有限公司	402.70
14	中国建筑第四工程局有限公司	1057.39	42	中国水利水电第七工程局有限公司	400.38
15	浙江省建设投资集团股份有限公司	953.30	43	中国十七冶集团有限公司	398.03
16	中铁建工集团有限公司	928.62	44	中铁二十四局集团有限公司	379.53
17	中铁一局集团有限公司	901.52	45	江苏省华建建设股份有限公司	376.33
18	中交第二航务工程局有限公司	863.82	46	河北建工集团有限责任公司	359.90
19	中铁建设集团有限公司	857.74	47	中电建路桥集团有限公司	352.57
20	中国核工业建设股份有限公司	837.20	48	中建海峡建设发展有限公司	343.90
21	云南省交通投资建设集团有限公司	835.36	49	融信（福建）投资集团有限公司	338.10
22	南通四建集团有限公司	783.00	50	中铁六局集团有限公司	315.60
23	中铁十局集团有限公司	726.40	51	中亿丰建设集团股份有限公司	302.91
24	安徽建工集团股份有限公司	713.40	52	成都建工集团有限公司	273.78
25	青建集团股份公司	680.80	53	中建西部建设股份有限公司	269.26
26	上海隧道工程股份有限公司	622.30	54	宝业集团股份有限公司	267.82
27	中交第二公路工程局有限公司	603.17	55	中国二冶集团有限公司	267.02
28	上海宝冶集团有限公司	602.80	56	苏州金螳螂建筑装饰股份有限公司	253.74
29	山东高速路桥集团股份有限公司	575.20	57	中国二十二冶集团有限公司	247.11
30	中铁隧道局集团有限公司	542.29	58	华新建工集团有限公司	238.00
31	中国五冶集团有限公司	524.82	59	中铝国际工程股份有限公司	233.50
32	中交第一航务工程局有限公司	520.00	60	中冶建工集团有限公司	228.96
33	中国建筑第六工程局有限公司	496.72	61	江河创建集团股份有限公司	207.90
34	中铁十九局集团有限公司	479.00	62	中国十九冶集团有限公司	203.20
35	河北建设集团股份有限公司	478.28	63	龙元建设集团股份有限公司	195.50
36	中铁二十局集团有限公司	465.76	64	中国电建市政建设集团有限公司	187.08

序号	企业名称	营业收入（亿元）	序号	企业名称	营业收入（亿元）
65	烟建集团有限公司	169.20	83	江苏扬建集团有限公司	108.96
66	中钢国际工程技术股份有限公司	158.60	84	宁波建工工程集团有限公司	106.58
67	龙建路桥股份有限公司	152.00	85	中电建建筑集团有限公司	106.11
68	中国华西企业有限公司	146.06	86	宏润建设集团股份有限公司	103.20
69	浙江中南建设集团有限公司	145.61	87	中建丝路建设投资有限公司	100.87
70	广东水电二局股份有限公司	143.60	88	中国电建集团海外投资有限公司	83.19
71	山西省安装集团股份有限公司	133.22	89	大元建业集团股份有限公司	77.75
72	新疆北新路桥集团股份有限公司	132.20	90	河南省第二建设集团有限公司	74.12
73	北方国际合作股份有限公司	130.50	91	河南省路桥建设集团有限公司	73.14
74	天津市建工集团（控股）有限公司	124.21	92	山东省建设建工（集团）有限责任公司	71.03
75	中建五局土木工程有限公司	122.41	93	中国建筑土木建设有限公司	70.57
76	山西二建集团有限公司	122.41	94	河南五建设集团有限公司	69.94
77	山西四建集团有限公司	121.79	95	腾达建设集团股份有限公司	69.25
78	中国新兴建设开发有限责任公司	120.79	96	安徽富煌钢构股份有限公司	57.37
79	浙江亚厦装饰股份有限公司	120.76	97	成都建工第一建筑工程有限公司	55.02
80	新疆交通建设集团股份有限公司	116.20	98	河南三建设集团有限公司	54.30
81	中国公路工程咨询集团有限公司	115.06	99	成都建工第四建筑工程有限公司	51.39
82	浙江东南网架股份有限公司	112.90	100	中交第一公路勘察设计研究院有限公司	49.94

2.2.2　土木工程建设企业建筑业总产值分析

根据国家统计局的统计数据，2021 年，我国土木工程建设企业完成建筑业总产值 29.31 万亿元。本报告分析入选的建筑业总产值数排在前 70 家的土木工程建设企业，虽然数量不足有施工活动的土木工程建设企业的 0.06%，却完成

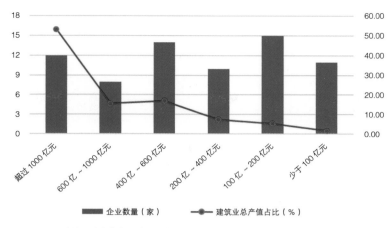

图 2-3　不同建筑业总产值水平的企业数量分布及其建筑业总产值占比

了建筑业总产值 4.05 万亿元，占土木工程建设企业 2021 年完成建筑业总产值的 13.82%。

从 70 家土木工程建设企业的建筑业总产值构成看，不同建筑业总产值水平企业的数量分布及其建筑业总产值占入选企业建筑业总产值总和的比重情况，如图 2-3 所示。

由图 2-3 可以看出，入选的建筑业总产值排在前 70 家的土木工程建设企业中，建筑业总产值超过 1000 亿元的土木工程建设企业有 12 家，占入选企业总数的 17.14%，其建筑业总产值占到了入选企业的 53.15%；超过 600 亿元的企业有 20 家，占入选企业的 28.57%，其建筑业总产值占入选企业的 68.65%；超过 400 亿元的企业有 34 家，占入选企业的 48.57%，其建筑业总产值占入选企业的 85.61%。由此可见，2021 年土木工程建设企业的建筑业总产值总体上看体量较大，高总产值水平的企业数量较多。

提供数据的 70 家土木工程建设企业 2021 年建筑业总产值排名如表 2-2 所示。

2021 年入选的建筑业总产值排在前 70 家的土木工程建设企业　　　　表 2-2

序号	企业名称	建筑业总产值（亿元）	序号	企业名称	建筑业总产值（亿元）
1	中国建筑第八工程局有限公司	3377.64	3	中国建筑第二工程局有限公司	2163.88
2	上海建工集团股份有限公司	2905.16	4	北京城建集团有限责任公司	2103.10

序号	企业名称	建筑业总产值（亿元）	序号	企业名称	建筑业总产值（亿元）
5	陕西建工控股集团有限公司	1768.67	31	中铁二十四局集团有限公司	436.03
6	中国建筑一局（集团）有限公司	1632.84	32	中铁十五局集团有限公司	429.40
7	中国建筑第七工程局有限公司	1630.00	33	中国十七冶集团有限公司	408.78
8	中交一公局集团有限公司	1454.87	34	中建海峡建设发展有限公司	400.28
9	北京建工集团有限责任公司	1183.90	35	中铁六局集团有限公司	397.71
10	山西建设投资集团有限公司	1118.84	36	中亿丰建设集团股份有限公司	368.36
11	中国建筑第四工程局有限公司	1111.19	37	中国电建集团华东勘测设计研究院有限公司	360.11
12	中铁一局集团有限公司	1082.63	38	中国水利水电第七工程局有限公司	358.47
13	中铁建设集团有限公司	969.44	39	中国二冶集团有限公司	301.01
14	中铁建工集团有限公司	942.92	40	成都建工集团有限公司	295.40
15	南通四建集团有限公司	841.00	41	中国二十二冶集团有限公司	247.07
16	青建集团股份公司	750.70	42	华新建工集团有限公司	238.00
17	江苏省苏中建设集团股份有限公司	750.19	43	中电建路桥集团有限公司	226.57
18	中交第二航务工程局有限公司	710.48	44	中冶建工集团有限公司	222.58
19	上海宝冶集团有限公司	690.12	45	烟建集团有限公司	195.20
20	中铁十局集团有限公司	625.00	46	中国十九冶集团有限公司	185.20
21	中交第二公路工程局有限公司	599.46	47	大元建业集团股份有限公司	168.15
22	河北建工集团有限责任公司	550.00	48	江苏扬建集团有限公司	167.06
23	中铁二十局集团有限公司	548.93	49	中建五局土木工程有限公司	160.10
24	中国建筑第六工程局有限公司	526.97	50	天津市建工集团（控股）有限公司	160.00
25	中交第一航务工程局有限公司	520.00	51	浙江中南建设集团有限公司	151.79
26	中铁十九局集团有限公司	502.18	52	中国华西企业有限公司	140.07
27	河北建设集团股份有限公司	499.80	53	山西省安装集团股份有限公司	130.50
28	中国五冶集团有限公司	499.41	54	宁波建工工程集团有限公司	127.00
29	中交疏浚（集团）股份有限公司	492.92	55	中建丝路建设投资有限公司	125.89
30	江苏省华建建设股份有限公司	454.00	56	山西二建集团有限公司	125.33

序号	企业名称	建筑业总产值（亿元）	序号	企业名称	建筑业总产值（亿元）
57	河南三建建设集团有限公司	112.00	64	河南省第二建设集团有限公司	68.16
58	中电建建筑集团有限公司	106.11	65	成都建工第四建筑工程有限公司	59.84
59	河南五建建设集团有限公司	100.23	66	成都建工第一建筑工程有限公司	59.70
60	中国公路工程咨询集团有限公司	90.29	67	吉林建工集团有限公司	40.55
61	中国新兴建设开发有限责任公司	84.38	68	中交公路规划设计院有限公司	38.96
62	中国建筑土木建设有限公司	78.24	69	中交第二公路勘察设计研究院有限公司	35.62
63	山东省建设建工（集团）有限责任公司	77.66	70	科兴建工集团有限公司	28.13

2.2.3 土木工程建设企业资产总额分析

本报告分析入选的资产总额排在前 100 家的土木工程建设企业，2021 年资产总额为 7.05 万亿元，从入选土木工程建设企业资产总额的构成看，不同资产总额水平企业的数量分布及其资产总额占入选企业资产总额总和的比重情况，如图 2-4 所示。

由图 2-4 可以看出，入选的资产总额排在前 100 家的土木工程建设企业中，2021 年资产总额超过 2000 亿元的土木工程建设企业有 8 家，仅占入选企业总数的 8%，但其资产总额占到了入选企业资产总额的 38.99%；2021 年资产总额超

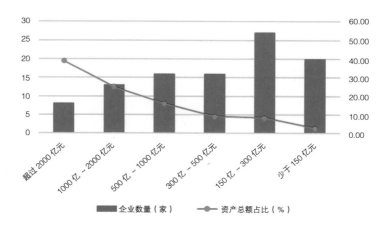

图 2-4 不同资产总额水平的企业数量分布及其资产总额占比

过 1000 亿元的企业有 21 家，占入选企业的 21%，其资产总额占入选企业资产总额的 63.96%；资产总额超过 500 亿元的企业有 37 家，占入选企业的 37%，其资产总额占入选企业的 79.91%。由此可见，从资产总额角度分析，2021 年土木工程建设企业的集中度非常明显。

提供数据的 100 家土木工程建设企业 2021 年资产总额排名如表 2-3 所示。

2021 年入选的资产总额排在前 100 家的土木工程建设企业　　　　表 2-3

序号	企业名称	资产总额（亿元）	序号	企业名称	资产总额（亿元）
1	云南省交通投资建设集团有限公司	6379.57	23	浙江省建设投资集团股份有限公司	992.50
2	旭辉控股（集团）有限公司	4327.5	24	中铁建设集团有限公司	897.73
3	上海建工集团股份有限公司	3537.66	25	山东高速路桥集团股份有限公司	833.90
4	北京城建集团有限责任公司	3379.11	26	中电建路桥集团有限公司	796.42
5	陕西建工控股集团有限公司	2864.33	27	中交第二公路工程局有限公司	745.27
6	中国建筑第八工程局有限公司	2636.72	28	中交第一航务工程局有限公司	732
7	融信（福建）投资集团有限公司	2342.22	29	龙元建设集团股份有限公司	670.3
8	北京建工集团有限责任公司	2034.01	30	河北建设集团股份有限公司	669.47
9	中国化学工程股份有限公司	1779.00	31	中国建筑第六工程局有限公司	601.54
10	中国核工业建设股份有限公司	1717.00	32	中铁一局集团有限公司	597.88
11	中交一公局集团有限公司	1689.61	33	中铝国际工程股份有限公司	588.3
12	山西建设投资集团有限公司	1501.23	34	成都建工集团有限公司	560.67
13	中国建筑第二工程局有限公司	1420.96	35	中铁十九局集团有限公司	528.34
14	上海隧道工程股份有限公司	1298.00	36	浙江交通科技股份有限公司	527.45
15	中交第二航务工程局有限公司	1280.00	37	中国电建集团海外投资有限公司	514.39
16	安徽建工集团股份有限公司	1269.00	38	宝业集团股份有限公司	489.16
17	中交疏浚（集团）股份有限公司	1231.00	39	青建集团股份公司	480.4
18	中国建筑第七工程局有限公司	1157.89	40	中铁二十局集团有限公司	473.82
19	中国建筑第四工程局有限公司	1121.13	41	上海宝冶集团有限公司	470.3
20	广州市建筑集团有限公司	1080.96	42	中国水利水电第七工程局有限公司	464.2
21	中铁建工集团有限公司	1057.99	43	新疆北新路桥集团股份有限公司	456.9
22	中国建筑一局（集团）有限公司	997.21	44	中铁隧道局集团有限公司	451.61

序号	企业名称	资产总额（亿元）	序号	企业名称	资产总额（亿元）
45	中铁十五局集团有限公司	388.7	71	北方国际合作股份有限公司	193.44
46	中铁十局集团有限公司	385.3	72	中国二冶集团有限公司	191.41
47	苏州金螳螂建筑装饰股份有限公司	381.85	73	中国新兴建设开发有限责任公司	186.97
48	南通四建集团有限公司	370	74	宏润建设集团股份有限公司	183.10
49	中国五冶集团有限公司	357.93	75	江苏省华建建设股份有限公司	182.72
50	广东水电二局股份有限公司	317.3	76	新疆交通建设集团股份有限公司	177.30
51	中国电建集团华东勘测设计研究院有限公司	313	77	浙江东南网架股份有限公司	171.50
52	江苏省苏中建设集团股份有限公司	301.86	78	浙江中南建设集团有限公司	167.34
53	中建西部建设股份有限公司	300.2	79	山西省安装集团股份有限公司	154.74
54	中铁二十四局集团有限公司	292.79	80	中国华西企业有限公司	151.72
55	中国二十二冶集团有限公司	284.06	81	新疆维泰开发建设（集团）股份有限公司	147.33
56	江河创建集团股份有限公司	281.80	82	中电建建筑集团有限公司	138.34
57	龙建路桥股份有限公司	266.20	83	华新建工集团有限公司	131
58	河南省路桥建设集团有限公司	258.82	84	中建五局土木工程有限公司	127.97
59	烟建集团有限公司	246.80	85	中国公路工程咨询集团有限公司	117.09
60	中国电建市政建设集团有限公司	246.48	86	腾达建设集团股份有限公司	115.6
61	中钢国际工程技术股份有限公司	242.90	87	大元建业集团股份有限公司	111.46
62	中建海峡建设发展有限公司	238.78	88	中亿丰建设集团股份有限公司	109.73
63	中国十七冶集团有限公司	234.43	89	安徽富煌钢构股份有限公司	100.8
64	浙江亚厦装饰股份有限公司	230.77	90	山东省建设建工（集团）有限责任公司	95.27
65	中铁六局集团有限公司	227.07	91	宁波建工工程集团有限公司	92.59
66	天津市建工集团（控股）有限公司	225.43	92	中交第一公路勘察设计研究院有限公司	78.83
67	中建丝路建设投资有限公司	221.98	93	吉林建工集团有限公司	75.9
68	河北建工集团有限责任公司	209.00	94	山西二建集团有限公司	71.63
69	中国十九冶集团有限公司	203.90	95	成都建工第四建筑工程有限公司	70.14
70	中冶建工集团有限公司	202.04	96	中交第二公路勘察设计研究院有限公司	66.44

序号	企业名称	资产总额（亿元）	序号	企业名称	资产总额（亿元）
97	成都建工第一建筑工程有限公司	64.96	99	中交公路规划设计院有限公司	60.41
98	中国建筑土木建设有限公司	60.94	100	河南三建建设集团有限公司	55

2.3 土木工程建设企业拓展市场能力分析

2.3.1 土木工程建设企业年度合同总额分析

根据国家统计局的统计数据，2021年，我国土木工程建设企业合同总额为65.69万亿元。本报告从入选的106家土木工程建设企业中，选取提供了合同总额数据的70家企业进行分析，虽然数量不足全国有施工活动的土木工程建设企业的0.06%，却有合同总额12.29万亿元，占土木工程建设企业2021年合同总额的18.71%。

从70家土木工程建设企业的合同总额构成看，不同合同总额水平企业的数量分布及其合同总额占入选企业合同总额总和的比重情况，如图2-5所示。

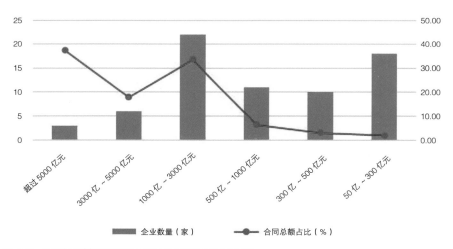

图2-5 不同合同总额水平的企业数量分布及其合同总额占比

由图 2-5 可以看出，本年合同总额超过 5000 亿元的土木工程建设企业只有 3 家，占入选企业总数的 4.29%，但其本年合同总额占到了入选企业的 37.33%；超过 3000 亿元的企业有 9 家，占入选企业的 12.85%，其本年合同总额占入选企业的 55.16%；超过 1000 亿元的企业有 31 家，占入选企业的 44.29%，其本年合同总额占入选企业的 88.68%。由此可见，从本年合同总额角度分析，2021 年土木工程建设企业的集中度也非常明显。

提供数据的 70 家土木工程建设企业 2021 年合同总额排名如表 2-4 所示。

2021 年入选的合同总额排在前 70 家的土木工程建设企业　　　表 2-4

序号	企业名称	本年合同总额（亿元）	序号	企业名称	本年合同总额（亿元）
1	中国建筑第八工程局有限公司	27933.27	18	中铁二十四局集团有限公司	2010.00
2	上海建工集团股份有限公司	10612.69	19	中铁十九局集团有限公司	2007.69
3	中国建筑第二工程局有限公司	7352.06	20	中国水利水电第七工程局有限公司	1978.97
4	中铁建工集团有限公司	4185.70	21	中国五冶集团有限公司	1756.66
5	中交一公局集团有限公司	4045.00	22	南通四建集团有限公司	1678.00
6	陕西建工控股集团有限公司	3703.22	23	中铁十五局集团有限公司	1635.60
7	北京建工集团有限责任公司	3493.60	24	北京城建集团有限责任公司	1614.51
8	中铁建设集团有限公司	3287.51	25	中国十七冶集团有限公司	1607.42
9	中国建筑第七工程局有限公司	3200.00	26	中国二十二冶集团有限公司	1253.90
10	中交第二航务工程局有限公司	2989.41	27	中国建筑第六工程局有限公司	1203.00
11	山西建设投资集团有限公司	2808.50	28	中电建路桥集团有限公司	1137.05
12	中国建筑第四工程局有限公司	2785.75	29	中国电建集团华东勘测设计研究院有限公司	1017.16
13	中交第二公路工程局有限公司	2588.56	30	江苏省苏中建设集团股份有限公司	1016.94
14	中铁二十局集团有限公司	2420.84	31	中国十九冶集团有限公司	1009.10
15	中铁一局集团有限公司	2323.40	32	中冶建工集团有限公司	916.37
16	上海宝冶集团有限公司	2267.02	33	中交第一航务工程局有限公司	895.00
17	中铁十局集团有限公司	2105.00	34	中建丝路建设投资有限公司	798.53

序号	企业名称	本年合同总额（亿元）	序号	企业名称	本年合同总额（亿元）
35	江苏省华建建设股份有限公司	786.50	53	烟建集团有限公司	295.90
36	成都建工集团有限公司	750.11	54	河南五建设集团有限公司	265.99
37	中铁六局集团有限公司	711.42	55	浙江交通科技股份有限公司	215.84
38	中国二冶集团有限公司	651.28	56	中国新兴建设开发有限责任公司	207.94
39	中国建筑土木建设有限公司	638.48	57	河南三建建设集团有限公司	178.00
40	中建海峡建设发展有限公司	628.10	58	山西省安装集团股份有限公司	169.42
41	河北建工集团有限责任公司	550.00	59	成都建工第一建筑工程有限公司	154.95
42	中建五局土木工程有限公司	519.88	60	宁波建工工程集团有限公司	118.40
43	河北建设集团股份有限公司	481.83	61	中交第一公路勘察设计研究院有限公司	114.65
44	天津市建工集团（控股）有限公司	420.00	62	河南省第二建设集团有限公司	111.58
45	中国华西企业有限公司	413.65	63	山东省建设建工（集团）有限责任公司	97.90
46	中亿丰建设集团股份有限公司	386.94	64	中国公路工程咨询集团有限公司	85.95
47	华新建工集团有限公司	382.00	65	吉林建工集团有限公司	83.68
48	中电建建筑集团有限公司	330.00	66	成都建工第四建筑工程有限公司	75.88
49	浙江中南建设集团有限公司	314.65	67	中交第二公路勘察设计研究院有限公司	73.53
50	大元建业集团股份有限公司	310.05	68	三一筑工科技股份有限公司	60.20
51	江苏扬建集团有限公司	305.25	69	中交公路规划设计院有限公司	58.63
52	山西二建集团有限公司	304.95	70	科兴建工集团有限公司	50.61

2.3.2 土木工程建设企业本年新签合同额分析

根据国家统计局的统计数据，2021 年，我国土木工程建设企业本年新签合同额为 34.36 万亿元。本报告分析入选的本年新签合同额排在前 70 家的土木工程建设企业。虽然企业数量不足全国有施工活动的土木工程建设企业的 0.06%，却实现本年新签合同额 7 万亿元，占土木工程建设企业 2021 年本年新签合同额的 20.37%。

从这 70 家土木工程建设企业的本年新签合同额构成看，不同本年新签合同额水平企业的数量分布及其本年新签合同额占入选企业本年新签合同额总和的比重情况，如图 2-6 所示。

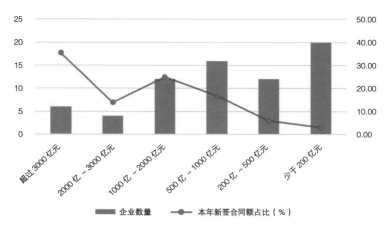

图 2-6　不同本年新签合同额水平的企业数量分布及其本年新签合同额占比

由图 2-6 可以看出，入选的本年新签合同额排在前 70 家的土木工程建设企业中，本年新签合同额超过 3000 亿元的土木工程建设企业有 6 家，占入选企业总数的 8.57%，其本年新签合同额占到了入选企业的 35.40%；超过 2000 亿元的企业有 10 家，占入选企业的 14.29%，其本年新签合同额占入选企业的 49.30%；超过 1000 亿元的企业有 22 家，占入选企业的 31.43%，其本年新签合同额占入选企业的 74.30%。由此可见，从本年新签合同额角度分析，2021 年土木工程建设企业的集中度非常明显。

提供数据的 70 家土木工程建设企业 2021 年新签合同额排名如表 2-5 所示。

2021 年入选的新签合同额排在前 70 家的土木工程建设企业　表 2-5

序号	企业名称	本年新签合同额（亿元）	序号	企业名称	本年新签合同额（亿元）
1	中国建筑第八工程局有限公司	6347.81	8	中国建筑第四工程局有限公司	2671.00
2	上海建工集团股份有限公司	4425.06	9	中铁建工集团有限公司	2122.00
3	陕西建工控股集团有限公司	3695.00	10	中铁一局集团有限公司	2115.51
4	中国建筑第二工程局有限公司	3656.50	11	中铁二十局集团有限公司	1923.47
5	中国建筑第六工程局有限公司	3518.14	12	中交一公局集团有限公司	1916.00
6	中国建筑一局（集团）有限公司	3108.27	13	北京建工集团有限责任公司	1843.10
7	山西建设投资集团有限公司	2808.50	14	北京城建集团有限责任公司	1614.51

序号	企业名称	本年新签合同额（亿元）	序号	企业名称	本年新签合同额（亿元）
15	中铁建设集团有限公司	1543.81	43	中国建筑第七工程局有限公司	400.00
16	中铁十局集团有限公司	1318.00	44	中亿丰建设集团股份有限公司	386.94
17	上海宝冶集团有限公司	1303.00	45	成都建工集团有限公司	382.65
18	中铁十五局集团有限公司	1300.00	46	山西省安装集团股份有限公司	325.07
19	中交第二航务工程局有限公司	1276.07	47	中建丝路建设投资有限公司	262.34
20	中交第二公路工程局有限公司	1242.85	48	中国建筑土木建设有限公司	246.86
21	中国十七冶集团有限公司	1143.02	49	天津市建工集团（控股）有限公司	226.00
22	中铁十九局集团有限公司	1055.15	50	大元建业集团股份有限公司	205.18
23	中国五冶集团有限公司	950.59	51	中建五局土木工程有限公司	194.37
24	中交疏浚（集团）股份有限公司	928.00	52	烟建集团有限公司	178.20
25	中电建路桥集团有限公司	903.23	53	中国华西企业有限公司	173.39
26	中铁六局集团有限公司	900.73	54	浙江中南建设集团有限公司	149.75
27	中铁二十四局集团有限公司	865.00	55	华新建工集团有限公司	138.00
28	中国二十二冶集团有限公司	801.25	56	中电建建筑集团有限公司	131.13
29	青建集团股份公司	801.00	57	江苏扬建集团有限公司	118.88
30	南通四建集团有限公司	789.00	58	宁波建工工程集团有限公司	118.40
31	中国电建集团华东勘测设计研究院有限公司	767.13	59	中国新兴建设开发有限责任公司	105.49
32	中国二冶集团有限公司	651.28	60	河南五建建设集团有限公司	98.05
33	中建海峡建设发展有限公司	628.10	61	山西二建集团有限公司	94.36
34	中国十九冶集团有限公司	601.00	62	山东省建设建工（集团）有限责任公司	91.90
35	江苏省苏中建设集团股份有限公司	538.82	63	河南三建建设集团有限公司	86.00
36	中建西部建设股份有限公司	532.69	64	中国公路工程咨询集团有限公司	85.95
37	中冶建工集团有限公司	514.86	65	河南省第二建设集团有限公司	73.58
38	中国水利水电第七工程局有限公司	513.57	66	中交第一公路勘察设计研究院有限公司	72.43
39	河北建设集团股份有限公司	463.63	67	中交第二公路勘察设计研究院有限公司	48.09
40	中交第一航务工程局有限公司	458.00	68	中交公路规划设计院有限公司	45.11
41	河北建工集团有限责任公司	420.00	69	吉林建工集团有限公司	44.00
42	江苏省华建建设股份有限公司	419.55	70	成都建工第四建筑工程有限公司	40.93

2.4　土木工程建设企业盈利能力分析

2.4.1　土木工程建设企业利润总额分析

2021 年我国土木工程建设企业实现利润总额为 8554 亿元。本报告分析入选的利润总额排在前 100 家的土木工程建设企业，虽然企业数量不足全国有施工活动的土木工程建设企业的 0.08%，却实现利润总额 1486.28 亿元，占土木工程建设企业 2021 年实现利润总额的 17.38%。

从这 100 家土木工程建设企业实现利润总额构成看，不同利润总额水平企业的数量分布及其利润总额占入选企业利润总额总和的比重情况，如图 2-7 所示。

由图 2-7 可以看出，入选的利润总额排在前 100 家的土木工程建设企业中，利润总额超过 100 亿元的土木工程建设企业有 2 家，仅占入选企业总数的 2%，但其利润总额占到了入选企业的 20.65%；超过 50 亿元的企业有 5 家，占入选企业的 5%，其利润总额占入选企业的 32.19%；超过 30 亿元的企业有 11 家，占入选企业的 11%，其利润总额占入选企业的 48.32%。由此可见，从实现利润角度分析，2021 年土木工程建设企业的集中度也比较明显。

2021 年参评的 100 家土木工程建设企业的利润总额排名如表 2-6 所示。

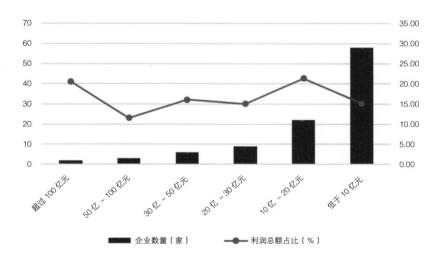

图 2-7　不同利润总额水平的企业数量分布及其利润总额占比

序号	企业名称	利润总额（亿元）	序号	企业名称	利润总额（亿元）
1	旭辉控股（集团）有限公司	182.28	28	中国五冶集团有限公司	16.00
2	中国建筑第八工程局有限公司	124.63	29	中铁建工集团有限公司	15.65
3	中国化学工程股份有限公司	60.41	30	中铁一局集团有限公司	15.27
4	南通四建集团有限公司	58.30	31	浙江交通科技股份有限公司	14.42
5	上海建工集团股份有限公司	52.83	32	华新建工集团有限公司	14.00
6	北京城建集团有限责任公司	48.45	33	宝业集团股份有限公司	12.92
7	陕西建工控股集团有限公司	44.29	34	中国十七冶集团有限公司	12.54
8	中国建筑一局（集团）有限公司	41.24	35	广州市建筑集团有限公司	12.24
9	中国建筑第二工程局有限公司	36.02	36	中交第一航务工程局有限公司	12.00
10	云南省交通投资建设集团有限公司	35.85	37	中建西部建设股份有限公司	11.87
11	山东高速路桥集团股份有限公司	33.92	38	上海宝冶集团有限公司	11.30
12	上海隧道工程股份有限公司	29.76	39	中铁二十局集团有限公司	11.30
13	山西建设投资集团有限公司	28.08	40	中铁十局集团有限公司	10.54
14	北京建工集团有限责任公司	26.83	41	中建海峡建设发展有限公司	10.18
15	中国核工业建设股份有限公司	26.71	42	腾达建设集团股份有限公司	10.17
16	融信（福建）投资集团有限公司	26.28	43	中建丝路建设投资有限公司	9.98
17	中交一公局集团有限公司	24.29	44	龙元建设集团股份有限公司	9.41
18	中交疏浚（集团）股份有限公司	22.14	45	中钢国际工程技术股份有限公司	8.35
19	江苏省华建建设股份有限公司	20.69	46	北方国际合作股份有限公司	8.07
20	中国建筑第七工程局有限公司	20.28	47	中亿丰建设集团股份有限公司	8.06
21	青建集团股份公司	19.50	48	中冶建工集团有限公司	8.01
22	中电建路桥集团有限公司	19.20	49	中国电建集团华东勘测设计研究院有限公司	7.60
23	中国电建集团海外投资有限公司	18.27	50	中国公路工程咨询集团有限公司	6.77
24	中交第二公路工程局有限公司	18.19	51	中交第一公路勘察设计研究院有限公司	6.74
25	安徽建工集团股份有限公司	18.04	52	江苏省苏中建设集团股份有限公司	6.58
26	中交第二航务工程局有限公司	17.72	53	中国水利水电第七工程局有限公司	6.46
27	浙江省建设投资集团股份有限公司	16.24	54	中交公路规划设计院有限公司	6.35

序号	企业名称	利润总额（亿元）	序号	企业名称	利润总额（亿元）
55	中交第二公路勘察设计研究院有限公司	6.24	78	成都建工集团有限公司	2.57
56	中铁二十四局集团有限公司	6.08	79	中国二十二冶集团有限公司	2.42
57	中建五局土木工程有限公司	5.94	80	新疆北新路桥集团股份有限公司	2.01
58	烟建集团有限公司	5.90	81	天津市建工集团（控股）有限公司	1.93
59	河南省路桥建设集团有限公司	5.71	82	中电建建筑集团有限公司	1.86
60	中国十九冶集团有限公司	5.70	83	安徽富煌钢构股份有限公司	1.76
61	浙江东南网架股份有限公司	5.59	84	河北建工集团有限责任公司	1.75
62	中铁十九局集团有限公司	5.24	85	大元建业集团股份有限公司	1.49
63	宏润建设集团股份有限公司	5.13	86	河南五建建设集团有限公司	1.45
64	中国电建市政建设集团有限公司	5.11	87	浙江中南建设集团有限公司	1.41
65	中铁建设集团有限公司	4.83	88	山西二建集团有限公司	1.29
66	广东水电二局股份有限公司	4.22	89	宁波建工工程集团有限公司	1.28
67	中国建筑第四工程局有限公司	4.06	90	中国建筑土木建设有限公司	1.22
68	中国二冶集团有限公司	4.05	91	成都建工第一建筑工程有限公司	1.16
69	中国建筑第六工程局有限公司	3.77	92	河南省第二建设集团有限公司	1.07
70	龙建路桥股份有限公司	3.73	93	成都建工第四建筑工程有限公司	0.97
71	山西四建集团有限公司	3.67	94	新疆维泰开发建设（集团）股份有限公司	0.86
72	中铁隧道局集团有限公司	3.38	95	山东省建设建工（集团）有限责任公司	0.84
73	新疆交通建设集团股份有限公司	3.31	96	吉林建工集团有限公司	0.70
74	山西省安装集团股份有限公司	3.23	97	中铁六局集团有限公司	0.69
75	中国华西企业有限公司	3.16	98	科兴建工集团有限公司	0.62
76	中铁十五局集团有限公司	3.00	99	河南三建建设集团有限公司	0.12
77	江苏扬建集团有限公司	2.59	100	三一筑工科技股份有限公司	−0.05

2.4.2　土木工程建设企业净利润分析

本报告分析入选的实现净利润排在前 100 家的土木工程建设企业，2021 年，这 100 家企业共实现净利润 1139.32 亿元。从 100 家土木工程建设企业净利润的构成看，不同净利润水平企业的数量分布及其净利润占入选企业净利润总和的比重情况，如图 2-8 所示。

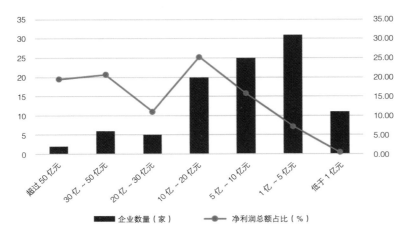

图 2-8　不同净利润水平的企业数量分布及其净利润占比

由图 2-8 可以看出，入选的净利润总额排在前 100 家的土木工程建设企业中，净利润总额超过 50 亿元的土木工程建设企业有 2 家，仅占入选企业总数的 2%，但其净利润总额占到了入选企业的 19.48%；超过 30 亿元的企业有 8 家，占入选企业的 8%，其净利润总额占入选企业的 40.19%；超过 20 亿元的企业有 13 家，占入选企业的 13%，其净利润总额占入选企业的 51.27%。由此可见，从实现净利润角度分析，2021 年土木工程建设企业的集中度也比较明显。

2021 年参评的 100 家土木工程建设企业的净利润排名如表 2-7 所示。

2021 年入选的净利润总额排在前 100 家的土木工程建设企业　　表 2-7

序号	企业名称	净利润（亿元）	序号	企业名称	净利润（亿元）
1	旭辉控股（集团）有限公司	123.27	5	上海建工集团股份有限公司	40.48
2	中国建筑第八工程局有限公司	98.66	6	北京城建集团有限责任公司	38.55
3	中国化学工程股份有限公司	46.33	7	陕西建工控股集团有限公司	34.96
4	南通四建集团有限公司	43.70	8	中国建筑一局（集团）有限公司	32.02

序号	企业名称	净利润（亿元）	序号	企业名称	净利润（亿元）
9	中国建筑第二工程局有限公司	29.84	39	宝业集团股份有限公司	8.85
10	山西建设投资集团有限公司	26.65	40	中建海峡建设发展有限公司	8.66
11	云南省交通投资建设集团有限公司	24.38	41	中铁建工集团有限公司	8.61
12	上海隧道工程股份有限公司	23.93	42	腾达建设集团股份有限公司	8.20
13	山东高速路桥集团股份有限公司	21.35	43	河北建设集团股份有限公司	8.11
14	中交疏浚（集团）股份有限公司	19.20	44	中建丝路建设投资有限公司	7.61
15	中国建筑第七工程局有限公司	18.38	45	中冶建工集团有限公司	6.80
16	中国电建集团海外投资有限公司	18.20	46	龙元建设集团股份有限公司	6.67
17	中交一公局集团有限公司	18.20	47	中国电建集团华东勘测设计研究院有限公司	6.61
18	北京建工集团有限责任公司	18.10	48	中钢国际工程技术股份有限公司	6.48
19	江苏省华建建设股份有限公司	16.83	49	北方国际合作股份有限公司	6.24
20	中交第二公路工程局有限公司	15.87	50	中亿丰建设集团股份有限公司	5.98
21	中国核工业建设股份有限公司	15.33	51	中国公路工程咨询集团有限公司	5.86
22	中电建路桥集团有限公司	15.27	52	中交第一公路勘察设计研究院有限公司	5.66
23	青建集团股份公司	14.80	53	中建五局土木工程有限公司	5.56
24	中交第二航务工程局有限公司	14.27	54	中国水利水电第七工程局有限公司	5.53
25	中国五冶集团有限公司	13.55	55	中交公路规划设计院有限公司	5.30
26	中铁一局集团有限公司	13.13	56	中交第二公路勘察设计研究院有限公司	5.27
27	融信（福建）投资集团有限公司	12.16	57	中国十九冶集团有限公司	5.20
28	中国十七冶集团有限公司	11.36	58	烟建集团有限公司	5.00
29	华新建工集团有限公司	11.00	59	江苏省苏中建设集团股份有限公司	4.93
30	安徽建工集团股份有限公司	10.96	60	浙江东南网架股份有限公司	4.92
31	中交第一航务工程局有限公司	10.50	61	中铁二十四局集团有限公司	4.63
32	浙江省建设投资集团股份有限公司	10.46	62	河南省路桥建设集团有限公司	4.20
33	上海宝冶集团有限公司	10.10	63	宏润建设集团股份有限公司	3.99
34	中建西部建设股份有限公司	9.81	64	中国建筑第四工程局有限公司	3.97
35	浙江交通科技股份有限公司	9.68	65	中国电建市政建设集团有限公司	3.76
36	中铁二十局集团有限公司	9.60	66	中铁十九局集团有限公司	3.76
37	广州市建筑集团有限公司	9.34	67	中国二冶集团有限公司	3.69
38	中铁十局集团有限公司	8.93	68	山西四建集团有限公司	3.63

序号	企业名称	净利润 （亿元）	序号	企业名称	净利润 （亿元）
69	广东水电二局股份有限公司	3.28	85	天津市建工集团（控股）有限公司	1.20
70	山西省安装集团股份有限公司	2.99	86	河南五建建设集团有限公司	1.17
71	中铁十五局集团有限公司	2.80	87	大元建业集团股份有限公司	1.10
72	龙建路桥股份有限公司	2.68	88	宁波建工工程集团有限公司	1.07
73	中铁隧道局集团有限公司	2.57	89	中国建筑土木建设有限公司	1.01
74	新疆交通建设集团股份有限公司	2.52	90	河南省第二建设集团有限公司	0.93
75	中国建筑第六工程局有限公司	2.50	91	成都建工第一建筑工程有限公司	0.87
76	中国华西企业有限公司	2.30	92	山东省建设建工（集团）有限责任公司	0.73
77	中国二十二冶集团有限公司	2.02	93	成都建工第四建筑工程有限公司	0.73
78	江苏扬建集团有限公司	1.97	94	新疆维泰开发建设（集团）股份 有限公司	0.60
79	成都建工集团有限公司	1.77	95	新疆北新路桥集团股份有限公司	0.57
80	中电建筑集团有限公司	1.67	96	中铁六局集团有限公司	0.51
81	安徽富煌钢构股份有限公司	1.66	97	科兴建工集团有限公司	0.46
82	山西二建集团有限公司	1.53	98	中铁建设集团有限公司	0.39
83	河北建工集团有限责任公司	1.28	99	吉林建工集团有限公司	0.13
84	浙江中南建设集团有限公司	1.28	100	河南三建建设集团有限公司	0.10

2.5　土木工程建设企业综合实力分析

2.5.1　综合实力分析模型

2.5.1.1　工程建设 100 强企业评价指标的确定

经过专家讨论，确立中国土木工程建设企业综合评价指标包含营业收入、净利润和资产总额 3 项指标，3 项评价指标的权重分别为 0.5、0.4 和 0.1。

（1）营业收入。指土木工程建设企业全年生产经营活动中通过销售或提供工程建设以及让渡资产取得的收入。营业收入分为主营业务收入和其他业务收入，各企业填报的营业收入数据以企业会计"利润表"中的"主营业务收入"的本年累计数与"其他业务收入"的本年累计数之和为填报依据。

（2）净利润。指土木工程建设企业当期利润总额减去所得税后的金额，即企业的税后利润。所得税是指企业将实现的利润总额按照所得税法规定的标准向国家计算缴纳的税金。各企业填报的净利润以企业会计"利润表"中的对应指标的本期累计数为填报依据。

（3）资产总额。指土木工程建设企业拥有或控制的能以货币计量的经济资源，包括各种财产、债权和其他权利。资产按其变现能力和支付能力划分为：流动资产、长期投资、固定资产、无形资产、递延资产和其他资产。各企业填报的资产总额以企业会计"资产负债表"中"资产总计"项的期末数为填报依据。

2.5.1.2 综合实力分析模型计算方法

课题组根据专家意见，并参考了国际国内著名企业排序计算方法，包括"美国《财富》世界 500 强""福布斯全球企业 2000 强""ENR 国际承包商 250 强""ENR 全球承包商 250 强""中国企业 500 强"等，提出了本发展报告的综合实力分析模型。

综合实力分析模型计算公式如下：

$$S_i = \sum_j S_i^j = S_i^{\text{income}} + S_i^{\text{profit}} + S_i^{\text{assets}}$$
$$S_i^j = w_j \times (R_{\text{total}}^j - R_i^j + 1)/R_{\text{total}}^j \times 100$$

式中　i ——第 i 家企业；

　　　j ——第 j 项指标，分别对应于营业收入（用 income 表示）、净利润（用 profit 表示）和资产总额（用 assets 表示）3 项指标；

　　　S_i ——企业 i 的综合实力评价得分；

　　　w_j ——指标 j 的权重；

　　　S_i^j ——第 i 家企业在第 j 项指标的评价得分；

　　R_{total}^j ——第 j 项指标排序企业数；

　　　R_i^j —— i 企业在第 j 项指标上的排名。

2.5.2　土木工程建设企业综合实力排序

按照上述计算方法，可以计算得到 106 家土木工程建设企业的综合实力排序结果。其中，前 100 家的排序情况如表 2-8 所示。

2021 年土木工程建设企业综合实力排序（1~100）　　　　表 2-8

名次	企业名称	营业收入加权得分	净利润加权得分	资产总额加权得分	综合实力得分
1	中国建筑第八工程局有限公司	50.00	39.62	9.53	99.15
2	上海建工集团股份有限公司	49.53	38.49	9.81	97.83
3	陕西建工控股集团有限公司	48.58	37.74	9.62	95.94
4	中国化学工程股份有限公司	46.70	39.25	9.25	95.19
5	北京城建集团有限责任公司	47.17	38.11	9.72	95.00
6	中国建筑第二工程局有限公司	49.06	36.98	8.87	94.91
7	旭辉控股（集团）有限公司	44.34	40.00	9.91	94.25
8	中国建筑一局（集团）有限公司	47.64	37.36	8.02	93.02
9	山西建设投资集团有限公司	44.81	36.60	8.96	90.38
10	中交一公局集团有限公司	46.23	34.34	9.06	89.62
11	北京建工集团有限责任公司	45.75	33.58	9.34	88.68
12	中国建筑第七工程局有限公司	45.28	34.72	8.40	88.40
13	云南省交通投资建设集团有限公司	40.57	36.23	10.00	86.79
14	南通四建集团有限公司	40.09	38.87	5.57	84.53
15	上海隧道工程股份有限公司	38.21	35.85	8.77	82.83
16	广州市建筑集团有限公司	48.11	26.42	8.21	82.74
17	中国核工业建设股份有限公司	41.04	32.45	9.15	82.64
18	中交第二航务工程局有限公司	41.98	31.32	8.68	81.98
19	中铁一局集团有限公司	42.45	30.57	7.08	80.09
20	山东高速路桥集团股份有限公司	36.79	35.47	7.74	80.00
21	浙江省建设投资集团股份有限公司	43.40	28.30	7.92	79.62
22	中交第二公路工程局有限公司	37.74	32.83	7.55	78.11
23	青建集团股份公司	38.68	31.70	6.42	76.79
24	安徽建工集团股份有限公司	39.15	29.06	8.58	76.79

名次	企业名称	营业收入加权得分	净利润加权得分	资产总额加权得分	综合实力得分
25	中铁建工集团有限公司	42.92	24.91	8.11	75.94
26	中交疏浚（集团）股份有限公司	32.08	35.09	8.49	75.66
27	中国五冶集团有限公司	35.85	30.94	5.47	72.26
28	中交第一航务工程局有限公司	35.38	28.68	7.45	71.51
29	中铁十局集团有限公司	39.62	26.04	5.75	71.42
30	上海宝冶集团有限公司	37.26	27.92	6.23	71.42
31	中国建筑第四工程局有限公司	43.87	16.23	8.30	68.40
32	中电建路桥集团有限公司	28.30	32.08	7.64	68.02
33	融信（福建）投资集团有限公司	27.36	30.19	9.43	66.98
34	中铁二十局集团有限公司	33.49	26.79	6.32	66.60
35	浙江交通科技股份有限公司	32.55	27.17	6.70	66.42
36	江苏省华建建设股份有限公司	29.25	33.21	3.02	65.47
37	河北建设集团股份有限公司	33.96	24.15	7.26	65.38
38	中国十七冶集团有限公司	30.19	29.81	4.15	64.15
39	中国电建集团华东勘测设计研究院有限公司	31.60	22.64	5.28	59.53
40	中建西部建设股份有限公司	25.47	27.55	5.09	58.11
41	中建海峡建设发展有限公司	27.83	25.28	4.25	57.36
42	宝业集团股份有限公司	25.00	25.66	6.51	57.17
43	中铁十九局集团有限公司	34.43	15.85	6.79	57.08
44	中国水利水电第七工程局有限公司	30.66	20.00	6.13	56.79
45	江苏省苏中建设集团股份有限公司	33.02	18.11	5.19	56.32
46	中铁隧道局集团有限公司	36.32	12.83	5.94	55.09
47	华新建工集团有限公司	23.11	29.43	2.26	54.81
48	中国建筑第六工程局有限公司	34.91	12.08	7.17	54.15
49	中铁建设集团有限公司	41.51	3.40	7.83	52.74
50	中铁二十四局集团有限公司	29.72	17.36	5.00	52.08
51	龙元建设集团股份有限公司	20.75	23.02	7.36	51.13
52	中铁十五局集团有限公司	31.13	13.58	5.85	50.57

名次	企业名称	营业收入加权得分	净利润加权得分	资产总额加权得分	综合实力得分
53	中亿丰建设集团股份有限公司	26.42	21.51	1.79	49.72
54	中国电建集团海外投资有限公司	8.96	33.96	6.60	49.53
55	中冶建工集团有限公司	22.17	23.40	3.49	49.06
56	中钢国际工程技术股份有限公司	19.34	22.26	4.34	45.94
57	中国十九冶集团有限公司	21.23	18.87	3.58	43.68
58	成都建工集团有限公司	25.94	10.57	6.89	43.40
59	中国二冶集团有限公司	24.53	15.09	3.30	42.92
60	烟建集团有限公司	19.81	18.49	4.53	42.83
61	河北建工集团有限责任公司	28.77	9.06	3.68	41.51
62	北方国际合作股份有限公司	16.04	21.89	3.40	41.32
63	中国电建市政建设集团有限公司	20.28	15.47	4.43	40.19
64	中国二十二冶集团有限公司	23.58	11.32	4.91	39.81
65	中建五局土木工程有限公司	14.62	20.38	2.17	37.17
66	广东水电二局股份有限公司	17.45	14.34	5.38	37.17
67	中建丝路建设投资有限公司	9.43	23.77	3.77	36.98
68	龙建路桥股份有限公司	18.87	13.21	4.72	36.79
69	中国公路工程咨询集团有限公司	12.26	21.13	2.08	35.47
70	中铁六局集团有限公司	26.89	4.15	3.96	35.00
71	山西省安装集团股份有限公司	16.98	13.96	2.64	33.58
72	中国华西企业有限公司	18.40	11.70	2.55	32.64
73	浙江东南网架股份有限公司	11.79	17.74	2.83	32.36
74	腾达建设集团股份有限公司	5.66	24.53	1.98	32.17
75	中铝国际工程股份有限公司	22.64	1.51	6.98	31.13
76	苏州金螳螂建筑装饰股份有限公司	24.06	0.38	5.66	30.09
77	山西四建集团有限公司	14.15	14.72	1.04	29.91
78	宏润建设集团股份有限公司	9.91	16.60	3.11	29.62
79	浙江中南建设集团有限公司	17.92	8.68	2.74	29.34
80	河南省路桥建设集团有限公司	7.55	16.98	4.62	29.15

名次	企业名称	营业收入加权得分	净利润加权得分	资产总额加权得分	综合实力得分
81	新疆交通建设集团股份有限公司	12.74	12.45	2.92	28.11
82	天津市建工集团（控股）有限公司	15.57	8.30	3.87	27.74
83	江河创建集团股份有限公司	21.70	1.13	4.81	27.64
84	新疆北新路桥集团股份有限公司	16.51	4.53	6.04	27.08
85	山西二建集团有限公司	15.09	9.43	1.23	25.75
86	中交第一公路勘察设计研究院有限公司	3.30	20.75	1.42	25.47
87	中电建建筑集团有限公司	10.38	10.19	2.36	22.92
88	江苏扬建集团有限公司	11.32	10.94	0.47	22.74
89	中交公路规划设计院有限公司	1.89	19.62	0.66	22.17
90	中交第二公路勘察设计研究院有限公司	1.42	19.25	0.94	21.60
91	宁波建工工程集团有限公司	10.85	7.17	1.51	19.53
92	浙江亚厦装饰股份有限公司	13.21	1.89	4.06	19.15
93	大元建业集团股份有限公司	8.49	7.55	1.89	17.92
94	中国新兴建设开发有限责任公司	13.68	0.75	3.21	17.64
95	安徽富煌钢构股份有限公司	5.19	9.81	1.70	16.70
96	河南省第二建设集团有限公司	8.02	6.42	0.19	14.62
97	河南五建建设集团有限公司	6.13	7.92	0.38	14.43
98	山东省建设建工（集团）有限责任公司	7.08	5.66	1.60	14.34
99	中国建筑土木建设有限公司	6.60	6.79	0.75	14.15
100	成都建工第一建筑工程有限公司	4.72	6.04	0.85	11.60

Civil Engineering

第 3 章

土木工程
建设企业国际
拓展能力分析

本章通过对进入国际承包商 250 强、全球承包商 250 强、财富世界 500 强中的土木工程建设企业的分析，提出了土木工程建设企业国际拓展能力的排序方法，并给出了土木工程建设国际拓展能力前 100 家企业榜单。

3.1 进入国际承包商 250 强的土木工程建设企业

国际承包商 250 强是由美国《工程新闻记录》（ENR）杂志按年度发布的系列榜单之一。《工程新闻记录》（ENR）杂志主要关注建筑工程领域，其发布的国际承包商 250 强，依据各国承包商在本土以外的海外工程业务总收入进行排名，重在体现企业的国际业务拓展实力，是国际工程界公认的一项权威排名。

3.1.1 进入国际承包商 250 强的总体情况

近 5 年来，进入国际承包商 250 强的中国内地工程建设企业的数量及其海外市场份额情况如表 3-1 所示。5 年中，共有 98 家中国内地土木工程建设企业进入国际承包商 250 强，其中 5 年连续入榜的企业 59 家，入榜 4 次、3 次、2 次、1 次的企业分别为 10 家、5 家、11 家和 14 家。

进入国际承包商 250 强的中国内地土木工程建设企业的数量及其市场份额情况　表 3-1

榜单年份	上榜企业数量	前 10 强企业数量	前 50 强企业数量	前 100 强企业数量	上年度海外市场营业收入合计（亿美元）	上年度海外市场营业收入合计占 250 强比重（%）
2018	69	3	10	25	1141.0	23.7
2019	76	3	10	27	1189.7	24.4
2020	74	3	10	25	1200.1	25.4
2021	78	3	9	27	1074.6	25.6
2022	79	4	12	26	1129.5	28.4

2021 年进入国际承包商 250 强的中国内地工程建设企业的名次变化及海外市场收入如表 3-2 所示。2021 年，进入国际承包商 250 强的中国内地企业共有 79 家，数量较上一年度增加 1 家，上榜企业数量继续蝉联各国榜首。79 家中国内地企业 2020 年共实现海外市场营业收入 1129.5 亿美元，同比增长 5.1%，收入合计占国际承包商 250 强海外市场总营收的 28.4%，较上年提升 2.8 个百分点。

序号	公司	国际承包商 250 强名次					2021 年海外市场营业收入（百万美元）
		2018	2019	2020	2021	2022	
1	中国交通建设集团有限公司	3	3	4	4	3	21904.8
2	中国电力建设集团有限公司	10	7	7	7	6	13703.2
3	中国建筑股份有限公司	8	9	8	9	7	12315.5
4	中国铁建股份有限公司	14	14	12	11	10	9012.0
5	中国中铁股份有限公司	17	18	13	13	11	7421.4
6	中国能源建设股份有限公司	21	23	15	21	17	5365.1
7	中国化学工程集团有限公司	46	29	22	19	20	4861.3
8	中国机械工业集团公司	25	19	25	35	28	3432.4
9	中国石油集团工程股份有限公司	33	43	34	33	30	3312.9
10	上海电气集团股份有限公司	100	**	160	51	40	2366.9
11	中国中材国际工程股份有限公司	**	51	54	60	44	2057.5
12	中国冶金科工集团有限公司	44	44	41	53	47	1988.4
13	中国江西国际经济技术合作有限公司	92	93	81	72	67	1029.1
14	江西中煤建设集团有限公司	97	99	85	75	68	999.3
15	浙江省建设投资集团股份有限公司	87	89	82	84	69	998.0
16	北方国际合作股份有限公司	94	97	90	81	72	916.3
17	中国电力技术装备有限公司	80	101	111	73	74	844.0
18	山东高速集团有限公司	**	**	139	90	75	839.8
19	中国中原对外工程有限公司	89	75	63	55	78	766.7
20	中信建设有限责任公司	56	54	62	63	80	750.7
21	哈尔滨电气国际工程有限责任公司	65	81	95	78	85	716.5
22	青建集团股份公司	62	56	58	94	87	708.4
23	中石化炼化工程（集团）股份有限公司	55	65	70	86	90	684.0
24	上海建工集团股份有限公司	109	111	101	93	92	674.5
25	中国地质工程集团公司	120	108	96	100	97	625.7
26	北京城建集团有限责任公司	148	154	105	109	98	625.0
27	中国东方电气集团有限公司	155	83	123	123	101	596.3
28	新疆生产建设兵团建设工程（集团）有限责任公司	110	109	168	113	104	589.4

序号	公司	国际承包商 250 强名次					2021 年海外市场营业收入（百万美元）
		2018	2019	2020	2021	2022	
29	中国通用技术（集团）控股有限责任公司	102	74	73	67	105	516.1
30	中石化中原石油工程有限公司	125	117	110	105	106	512.4
31	江苏省建筑工程集团有限公司	126	122	99	107	107	510.9
32	特变电工股份有限公司	83	80	93	111	109	504.2
33	烟建集团有限公司	140	138	146	119	112	487.0
34	江苏南通三建集团股份有限公司	133	133	122	108	113	473.9
35	北京建工集团有限责任公司	123	120	117	117	116	467.8
36	中国河南国际合作集团有限公司	145	116	107	121	119	456.4
37	中鼎国际工程有限责任公司	146	144	144	135	121	452.1
38	云南省建设投资控股集团有限公司	132	121	106	106	122	451.5
39	中地海外集团有限公司	111	115	136	143	123	448.7
40	中国水利电力对外有限公司	90	78	97	89	128	411.3
41	江西省水利水电建设集团有限公司	174	158	143	132	131	387.2
42	山西建设投资集团有限公司	246	214	186	173	134	372.9
43	中国江苏国际经济技术合作集团有限公司	129	130	120	124	137	368.4
44	上海城建（集团）公司	162	155	185	147	139	362.7
45	中国武夷实业股份有限公司	130	132	138	129	142	338.6
46	中国航空技术国际工程有限公司	118	100	127	159	143	335.5
47	中钢设备有限公司	157	107	145	148	152	283.3
48	中国成套设备进出口集团有限公司	144	145	148	172	154	278.6
49	山东电力工程咨询院有限公司				**	164	239.6
50	龙信建设集团有限公司	**	202	194	176	166	230.1
51	山东淄建集团有限公司	**	200	187	177	170	215.2
52	安徽建工集团股份有限公司	192	180	178	174	172	212.9
53	中国有色金属建设股份有限公司	85	86	133	155	173	212.3
54	沈阳远大铝业工程有限公司	152	153	154	171	176	208.4
55	陕西建工控股集团有限公司				**	179	198.4
56	江西省建工集团有限责任公司	**	**	208	194	180	195.9

序号	公司	国际承包商 250 强名次					2021 年海外市场营业收入（百万美元）
		2018	2019	2020	2021	2022	
57	山东高速德建集团有限公司	175	185	188	175	181	194.2
58	湖南建工集团有限公司	211	**	191	180	182	177.4
59	绿地大基建集团有限公司	**	**	**	207	183	172.9
60	湖南路桥建设集团有限责任公司	242	232	221	192	184	172.9
61	西安西电国际工程有限责任公司	**	**	**	167	189	155.9
62	天元建设集团有限公司	**	**	167	199	191	143.0
63	正太集团有限公司	**	**	**	210	193	140.5
64	浙江交工集团股份有限公司	215	204	201	190	195	138.2
65	重庆对外建设（集团）有限公司	207	196	207	200	197	137.2
66	南通建工集团股份有限公司	182	199	205	189	198	135.0
67	中国甘肃国际经济技术合作有限公司	216	213	204	202	199	130.2
68	南通四建集团有限公司	**	**	232	211	201	120.4
69	浙江省东阳第三建筑工程有限公司	**	194	198	184	206	113.9
70	江苏中南建筑产业集团有限责任公司	222	212	240	193	211	102.7
71	四川公路桥梁建设集团有限公司	**	246	210	213	212	102.2
72	中天建设集团有限公司				**	217	95.3
73	中国建材国际工程集团有限公司	**	143	140	197	222	85.0
74	江苏南通二建集团有限公司	**	**	**	232	227	80.7
75	龙江路桥股份有限公司				**	229	78.3
76	安徽省华安外经建设（集团）有限公司	143	166	126	127	233	71.5
77	江联重工集团股份有限公司	**	198	177	242	237	63.7
78	中亿丰建设集团股份有限公司				**	238	60.3
79	河北建工集团有限责任公司	**	**	241	186	249	37.5

注："**"表示相应年度未入选，下同。

　　从这 79 家内地企业的排名分布来看，进入前 10 强的有 4 家，分别是中国交通建设集团有限公司（第 3 位）、中国电力建设集团有限公司（第 6 位）、中国建筑股份有限公司（第 7 位）和中国铁建股份有限公司（第 10 位）。进入前 50强的有 12 家企业，比上年度增加 3 家；进入百强的有 26 家企业，比上年度减少

1家；从排名变化情况来看，79家企业中，本年度新入榜企业5家，排名上升的有47家，排名保持不变的有1家，排名下降的有26家。排名升幅最大的是山西建设投资集团有限公司，从173名跃升到134名。

3.1.2 进入国际承包商业务领域10强榜单情况

近5年来，中国内地工程建设企业在九大业务领域10强榜单中占有一定的席位。具体如表3-3所列。

各业务领域10强榜单中的中国内地工程建设企业　　　　表3-3

业务领域	企业名称	2017	2018	2019	2020	2021
交通运输	中国交通建设集团有限公司	1	1	1	1	1
	中国铁建股份有限公司	10		8	9	6
	中国中铁股份有限公司			10	8	8
	中国电力建设集团有限公司					10
	中国建筑集团有限公司	7	8			
房屋建筑	中国建筑股份有限公司	3	3	3	3	2
	中国交通建设集团有限公司				9	6
石油化工	中国化学工程集团有限公司				5	2
	中国石油集团工程股份有限公司	6	9	5	4	3
电力	中国电力建设集团有限公司	1	1	1	1	1
	中国能源建设股份有限公司	2	3	3	3	3
	上海电气集团股份有限公司				6	4
	中国机械工业集团公司	5	5	5	5	5
	中国中原对外工程有限公司	10	9	6	7	
	哈尔滨电气国际工程有限公司	8				
工业	中国冶金科工集团有限公司	3	3	2	5	4
	中国化学工程集团有限公司	5	5	6		
	中国有色金属建设股份有限公司				10	
	中钢设备有限公司		9			
	中国机械工业集团公司	10				

业务领域	企业名称	2017	2018	2019	2020	2021
制造业	中国交通建设集团有限公司					2
	中国中材国际工程股份有限公司		3	1	2	3
	中国交通建设集团有限公司	1	1			
水利	中国电力建设集团有限公司	4	4	3	5	3
	江西中煤建设集团有限公司					5
	中国能源建设集团股份有限公司			7	10	7	6
	中国交通建设集团有限公司	7	9	6		
	中国机械工业集团公司	6	6			
电信	浙江省建设投资集团股份有限公司		6			10
排水／废弃物处理	中国交通建设集团有限公司			3	4	5
	中国能源建设集团有限公司			5		7
	中国武夷实业股份有限公司			8		
	中国电力建设集团					
	中国地质工程集团公司	9				

2021 年,在九大业务领域 10 强榜上,我国内地企业全面开花,各有数量不同的企业进入榜单。

在交通运输行业 10 强中,中国交通建设集团有限公司继续蝉联冠军,中国铁建股份有限公司从第 9 名前进到第 6 名,中国中铁股份有限公司仍排在第 8 位,中国电力建设集团有限公司入榜排在第 10 位;在房屋建筑行业 10 强中,中国建筑股份有限公司取得亚军,中国交通建设集团有限公司排名前进到第 6 位;石油化工行业 10 强中,中国化学工程集团有限公司从上一年度的第 5 位上升到亚军,中国石油集团工程股份有限公司排名前进一位到第 3 位;在电力行业中,10 强中有 4 家中国内地企业,中国电力建设集团有限公司仍稳居冠军,中国能源建设股份有限公司仍是季军,上海电气集团股份有限公司和中国机械工业集团公司分列第 4 名和第 5 名;工业行业 10 强中,中国冶金科工集团有限公司,排名前进一位来到第 4 位;制造业 10 强中,本年度中国交通建设集团有限公司新入榜并取得亚军,中国中材国际工程股份有限公司排在第 3 名;在水利行业 10 强中,中国电力建设集团有限公司排名前进到第 3 位,江西中煤建设集团有限公司新进榜排在第

5 名，中国能源建设股份有限公司排名第 6 位；电信行业 10 强中，浙江省建设投资集团股份有限公司时隔三年后重新入榜取得第 10 名；而在排水／废弃物处理行业中，10 强榜单排名变化很大，中国交通建设集团有限公司排在第 5 位。

3.1.3 区域市场分析

3.1.3.1 区域市场 10 强中的中国内地工程建设企业分析

按照八大区域性细分市场表现进行 10 强排名，我国内地企业在除美加地区之外的六大区域 10 强榜单中都有所收获。具体如表 3-4 所列。

区域市场 10 强榜单中的中国内地工程建设企业　　　表 3-4

区域市场	企业名称	2017	2018	2019	2020	2021
亚洲	中国交通建设集团有限公司	1	1	1	1	1
	中国建筑股份有限公司	4	4	4	4	2
	中国电力建设集团有限公司	5	5	5	3	3
	中国中铁股份有限公司			8	5	4
	中国能源建设股份有限公司					6
	中国中原工程公司				10	
中东地区	中国电力建设集团有限公司	6	6	6	2	1
	上海电气集团股份有限公司				9	3
	中国能源建设集团有限公司	9		8	8	5
	中国建筑股份有限公司		10	7	5	7
	中国铁建股份有限公司				6	9
非洲地区	中国交通建设集团有限公司	1	1	1	1	1
	中国电力建设集团有限公司	4	2	2	2	2
	中国建筑股份有限公司	3	5	5	7	4
	中国中铁股份有限公司	5	4	3	3	7
	中国中材国际工程股份有限公司		9			9
	中国铁道建筑有限公司	2	3	4	4	
	中国江西国际经济合作有限公司				10	
	中国机械工业集团公司	10	8	8		
欧洲	中国铁建股份有限公司					10

区域市场	企业名称	2017	2018	2019	2020	2021
澳洲／大洋洲	中国交通建设集团有限公司				7	2
	中国铁建股份有限公司					5
拉丁美洲／加勒比地区	中国交通建设集团有限公司	6	7	2	3	3
	中国铁建股份有限公司			6	7	6
	中国电力建设集团有限公司	8	9	9		9
	中国机械工业集团公司	7				
	中国能源建设集团有限公司	10				

在亚洲市场,中国内地企业竞争力保持稳定,仍在 10 强中占一半,中国交通建设集团有限公司保持冠军,中国建筑股份有限公司排名前进到亚军,季军则仍是中国电力建设集团有限公司,中国中铁股份有限公司排在第 4 位,中国能源建设股份有限公司新入榜取得第 6 位。

在中东地区市场,中国电力建设集团有限公司居于冠军,上海电气集团股份有限公司从第 9 位升到第 3 位,中国能源建设集团有限公司前进到第 5 位,中国建筑股份有限公司排名第 7 位,中国铁建股份有限公司排在第 9 位。

非洲地区市场中中国内地承包企业近年来一直具有较强竞争优势,中国交通建设集团有限公司、中国电力建设集团有限公司仍居于冠军和亚军之位,排名第 4 位的是中国建筑股份有限公司,排名第 7 位的是中国中铁股份有限公司,中国中材国际工程股份有限公司时隔三年后重新入榜排在第 9 位。

本年度,中国铁建股份有限公司实现了欧洲市场 10 强的突破,新入榜排名第 10 位。

在澳洲／大洋洲地区市场,中国交通建设集团有限公司排名前进到第 2 位,中国铁建股份有限公司新入榜排到第 5 位。

在拉丁美洲／加勒比地区市场,中国交通建设集团有限公司保持排名排在第 3 位,中国铁建股份有限公司前进到第 6 位,中国电力建设集团有限公司时隔两年后重新入榜排在第 9 位。

3.1.3.2 区域市场构成分析

近 5 年,国际承包商 250 强中的中国内地工程建设企业在区域性市场营业收入合计占进入榜单的中国内地企业海外市场收入总和的比重如表 3-5 所示。

近 5 年国际承包商 250 强中的中国内地工程建设企业总收入的市场构成（%）　表 3-5

年份	区域市场							
	中东	亚洲	澳洲 / 大洋洲	非洲	欧洲	美国	加拿大	拉丁美洲 / 加勒比地区
2017	14.4	42.2		32.7	2.6	1.7	0.3	6.1
2018	14.4	43.7		30.7	3.6	1.4	0.1	6.1
2019	14.6	45.2		28.5	4.1	1.9	0.2	5.3
2020	17.6	41.3	1.2	27.4	6.8	1.3	0.2	4.3
2021	17.2	36.5	5.3	24.6	10.2	1.5	0.3	4.5

由表 3-5 可以看出，在中国内地工程建设企业实现的海外市场营业收入中，亚洲地区非洲地区和中东地区是贡献占比最大的区域，这与中国内地工程建设企业一直深耕这三大区域市场的努力密切相关，而其他区域性市场的营业收入也有所增加。

3.1.4　近 5 年国际承包商 10 强分析

近 5 年，国际承包商 10 强榜单中的企业及其排名变化情况如表 3-6 所示。

近 5 年国际承包商 10 强榜单中的企业及其排名变化情况　表 3-6

公司名称	2018	2019	2020	2021	2022
西班牙 ACS 集团 ACS	1	1	1	1	1
法国万喜公司 VINCI	4	4	3	3	2
中国交通建设集团有限公司	3	3	4	4	3
法国布依格公司 BOUYGUES	7	6	5	5	4
奥地利斯特伯格公司 STRABAGSE	5	5	6	6	5
中国电力建设集团有限公司	10	7	7	7	6
中国建筑股份有限公司	8	9	8	9	7
瑞典斯堪斯卡公司 SKANSKAAB	9	8	9	8	8
西班牙法罗里奥集团公司 FERROVIAL	11	10	11	10	9
中国铁建股份有限公司	14	14	12	11	10
德国霍克蒂夫公司 HOCHTIEFAG	2	2	2	2	**
英国德希尼布美信达公司 TECHNIPFMC	6	11	10	**	**
美国柏克德集团公司 BECHTEL	12	13	16	24	**

本年度，国际承包商 10 强排名由于西班牙 ACS 集团与其控股的过去 5 年稳定在第 2 名的霍克蒂夫公司合并申报，因此后续各家企业排名大多都前进 1 位，整个 10 强榜单排名次序仍然稳定，中国铁建股份有限公司依靠近 5 年来逐步前进的排名，首次进入到 10 强中，而美国柏克德集团公司，排名逐渐下滑，今年在表单中消失。

3.2 进入全球承包商 250 强的土木工程建设企业

全球承包商 250 强也是由美国《工程新闻记录》（ENR）杂志按年度发布的系列榜单之一。全球承包商 250 强，以各国承包商的全球营业总收入为排名依据，重在体现企业的综合实力，是国际工程界公认的一项权威排名。

3.2.1 进入全球承包商 250 强的总体情况

近 5 年来，进入全球承包商 250 强的中国内地土木工程建设企业的数量及其营业收入等指标的情况如表 3-7 所示。5 年中，共有 80 家中国内地土木工程建设企业进入全球承包商 250 强，其中 5 年连续入榜的企业 40 家，入榜 4 次、3 次、2 次、1 次的企业分别为 9 家、9 家、9 家和 13 家。

进入全球承包商 250 强的中国内地土木工程建设企业的数量及其营业收入情况　表 3-7

榜单年份	上榜企业数量	前 10 强企业数量	上年营业收入合计（亿美元）	上年营业收入合计占 250 强比重（%）	上年国际营业收入合计（亿美元）	上年国际营业收入合计占 250 强比重（%）	上年新签合同额合计（亿美元）	上年新签合同额合计占 250 强比重（%）
2018	54	7	7897.05	48.29	1082.53	23.36	15188.28	65.35
2019	57	7	8834.33	50.20	1124.67	24.23	16655.80	65.22
2020	58	7	10151.80	53.55	1123.79	22.68	19043.87	69.07
2021	59	8	11386.71	58.06	1017.51	25.24	23117.88	75.99
2022	63	8	14176.37	64.20	1070.44	28.40	28094.69	78.00

2022年进入全球承包商的中国内地土木工程建设企业的情况如表3-8所示。

进入全球承包商250强的中国内地土木工程建设企业排名情况　　　表3-8

序号	上榜公司	全球承包商250强排名					2021年营业收入（百万美元）	2021年国际收入（百万美元）	2021年新签合同额（百万美元）
		2018	2019	2020	2021	2022			
1	中国建筑工程总公司	1	1	1	1	1	2418.132	123.155	5051.714
2	中国中铁股份有限公司	2	2	2	2	2	1663.601	74.214	4230.52
3	中国铁建股份有限公司	3	3	3	3	3	1598.37	90.12	4369.94
4	中国交通建设集团有限公司	4	4	4	4	4	1237.064	219.048	2425.897
5	中国电力建设集团有限公司	6	5	5	5	5	798.842	137.032	1558.766
6	中国冶金科工集团公司	10	8	8	6	6	750.033	19.884	1785.465
7	上海建工集团股份有限公司	9	9	9	8	7	595.015	6.745	685.896
8	上海绿地建设（集团）有限公司	**	**	**	9	9	543.954	1.729	959.373
9	中国能源建设集团有限公司	12	12	12	13	11	352.973	53.651	1289.912
10	北京城建集团有限责任公司	31	30	13	14	13	292.091	6.25	374.615
11	陕西建工控股集团有限公司	**	**	**	**	14	283.47	1.984	574.01
12	山西建设投资集团有限公司	47	36	32	19	15	247.416	3.729	435.325
13	中国化学工程集团公司	39	27	18	17	16	235.705	48.613	543.566
14	湖南建工集团有限责任公司	**	**	28	27	19	173.751	1.774	192.677
15	安徽建工集团有限公司	38	37	36	34	20	165.93	2.129	199.99
16	浙江省建设投资集团有限公司	30	28	30	26	22	154.911	9.98	213.137
17	中天建设集团有限公司	**	**	**	**	27	144.788	0.953	144.989
18	江苏中南建设集团股份有限公司	44	38	33	15	28	144.249	1.027	159.342
19	北京建工集团有限责任公司	46	45	27	20	29	140.864	4.678	288.128
20	中国石油工程建设公司	42	46	42	39	31	120.455	33.129	143.3
21	四川路桥建设集团股份有限公司	**	101	65	55	32	119.017	1.022	60.752
22	江苏南通三建集团有限公司	25	22	26	21	33	115.575	4.739	36.699
23	江苏南通二建集团有限公司	**	**	**	31	35	113.837	0.807	68.897
24	上海城建（集团）公司	61	48	47	43	36	110.723	3.627	164.05
25	江苏建筑集团有限公司	85	64	53	38	37	109.474	5.109	165.928
26	青建集团股份有限公司	40	39	40	42	41	105.402	7.084	124.157
27	南通四建集团有限公司	**	**	44	46	43	97.305	1.204	72.304
28	中国机械工业集团有限公司	57	49	52	56	44	95.927	34.324	144.044

序号	上榜公司	全球承包商 250 强排名					2021年营业收入（百万美元）	2021年国际收入（百万美元）	2021年新签合同额（百万美元）
		2018	2019	2020	2021	2022			
29	中石化炼化工程（集团）股份有限公司	68	50	51	44	47	89.178	6.84	97.885
30	河北建工集团有限责任公司	**	**	59	49	48	88.274	0.375	95.886
31	江西建筑工程（集团）有限公司	**	**	46	53	51	85.406	1.959	101.084
32	东方电气集团有限公司	65	77	83	72	55	76.035	5.963	89.534
33	特变电工股份有限公司	71	73	76	64	60	71.043	5.042	55.444
34	浙江交通工程建设集团有限公司	117	100	102	78	64	64.11	1.382	111.502
35	龙信建设集团有限公司	**	97	98	89	72	58.48	2.301	34.304
36	中国中材国际工程股份有限公司	**	109	118	125	73	55.73	20.575	79.023
37	新疆兵团建设工程（集团）有限责任公司	84	83	97	90	79	49.757	5.894	66.498
38	中亿丰建设集团有限公司	**	**	**	**	89	47.206	0.603	60.839
39	中国武夷实业股份有限公司	123	110	109	97	92	44.083	3.386	71.311
40	中国通用技术（集团）控股有限责任公司	103	86	94	95	94	43.361	5.161	56.546
41	中国铁路设计集团有限公司	**	172	129	111	97	41.694	0	25.478
42	山东高速集团有限公司	**	**	154	**	107	35.14	8.398	164.863
43	中信建设有限责任公司	127	123	130	122	110	34.223	7.507	75.173
44	中铝国际工程股份有限公司	87	74	88	108	119	30.029	0.272	64.189
45	烟建集团有限公司	130	126	131	138	122	29.046	4.87	27.826
46	南通建工集团股份有限公司	136	135	140	137	129	25.585	1.35	31.091
47	湖南道桥建设集团有限责任公司	135	127	125	134	130	25.481	1.729	29.496
48	中钢设备有限公司	247	170	165	146	133	24.555	2.833	49.497
49	龙建路桥股份有限公司	**	**	147	**	135	24.341	0.783	39.741
50	上海电气集团股份有限公司	154	**	209	124	136	23.669	23.669	0.58
51	凯盛集团	**	163	163	158	150	20.704	0.85	24.29
52	中国江苏国际技术经济合作集团有限公司	140	140	153	147	153	19.745	3.684	14.794
53	山东淄建集团有限公司	**	155	169	148	158	18.896	2.152	17.798
54	山东德建集团有限公司	205	203	178	153	163	17.921	1.942	15.503
55	中石化中原石油工程有限公司	188	161	160	154	164	17.241	5.124	19.774
56	山东电力工程咨询院有限公司	**	**	**	**	177	15.533	2.396	27.929

序号	上榜公司	全球承包商 250 强排名					2021 年营业收入（百万美元）	2021 年国际收入（百万美元）	2021 年新签合同额（百万美元）
		2018	2019	2020	2021	2022			
57	中国地质工程集团有限公司	**	227	217	203	206	11.709	6.257	17.973
58	正太集团有限公司	**	**	**	206	207	11.686	1.405	8.376
59	中国江西国际经济技术合作公司	209	234	218	208	214	11.062	10.291	18.332
60	中煤建设集团有限公司	**	**	241	226	226	9.993	9.993	10.518
61	北方国际合作有限公司	158	152	173	201	227	9.617	9.163	12.32
62	江苏省苏中建设集团有限公司	**	**	**	**	246	8.523	0.11	0.196
63	中国电力技术装备有限公司	203	**	**	219	250	8.44	8.44	15.705
64	中核集团中国中原对外工程有限公司	228	191	174	162	**	**	**	**
65	哈尔滨电气国际工程有限责任公司	148	218	**	228	**	**	**	**
66	浙江省东阳第三建筑工程有限公司	**	219	205	235	**	**	**	**
67	陕西建工控股集团有限公司	28	24	17	**	**	**	**	**
68	中机国能电力工程有限公司	**	237	206	**	**	**	**	**
69	北京住总集团	128	121	**	**	**	**	**	**
70	山东省路桥集团有限公司	**	124	**	**	**	**	**	**
71	中国水利电力对外公司	229	204	**	**	**	**	**	**
72	中国有色金属工业有限公司	219	228	**	**	**	**	**	**
73	威海国际有限公司	225	241	**	**	**	**	**	**
74	中国航空技术国际工程有限公司	**	243	**	**	**	**	**	**
75	湖南长沙市建设集团有限公司	27	**	**	**	**	**	**	**
76	江苏南通六建建设集团有限公司	69	**	**	**	**	**	**	**
77	河北建设集团有限公司	113	**	**	**	**	**	**	**
78	安徽省建安集团有限公司	177	**	**	**	**	**	**	**
79	中国长城国际工程有限公司	212	**	**	**	**	**	**	**
80	沈阳远大铝业工程有限公司	243	**	**	**	**	**	**	**

注：全球承包商 250 强排名中的"**"表示当年未进入排行榜，后 3 列中"**"表示未统计该指标。

3.2.2 业务领域分布情况分析

近 5 年上榜全球承包商 250 强的中国内地土木工程建设企业的业务领域分布情况如表 3-9 所示。

全球承包250强中的中国内地土木工程建设企业业务领域分布情况　　表3-9

年份	指标	房屋建筑	交通基础设施	电力	石油化工/工业	水利	排水/废弃物	制造业	有害废弃物	电信
2017	营业收入（亿美元）	3008.08	2960.01	573.84	391.69	166.01	95.51	208.51	3.40	8.93
	占中国内地公司百分比（%）	38.09	37.48	7.27	4.96	2.10	1.21	2.64	0.04	0.11
	占250强同类业务百分比（%）	49.22	60.36	46.34	21.50	49.84	36.41	42.26	5.90	5.72
2018	营业收入（亿美元）	3329.11	3271.97	606.13	487.71	250.33	203.86	146.00	9.49	4.97
	占中国内地公司百分比（%）	37.68	37.04	6.86	5.52	2.83	2.31	1.65	0.11	0.06
	占250强同类业务百分比（%）	62.68	50.21	47.99	26.68	40.22	50.99	42.65	16.59	2.38
2019	营业收入（亿美元）	4207.96	3582.84	639.02	580.30	240.61	211.37	210.15	11.08	8.64
	占中国内地公司百分比（%）	41.45	35.29	6.29	5.71	2.37	2.08	2.07	0.11	0.09
	占250强同类业务百分比（%）	55.34	64.73	46.81	30.61	54.95	51.98	38.36	21.76	3.17
2020	营业收入（亿美元）	5312.31	3672.70	759.04	633.81	257.61	203.61	346.55	21.67	9.66
	占中国内地公司百分比（%）	46.65	32.25	6.67	5.57	2.26	1.79	3.04	0.19	0.08
	占250强同类业务百分比（%）	62.96	66.97	54.24	37.22	62.11	54.83	56.79	31.00	3.62
2021	营业收入（亿美元）	6143.85	4443.47	949.42	804.13	334.55	345.49	410.86	21.11	13.42
	占中国内地公司百分比（%）	43.34	31.34	6.70	5.67	2.36	2.44	2.90	0.15	0.09
	占250强同类业务百分比（%）	66.37	70.81	62.28	45.78	67.03	67.87	56.17	35.18	4.76

由表3-9数据可知，2021年中国内地上榜公司的营业收入主要来自房屋建筑、交通基础设施建设、电力这三个领域，三者营业收入分别占中国内地营业收入总额的43.34%、31.34%、6.70%，合计占比81.38%；分析各业务领域的营业收入占250强同类业务营业收入比重，交通基础设施、排水/废弃物、水利、房屋建筑、电力、制造业这6个领域占比超过50%。2021年中国内地上榜公司中，

主营业务为房屋建筑领域的公司有32家，以交通基础建设为主营业务的公司有12家，以电力和石油化工/工业为主营业务的公司分别有7家和6家。

3.2.3 近5年全球承包商10强分析

3.2.3.1 排名情况

近5年，全球承包商10强榜单中的企业及其排名情况如表3-10所示。

近5年全球承包商10强榜单中的企业及其排名变化情况   表3-10

公司名称	2018	2019	2020	2021	2022
中国建筑工程总公司	1	1	1	1	1
中国中铁股份有限公司	2	2	2	2	2
中国铁建股份有限公司	3	3	3	3	3
中国交通建设集团有限公司	4	4	4	4	4
中国电力建设集团有限公司	6	5	5	5	5
中国冶金科工集团公司	10	8	8	6	6
上海建工集团股份有限公司	9	9	9	8	7
法国万喜公司 VINCI	5	6	6	7	8
绿地大基建集团有限公司	**	**	**	9	9
西班牙 ACS 集团 ACS	7	7	7	10	10
法国布依格公司 BOUYGUES	8	10	10	11	12

从表3-10可以看出，2018年至2022年连续5年占据全球承包商250强前4名位置的公司依然是中国建筑工程总公司、中国中铁股份有限公司、中国铁建股份有限公司及中国交通建设集团有限公司，并且各自位次没有变化；中国电力建设集团有限公司，法国万喜公司，西班牙 ACS 公司，中国冶金科工集团公司和上海建工集团股份有限公司也连续5年进入排行榜前10名。与上一年度相比，上海建工集团股份有限公司由第8位升至第7名，法国万喜公司降至第8位，整体变动不大。

3.2.3.2 营业收入构成

表3-11示出了近5年全球承包商250强前10强营业收入业务领域的分布情况。全球承包商250强的主要业务分布在交通基础设施和房屋建筑这两个领域，交通基础设施营业收入自2018年后呈现下降趋势，但2021年度有所回升，

房屋建筑领域营业收入和前 4 个年度相比有较大提升，较上一年度提升了 7.7%，整体发展态势良好。

近 5 年全球承包商 250 强前 10 强的营业收入百分比（％）　表 3-11

业务领域	2017	2018	2019	2020	2021	平均
交通基础设施	45.67	44.21	39.2	33.7	39.7	40.50
房屋建筑	33.11	33.63	33.5	37.6	40.5	35.67
电力	4.87	5.23	7.7	4.5	5.5	5.56
石油化工 / 工业	2.21	2.40	4.1	2.0	3.1	2.76
水利	1.83	2.13	2.5	1.9	2.6	2.17
制造业	2.05	2.33	1.9	1.8	3.1	2.26
排水 / 废弃物	0.63	1.02	1.9	0.7	0.8	0.98
电信	0.82	1.06	1.5	1.3	2.4	1.45
有害废物处理	0.20	0.15	0.4	0.2	0.2	0.23

3.3　进入财富世界 500 强的土木工程建设企业

美国《财富》杂志以销售收入为主要标准，采用当地货币与美元的全年平均汇率，将企业的销售收入统一换算为美元再进行最终 500 强企业评选。以这种方式对美国企业排序始于 1955 年并一直延续至今。1995 年 8 月 7 日，《财富》杂志第一次发布了同时涵盖工业企业和服务型企业的《财富》世界 500 强排行榜，并在此后逐年发布各年度新的榜单，一直延续至今。

因入选财富世界 500 强的工程与建筑企业总量不多，本书对所有入选的工程与建筑企业一并进行分析。

3.3.1　进入财富世界 500 强的土木工程建设企业的总体情况

从 2006 年的首次入选的 3 家到 2022 年的 12 家企业入选财富世界企业 500 强，中国工程建设企业数目增多，排名总体呈上升趋势。图 3-1 示出了 2013~2022 年土木工程建设企业入选财富世界企业 500 强的情况。

近 10 年土木工程建设企业入选财富世界 500 强的排名情况如表 3-12 所列。

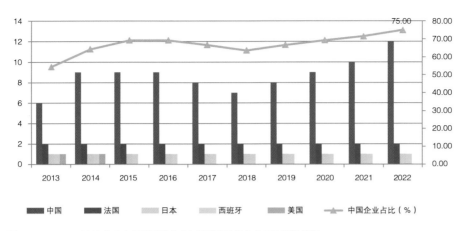

图 3-1　2013 ~ 2022 年土木工程建设企业入选财富世界企业 500 强的情况

土木工程建设企业入选财富世界 500 强的排名情况　　　　表 3-12

序号	入选企业名称	财富世界 500 强位次									
		2013	2014	2015	2016	2017	2018	2019	2020	2020	2022
1	中国建筑集团股份有限公司	80	52	37	27	24	23	21	18	13	9
2	中国铁路工程集团有限公司	102	86	71	57	55	56	55	50	35	34
3	中国铁道建筑集团有限公司	100	80	79	62	58	58	59	54	42	39
4	中国交通建设集团有限公司	213	187	165	110	103	91	93	78	61	60
5	中国电力建设集团有限公司	354	313	253	200	190	182	161	157	107	100
6	太平洋建设集团	**	166	156	99	89	96	97	75	149	150
7	法国万喜集团（VINCI）	203	188	200	210	227	226	206	195	214	218
8	中国能源建设集团	**	465	391	309	312	333	364	353	301	269
9	苏商建设集团有限公司	**	**	**	**	**	**	**	**	**	299
10	法国布伊格集团（BOUYGUES）	240	235	244	280	300	307	287	286	299	314
11	上海建工集团股份有限公司	**	**	**	**	**	**	**	423	363	321
12	日本大和房建	481	447	465	402	330	342	327	311	306	354
13	广州市建筑集团有限公司	**	**	**	**	**	**	**	**	460	360
14	西班牙 ACS 集团	202	202	203	255	281	284	272	274	295	365
15	蜀道投资集团有限责任公司	**	**	**	**	**	**	**	**	**	413
16	成都兴城投资集团有限责任公司	**	**	**	**	**	**	**	**	**	466
17	中国通用技术（集团）控股有限责任公司	**	469	426	383	490	**	485	477	430	**
18	中国冶金科工集团有限公司	302	354	326	290	**	**	**	**	**	**
19	美国福陆公司（Fluor）	422	438	**	**	**	**	**	**	**	**

注：入选企业名称前面未标注国家名称的均为中国企业，财富世界 500 强位次中标注"**"表示该年度未进入榜单。

从图 3-1 和表 3-12 可以看出，中国土木工程建设企业在财富世界 500 强排行榜中表现不俗，不但在入选工程与基建子榜单的企业数量上位居各国之首，而且排名的位次也非常靠前。近 10 年来，全球先后有 19 家工程与基建类企业入选财富世界 500 强，其中中国 14 家，法国 2 家，美国、西班牙和日本各 1 家。从 2016 年开始，中国土木工程建设企业一直稳居财富世界 500 强工程与基建子榜单的前 6 位。从名次上看，中国建筑集团股份有限公司排名年年提升，继连续两年进入前 20 强后，2022 年又挺进前 10 强，排在财富世界 500 强第 9 位；中国铁路工程集团有限公司、中国铁道建筑集团有限公司在 50 多位的位置上徘徊几年后，2021 年取得了较大突破，2022 年又有所进步，分别排在财富世界 500 强的第 34、39 位；中国交通建设集团有限公司、中国电力建设集团有限公司进步明显，分别从 2013 年的 213 位、354 位上升到 2022 年的 60 位、第 100 位；太平洋建设集团 2021 年排名跌幅较大，从 75 位跌到了 149 位，2022 年又后退了 1 位；中国能源建设集团从 2020 年开始遏制了排名连续下滑的势头，从 2019 年的 364 位上升到 2022 年的第 269 位；上海建工集团股份有限公司 2020 年首次上榜后保持上升势头，2022 年排在第 321 位，两年间跃升了 102 位；广州市建筑集团有限公司 2021 年首次上榜后保持上升势头，2022 年跃升 100 位，排在第 360 位；苏商建设集团有限公司、蜀道投资集团有限责任公司、成都兴城投资集团有限公司 2022 年首次进入财富世界 500 强榜单，分别排在第 299 位、第 413 位和第 466 位；中国通用技术（集团）控股有限责任公司继 2018 年未入榜后，2022 年再次退出了财富世界 500 强榜单；中国冶金科工集团有限公司则从 2017 年开始，就退出了财富世界 500 强榜单。相对于中国企业总体上的显著进步，法国万喜集团排名小幅变化，10 年中只有 2 年进入前 200 强，其余年份都在 200 位之外；法国布伊格集团的排名 10 年中都在 300 位上下徘徊；日本大和房建排名前 9 年在波动中提升，从第 481 位上升到第 306 位，但 2020 年又出现较大幅度的下跌，降到了第 354 位；西班牙 ACS 集团前 9 年都排在 300 位以内，但 2022 年大跌 70 位，降到了第 365 位；美国福陆公司则从 2015 开始，就退出了财富世界 500 强榜单。

3.3.2 进入财富世界 500 强的土木工程建设企业主要指标分析

为便于比较，选取近 10 年连续入选财富世界 500 强的 9 家土木工程建设企业进行分析。

3.3.2.1 营业收入情况

近 10 年连续入选财富世界 500 强的土木工程建设企业的营业收入情况如图 3-2 所示。从图 3-2 中可以看出，中国建筑、中国中铁、中国铁建、中国交建、中国电建 5 家中国公司，其营业收入都表现出较为强劲的增长势头；而法国万喜、法国布依格、日本大和房建、西班牙 ACS4 家外国公司，营业收入增长势头均比较低迷。

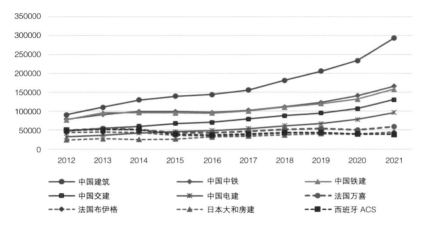

图 3-2 近 10 年连续入选财富世界 500 强的土木工程建设企业的营业收入情况（百万美元）

3.3.2.2 实现利润情况

近 10 年连续入选财富世界 500 强的土木工程建设企业实现利润情况如图 3-3 所示。从图 3-3 中可以看出，中国建筑的利润水平 10 年来一直保持着良好的增长态势，2020 年超过法国万喜排在第 1 位，2021 年继续保持第 1 位；西班牙 ACS 集团的利润总额在 2018 年达到峰值，之后连续两年下滑，2020 年排在倒数第 1 位，但 2021 年利润总额出现超大幅增长，跃升至第 2 位；法国万喜的利润总额前 8 年一直保持领先状态，但 2020 年出现较大下滑，降至倒数第 2 位，2021 年回升到第 3 位；日本大和房建的利润水平近 5 年间也处于较高的水平，连续 4 年排在第 3 位，2020 年虽然利润总额下降，但排名上升到第 2 位，2021 年则出现相反的情况，虽然利润总额上升，但排名下降到第 4 位；中国中铁的利润总额连续 5 年保持增长，2021 年排在第 5 位；中国铁建的利润总额在 2017 年达到峰值后出现下降，之后连续 3 年保持增长，2021 年排在第 6 位；中国交建

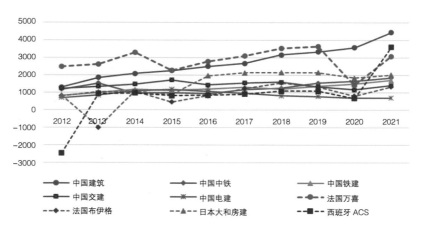

图 3-3　近 10 年连续入选财富世界 500 强的土木工程建设企业的利润情况（百万美元）

的利润总额呈现波动下降态势，2021 年排在倒数第 3 位；法国布依格的利润总额呈现波动态势，2021 年排在倒数第 2 位；中国电建的利润总额连续 7 年出现下降，2021 年排在倒数第 1 位。

3.4　土木工程建设企业国际拓展能力分析

3.4.1　国际拓展能力分析概述

3.4.1.1　国际拓展能力分析对象的选择

土木工程建设企业国际拓展能力分析，主要针对以下企业：

（1）进入国际承包商 250 强的企业。

（2）进入全球承包商 250 强的企业。

（3）自愿参加国际拓展能力分析的土木工程建设企业。

中国交通建设股份有限公司、中国电力建设股份有限公司、中国建筑股份有限公司、中国铁建股份有限公司、中国中铁股份有限公司、中国能源建设股份有限公司、中国化学工程集团有限公司、中国机械工业集团有限公司、中国冶金科工股份有限公司、中国通用技术（集团）控股有限责任公司 10 家大型央企，分别列于 2021 年国际承包商 250 强第 3、6、7、10、11、17、20、28、47、105 位，但因与其下属公司有包含关系，为便于对比，不将其纳入对比分析的范畴。

入选企业年度海外工程业务总收入不低于 3000 万美元。

按照上述要求，共选择出 100 家企业进行国际拓展能力比较分析。这 100 家企业中，有 66 家企业入选国际承包商 250 强、50 家企业入选全球承包商 250 强、29 家企业填报了数据。

3.4.1.2 国际拓展能力排序的方法

参照美国《工程新闻记录》（ENR）杂志国际承包商 250 强的排序方法，依据企业年度海外工程业务总收入进行排序。

3.4.2 国际拓展能力排序

针对上述选择的 100 家企业，依据企业年度海外工程业务总收入，可以得到土木工程建设企业国际拓展能力排序，如表 3-13 所示。

2021 年土木工程建设企业国际拓展能力排序表　　　　　表 3-13

名次	企业名称	国际承包商名次	海外收入（百万美元）	数据来源
1	中国石油集团工程股份有限公司	30	3312.9	国际承包商、全球承包商
2	上海电气集团股份有限公司	40	2366.9	国际承包商、全球承包商
3	中国中材国际工程股份有限公司	44	2057.5	国际承包商、全球承包商
4	中交疏浚（集团）股份有限公司	（58）	1400	企业填报
5	中国电建集团海外投资有限公司	（61）	1288.28	企业填报
6	中国江西国际经济技术合作有限公司	67	1029.1	国际承包商
7	江西中煤建设集团有限公司	68	999.3	国际承包商、全球承包商
8	浙江省建设投资集团股份有限公司	69	998	国际承包商、全球承包商
9	北方国际合作有限公司	72	916.3	国际承包商、全球承包商
10	中国电力技术装备有限公司	74	844	国际承包商、全球承包商
11	山东高速集团有限公司	75	839.8	国际承包商、全球承包商
12	中国中原对外工程有限公司	78	766.7	国际承包商
13	中信建设有限责任公司	80	750.7	国际承包商、全球承包商
14	哈尔滨电气国际工程有限责任公司	85	716.5	国际承包商

名次	企业名称	国际承包商名次	海外收入（百万美元）	数据来源
15	青建集团股份公司	87	708.4	国际承包商、全球承包商
16	中石化炼化工程（集团）股份有限公司	90	684	国际承包商、全球承包商
17	上海建工集团股份有限公司	92	674.5	国际承包商、全球承包商
18	中交一公局集团有限公司	（93）	671	企业填报
19	中国地质工程集团公司	97	625.7	国际承包商、全球承包商
20	北京城建集团有限责任公司	98	625	国际承包商、全球承包商
21	东方电气集团有限公司	101	596.3	国际承包商、全球承包商
22	新疆生产建设兵团建设工程（集团）有限责任公司	104	589.4	国际承包商、全球承包商
23	中交第一航务工程局有限公司	（105）	539	企业填报
24	中交第二航务工程局有限公司	（105）	527.28	企业填报
25	中交第二公路工程局有限公司	（105）	515.54	企业填报
26	中石化中原石油工程有限公司	106	512.4	国际承包商、全球承包商
27	江苏省建筑工程集团有限公司	107	510.9	国际承包商
28	江苏建筑集团有限公司	37	510.9	全球承包商
29	特变电工股份有限公司	109	504.2	国际承包商、全球承包商
30	中国水利水电第七工程局有限公司	（112）	495.18	企业填报
31	中国建筑一局（集团）有限公司	（112）	488.82	企业填报
32	烟建集团有限公司	112	487	国际承包商、全球承包商
33	江苏南通三建集团股份有限公司	113	473.9	国际承包商、全球承包商
34	北京建工集团有限责任公司	116	467.8	国际承包商、全球承包商
35	中国河南国际合作集团有限公司	119	456.4	国际承包商
36	中鼎国际工程有限责任公司	121	452.1	国际承包商
37	云南省建设投资控股集团有限公司	122	451.5	国际承包商
38	中地海外集团有限公司	123	448.7	国际承包商
39	中铁一局集团有限公司	（127）	431.17	企业填报
40	中国水利电力对外有限公司	128	411.3	国际承包商
41	江西省水利水电建设集团有限公司	131	387.2	国际承包商
42	山西建设投资集团有限公司	134	372.9	国际承包商、全球承包商
43	中国江苏国际经济技术合作集团有限公司	137	368.4	国际承包商、全球承包商
44	上海城建（集团）公司	139	362.7	国际承包商、全球承包商

名次	企业名称	国际承包商名次	海外收入（百万美元）	数据来源
45	中国武夷实业股份有限公司	142	338.6	国际承包商、全球承包商
46	中国航空技术国际工程有限公司	143	335.5	国际承包商
47	中铁建工集团有限公司	（144）	331.7	企业填报
48	中钢设备有限公司	152	283.3	国际承包商、全球承包商
49	中国成套设备进出口集团有限公司	154	278.6	国际承包商、全球承包商
50	中国建筑第七工程局有限公司	（162）	249.72	企业填报
51	山东电力工程咨询院有限公司	164	239.6	国际承包商、全球承包商
52	龙信建设集团有限公司	166	230.1	国际承包商、全球承包商
53	山东淄建集团有限公司	170	215.2	国际承包商、全球承包商
54	安徽建工集团股份有限公司	172	212.9	国际承包商、全球承包商
55	中国有色金属建设股份有限公司	173	212.3	国际承包商
56	沈阳远大铝业工程有限公司	176	208.4	国际承包商
57	陕西建工控股集团有限公司	179	198.4	国际承包商、全球承包商
58	中国建筑第二工程局有限公司	（180）	196.6	企业填报
59	江西省建工集团有限责任公司	180	195.9	国际承包商、全球承包商
60	山东德建集团有限公司	163	194.2	全球承包商
61	湖南建工集团有限公司	182	177.4	国际承包商、全球承包商
62	绿地大基建集团有限公司	183	172.9	国际承包商
63	湖南路桥建设集团有限责任公司	184	172.9	国际承包商、全球承包商
64	上海绿地建设（集团）有限公司	（184）	172.9	全球承包商
65	中铁建设集团有限公司	（186）	168.78	企业填报
66	中铁二十局集团有限公司	（186）	167.21	企业填报
67	西安西电国际工程有限责任公司	189	155.9	国际承包商
68	天元建设集团有限公司	191	143	国际承包商
69	正太集团有限公司	193	140.5	国际承包商、全球承包商
70	浙江交工集团股份有限公司	195	138.2	国际承包商、全球承包商
71	重庆对外建设（集团）有限公司	197	137.2	国际承包商
72	南通建工集团股份有限公司	198	135	国际承包商、全球承包商
73	中国建筑第六工程局有限公司	（199）	132	企业填报
74	中国甘肃国际经济技术合作有限公司	199	130.2	国际承包商

名次	企业名称	国际承包商名次	海外收入（百万美元）	数据来源
75	南通四建集团有限公司	201	120.4	国际承包商、全球承包商
76	浙江省东阳第三建筑工程有限公司	206	113.9	国际承包商
77	江苏中南建设集团股份有限公司	211	102.7	国际承包商、全球承包商
78	四川公路桥梁建设集团有限公司	212	102.2	国际承包商、全球承包商
79	中天建设集团有限公司	217	95.3	国际承包商、全球承包商
80	中国十七冶集团有限公司	（218）	93.61	企业填报
81	中国十九冶集团有限公司	（221）	86.1	企业填报
82	中国建材国际工程集团有限公司	222	85	国际承包商
83	凯盛集团	（222）	85	全球承包商
84	中铁二十四局集团有限公司	（226）	81.26	企业填报
85	江苏南通二建集团有限公司	227	80.7	国际承包商、全球承包商
86	龙江路桥股份有限公司	229	78.3	国际承包商、全球承包商
87	中国新兴建设开发有限责任公司	（233）	71.93	企业填报
88	江联重工集团股份有限公司	237	63.7	国际承包商
89	中亿丰建设集团股份有限公司	238	60.3	国际承包商、全球承包商
90	山西省安装集团股份有限公司	（243）	55.21	企业填报
91	中国建筑第四工程局有限公司	（245）	49.15	企业填报
92	中铁十五局集团有限公司	（246）	48.1	企业填报
93	中国华西企业有限公司	（246）	45.47	企业填报
94	中国公路工程咨询集团有限公司	（246）	45.07	企业填报
95	中铁六局集团有限公司	（246）	41.63	企业填报
96	中国电建集团华东勘测设计研究院有限公司	（249）	37.96	企业填报
97	河北建工集团有限责任公司	249	37.5	国际承包商、全球承包商
98	中国二十二冶集团有限公司	（250-）	36.1	企业填报
99	河南省第二建设集团有限公司	（250-）	34.3	企业填报
100	中交公路规划设计院有限公司	（250-）	33.56	企业填报

注：国际承包商名词栏中，括号内的数字是相当于国际承包商250强的名次；数据来源栏中，国际承包商、全球承包商分别对应于进入国际承包商250强、进入全球承包商250强。

Civil Engineering

第 4 章

土木工程
建设领域的
科技创新

本章从研究项目、标准编制、专利研发三个侧
面，分析了土木工程建设领域科技创新的总体
情况，对中国土木工程詹天佑奖获奖项目的科
技创新特色进行了分析，提出了土木工程建设
企业科技创新能力排序模型，对土木工程建设
企业科技创新能力进行了排序分析，分析列举
了土木工程领域的重要学术期刊。

Civil Engineering

第 4 章

土木工程
建设领域的
科技创新

本章从研究项目、标准编制、专利研发三个侧
面，分析了土木工程建设领域科技创新的总体
情况，对中国土木工程詹天佑奖获奖项目的科
技创新特色进行了分析，提出了土木工程建设
企业科技创新能力排序模型，对土木工程建设
企业科技创新能力进行了排序分析，分析列举
了土木工程领域的重要学术期刊。

4.1 土木工程建设领域的科技进展

本报告从土木工程建设领域年度新立项的重大研究项目、标准编制、专利研发三大方面，对土木工程建设领域的重大科技进展进行阐述。

4.1.1 研究项目

4.1.1.1 国家重点研发计划项目

国家重点研发计划是针对事关国计民生的重大社会公益性研究，以及事关产业核心竞争力、整体自主创新能力和国家安全的战略性、基础性、前瞻性重大科学问题、重大共性关键技术和产品。国家重点研发计划为国民经济和社会发展主要领域提供持续性的支撑和引领。重点专项是国家重点研发计划组织实施的载体，是聚焦国家重大战略任务、围绕解决当前国家发展面临的瓶颈和突出问题、以目标为导向的重大项目群，重点专项下设项目。在土木工程建设领域，2021年科技部共立项 8 个国家重点研发计划重点专项，涉及 19 个重大研究项目。通过国家科技管理信息系统公共服务平台，收集到的相关立项信息见表 4-1。

2021 年科技部立项的土木工程建设领域国家重点研发计划项目　　表 4-1

序号	专项（专题任务）名称	项目名称	项目编号
1	高性能制造技术与重大装备	高速列车传动系统轴承综合试验平台关键技术	2021YFB3400700
2		千米竖井硬岩全断面掘进机关键技术与装备	2021YFB3401500
3	工程科学与综合交叉	重大交通工程混凝土高性能制备与应用基础	2021YFF0500800
4		桥梁智能建造理论与方法研究	2021YFF0500900
5		交通基础设施结构智能诊治基础科学问题	2021YFF0501000
6		重载铁路线路智能运维基础科学问题	2021YFF0501100
7		高寒地区高速铁路无砟轨道混凝土损伤失效机理与耐久性设计方法	2021YFF0502100
8		线型桥隧交通基础设施结构安全智能诊断基础科学问题	2021YFF0502200

序号	专项（专题任务）名称	项目名称	项目编号
9	工业软件	复杂施工环境下大型工程装备设计 / 制造 / 运维一体化平台研发与应用	2021YFB3301600
10	国家质量基础设施体系	住宅工程质量保障体系及关键技术研究	2021YFF0602000
11		城市轨道交通全生命周期质量保证 NQI 协同关键技术研究与示范	2021YFF0602200
12	科技冬奥（定向）	北京冬奥会临时设施搭建与运维关键技术	2021YFF0306300
13	制造基础技术与关键部件	挖掘机分布式独立电液控制系统关键技术研究	2021YFB2011900
14	重大自然灾害防控与公共安全	长大公路隧道突发事故应急处置关键技术与装备	2021YFC3002000
15	综合交通运输与智能交通	弹性交通系统信息物理建模与评估理论方法研究	2021YFB1600100
16		高速公路基础设施绿色能源自治供给与高效利用系统关键技术研究	2021YFB1600200
17		超大跨径缆索承重桥梁智能化设计软件与核心技术标准研发	2021YFB1600300
18		大型集装箱港口智能绿色交通系统关键技术研究与示范	2021YFB1600400
19		机场场面智能运行管控关键技术研究与示范	2021YFB1600500

4.1.1.2 国家自然科学基金项目

国家自然科学基金是国家设立的用于资助《中华人民共和国科学技术进步法》规定的基础研究的基金，由研究项目、人才项目和环境条件项目三大系列组成。自然科学基金在推动我国自然科学基础研究的发展，促进基础学科建设，发现、培养优秀科技人才等方面取得了巨大成绩。

在土木工程建设领域，2021 年国家自然科学基金委员会立项国家自然科学基金重大项目 1 项、国家重大科研仪器研制项目 1 项、国家自然科学基金重点项目 8 项。国家重大科研仪器研制项目面向科学前沿和国家需求，以科学目标为导向，资助对促进科学发展、探索自然规律和开拓研究领域具有重要作用的原创性科研仪器与核心部件的研制，以提升我国的原始创新能力。重点项目支持从事基础研究的科学技术人员针对已有较好基础的研究方向或学科生长点开展深入、系统的创新性研究，促进学科发展，推动若干重要领域或科学前沿取得突破。

通过国家自然科学基金管理信息系统，收集到以上项目的相关信息见表 4-2。

2021年土木工程建设领域国家自然科学基金重大研究项目   表 4-2

序号	项目类型	项目名称	项目编号
1	国家自然科学基金重大项目	重大基础设施服役安全智能诊断研究	52192660
2	国家重大科研仪器研制项目	公路桥梁水下结构检测评估修复一体化智能系统研制	52127813
3	国家自然科学基金重点项目	新基建项目驱动区域平衡充分发展的机制与政策研究	72134002
4		基于大数据的城市道路交通流模型及仿真控制优化方法	52131203
5		川藏铁路隧道高地应力赋存规律与岩爆孕灾机理及风险调控	42130719
6		高层钢-混凝土混合结构的智能建造算法研究	52130801
7		基于智能建造的高拱坝全寿命周期安全性能演变	52130901
8		3D打印低碳混凝土设计理论与性能调控	52130210
9		三峡水库水沙过程调控及生态环境响应	52130903
10		多重不确定环境下盾构隧道安全风险非线性演化与可恢复控制	52130805

4.1.1.3 中国工程院重大、重点咨询项目

中国工程院组织开展的战略咨询研究是按照国家工程科技思想库和"服务决策、适度超前"要求，设立的战略性、前瞻性和综合性高端咨询项目。中国工程院咨询项目主要结合国民经济和社会发展规划、计划，组织研究工程科学技术领域的重大、关键性问题，接受政府、地方、行业等委托，对重大工程科学技术发展规划、计划、方案及其实施等提供咨询意见，为提升我国科技创新能力、强化关键核心技术攻关、加快建设创新型国家、支撑经济社会高质量发展提供科技支撑。根据研究的内容和涉及的领域、规模，可分为重大、重点和学部级咨询研究项目。

在土木工程建设领域，2021年中国工程院启动重大咨询项目研究2项，重点咨询项目研究5项，参见表4-3。

2021年土木工程建设领中国工程院立项重点咨询研究项目   表 4-3

序号	项目类型	项目名称
1	中国工程院重大咨询研究项目	新形势下深海采矿战略研究
2		海洋IV期

序号	项目类型	项目名称
3		土木工程智能建造发展战略研究
4		新三峡库区城镇和航道长期地质安全保障战略研究
5	中国工程院重点咨询研究项目	智能桥梁发展战略研究
6		中欧（亚）班列移动装备互联互通战略研究
7		"新基建"思维改造传统公路交通基础设施战略研究

4.1.1.4 交通运输行业重点科技项目

交通运输行业重点科技项目是交通运输部经评审遴选出的满足相关科技发展规划任务要求，以及行业发展需求、年度重点工作等的创新研发项目。交通运输行业重点科技项目遴选旨在深入实施创新驱动发展战略，统筹优势科技资源，引导全行业面向世界科技前沿、面向交通运输主战场、面向国家重大需求，坚持自主创新、重点跨越、支撑发展、引领未来的方针，加快交通运输科技创新，充分发挥科技创新对交通强国建设的支撑作用。

2021 年交通运输部公布 7 个创新研发重点项目方向，涉及 98 个研究项目。通过交通运输部政府信息公开平台，收集以上创新研发重点项目信息，见表 4-4。

2020 年交通运输行业重点科技项目 表 4-4

序号	项目名称	项目编号
重点项目方向 1：交通基础设施维养技术体系研究		
1	基于深度学习的隧道病害识别关键技术研究	2021-ZD1-001
2	功能型聚羧酸减水剂研发与应用技术	2021-ZD1-002
3	基于乳化沥青的路面病害修补材料研发及应用技术研究	2021-ZD1-003
4	高速公路长寿命沥青路面应用标准研究	2021-ZD1-004
5	江苏省"长寿路面双十面层"沥青路面结设计导则研究	2021-ZD1-005
6	桥梁钢结构防腐涂层维修及耐久性提升关键技术研究	2021-ZD1-006
7	沿海高桩码头动荷载实时感知和结构安全工作状态预警技术研究	2021-ZD1-007
8	长大桥梁无砟轨道系统建造关键技术	2021-ZD1-008
9	基于 BIM+GIS 的高速公路资产数字化及桥梁养护大数据安全评估关键技术研究	2021-ZD1-009

序号	项目名称	项目编号
10	路面结构剩余寿命智能决策核心技术研究	2021-ZD1-010
11	区域中小跨径桥梁综合数据融合与网级评估	2021-ZD1-011
12	杂散电流与环境复合下轨道系统腐蚀机理与防腐措施研究	2021-ZD1-012
13	CRTS III 型板式无砟轨道智能施工技术与装备研究	2021-ZD1-013
14	广西岩溶区公路隧道土建结构快速检测及智能化管养技术研究	2021-ZD1-014
15	沿海湿热地区高速公路沥青路面服役性能高精度智能仿真及主动防控云平台研发	2021-ZD1-015
16	空天地一体化岩土灾害智能监控与防治关键技术研究	2021-ZD1-016
17	城市轨道交通线路智能巡检机器人	2021-ZD1-017
18	城市轨道交通隧道智能综合检测车	2021-ZD1-018
19	复杂地质环境下山区公路高边坡灾变机制及安全防控技术研究	2021-ZD1-019
20	多灾环境山区公路韧性评估与提升技术研究	2021-ZD1-020
21	中国高速公路边坡管养现状调查及风险管控对策研究 – 公路边坡安全风险智能感知评价技术研究及示范	2021-ZD1-021
22	高性能玄武岩纤维在新疆桥面铺装混凝土中的阻裂增韧机制及应用技术研究	2021-ZD1-022
23	长江干线公务船舶技术状况智能评价体系研究及示范应用	2021-ZD1-023
24	智能浮鼓在库区推广应用可行性及维护对策研究	2021-ZD1-024
25	城市轨道交通弓网和轮轨状态智能诊断技术研究	2021-ZD1-025
26	废渣 – 地聚物（微）气泡混合土性能试验及公路应用技术研究	2021-ZD1-026
27	路面辐射噪声基准及评价方法研究	2021-ZD1-027
28	基于 AI 的标志标线辨识及风险评估应用	2021-ZD1-028
29	混凝土结构长期应力状态无损检测 / 监测技术研究	2021-ZD1-029
30	沥青路面就地温拌再生关键技术与装备研发及工程应用	2021-ZD1-030
31	公路水运工程质量检测检验数据库及其分析应用技术研究	2021-ZD1-031
32	大跨度桥梁表面检测养护自动作业系统装备研究与开发	2021-ZD1-032
33	基于"新基建"的智慧港口关键技术研究	2021-ZD1-033
34	港工基础设施性能提升与安全保障创新团队基金项目	2021-ZD1-034
35	基于 5G 的桥梁智慧检测、无人养护技术研究与应用	2021-ZD1-035

序号	项目名称	项目编号
36	路面病害智能识别、快速养护一体化技术研发及专业装备升级	2021–ZD1–036
37	长大水下隧道智能检测评估及运维关键技术研究	2021–ZD1–037
38	道路智能养护一体化 SaaS 平台	2021–ZD1–038
39	特定环境与区域风险智能辨识与管控岸基可视化平台研究	2021–ZD1–039
40	基于纳米改性渗透结晶材料的寒区混凝土结构自修复技术	2021–ZD1–040
41	海洋环境下 ECC 功能梯度混凝土制备及防裂抗渗关键技术研究	2021–ZD1–041
42	在役混凝土结构后装式耐久性监测技术研究	2021–ZD1–042
43	基于全寿命周期理念的路面预防性养护关键技术研究	2021–ZD1–043
44	高速公路智慧隧道综合监控平台研发	2021–ZD1–044
重点项目方向2：交通基础设施全要素、全周期数字化改造升级技术研究		
45	营运高速公路路面无人化施工与质量控制技术研究	2021–ZD2–045
46	移动物联网 5G 技术下的智慧交通智能识别系统研发及产业化	2021–ZD2–046
47	智慧高速传感网优化布设方法与辅助决策系统研究	2021–ZD2–047
48	基于大数据的收费稽查关键技术研究与应用	2021–ZD2–048
49	基于"端－边－云"的多层域车路协同测试系统关键技术及标准研究	2021–ZD2–049
50	公路隧道施工装备智能化提升与机器人装备关键技术及集成应用	2021–ZD2–050
51	城市群地区高速公路"韧性"设计运营关键技术研究与示范	2021–ZD2–051
52	高速公路机电工程全生命周期管理 BIM 技术研究与应用	2021–ZD2–052
53	智慧试验室建设与运行维护关键技术研究	2021–ZD2–053
54	常规桥梁三维 BIM 化的研究及应用	2021–ZD2–054
55	基于 BIM 技术的装配式桥梁关键技术研究与应用	2021–ZD2–055
56	长江干线中下游航道地理信息云平台及趋势智能研判系统研究及示范(第一阶段)	2021–ZD2–056
57	基于路侧图像标识物的辅助定位技术研究	2021–ZD2–057
58	公路水运工程试验检测机构及人员的电子证照应用系统研究	2021–ZD2–058
59	桥梁应变监测系统测值失效辨识技术研究	2021–ZD2–059
60	非完全智能网联环境下异质路网的混合交通流协同管控研究	2021–ZD2–060
61	动态剪切流变仪校准用高黏度标准物质研究	2021–ZD2–061
62	营运车辆车路协同碰撞事故精准防控关键技术研究	2021–ZD2–062

序号	项目名称	项目编号
63	曹娥江上虞段交旅融合智慧航道应用技术研究	2021-ZD2-063
64	基于数字孪生的机场道面智慧管控关键技术研究与应用	2021-ZD2-064
65	公路主体工程一体化设计平台技术研究及示范应用	2021-ZD2-065
66	港口工程数字化勘察设计集成系统（三期）研发	2021-ZD2-066
67	智慧港口 PIM 平台（一期）研发	2021-ZD2-067
68	基于 BIM 的混凝土桥梁预应力设计系统研究	2021-ZD2-068
69	基于 5G+ 人工智能的桥梁智慧监测综合管理系统	2021-ZD2-069
70	车联网先导应用环境构建及场景测试验证平台建设项目	2021-ZD2-070
71	基于机载 LiDAR 技术的山区公路隐蔽灾害快速识别方法研究与应用	2021-ZD2-071
72	农村公路智能化管养关键技术研究与应用	2021-ZD2-072
73	多跨高墩大纵坡连续刚构桥状态感知技术研究和应用	2021-ZD2-073
重点项目方向3：智慧物流关键技术研究		
74	公路物流车货匹配智能调度平台的研究	2021-ZD2-074
75	基于区块链的口岸跨境物流一体化可信服务系统	2021-ZD2-075
76	粤港澳大湾区高密度城市群集装箱专用轨道地下物流系统前期技术研究	2021-ZD2-076
77	国际物流供应链保障数据集成平台应用关键技术研究	2021-ZD2-077
78	面向易损货物的机械臂搬运操作在线轨迹优化研究	2021-ZD2-078
重点项目方向4：北斗导航系统应用研发		
79	北斗伪卫星高精度定位技术在隧道内的应用研究	2021-ZD2-079
80	全国产化多模块组合式单北斗遥测遥控航标灯研发	2021-ZD2-080
81	北斗技术在救生设备中的应用研究	2021-ZD2-081
82	5G 智慧堆场装卸系统	2021-ZD2-082
重点项目方向5：航运安全与应急救援关键技术		
83	基于智能网络与三维环境感知技术的船舶辅助驾驶系统研发与应用	2021-ZD2-083
84	长江口航道养护深水航道浮泥观测（2021）	2021-ZD2-084
85	琼州海峡航运安全应急救援体系建设规划研究	2021-ZD2-085
86	轻质危化品两相迁移扩散分解机制及耦合模拟技术研究	2021-ZD2-086
87	渤海海域船舶交通管理机制及技术研究（一期）	2021-ZD2-087

続表

序号	项目名称	项目编号
88	基于海洋互联网的一体化海上应急战备通信系统关键技术研究	2021-ZD2-088
重点项目方向6：交通污染与降碳协同治理关键技术研究		
89	基于多维度云监测的港口大气污染协同管控关键技术研究	2021-ZD2-089
90	济莱高铁沿线环境敏感区基于振噪联合的一体化控制与监测评估技术研究	2021-ZD2-090
91	双减排下运输结构优化模型及路径研究	2021-ZD2-091
92	港口零碳智慧能源体系研究	2021-ZD2-092
93	基于AIS的船舶大气污染物与二氧化碳排放监测与跟踪评价技术	2021-ZD2-093
94	超微纳米气泡减淤机制及应用关键技术研究	2021-ZD2-094
95	船舶能耗大数据关键技术与应用研究	2021-ZD2-095
96	粑吸挖泥船高效粑头优化设计与改进	2021-ZD2-096
重点项目方向7：大件运输许可服务与管理关键技术研究		
97	辽宁省高速公路桥梁大件运输快速评估系统开发	2021-ZD2-097
98	基于云计算+GIS的大件运输智能审查系统关键技术研究	2021-ZD2-098

4.1.2 标准编制

4.1.2.1 国家标准编制

通过查询住房和城乡建设部官方网站，收集整理了2021年发布的土木工程建设相关的国家标准情况，如表4-5所示。

住房和城乡建设部2021年发布的土木工程建设相关国家标准　　表4-5

标准名称	标准编号	发布日期	实施日期
供热工程项目规范	GB 55010—2021	2021年4月9日	2022年1月1日
城市步行和自行车交通系统规划标准	GB/T 51439—2021	2021年4月9日	2021年10月1日
生活垃圾卫生填埋场防渗系统工程技术标准	GB/T 51403—2021	2021年4月9日	2021年10月1日
钢结构通用规范	GB 55006—2021	2021年4月9日	2022年1月1日
城市道路交通工程项目规范	GB 55011—2021	2021年4月9日	2022年1月1日
建筑与市政地基基础通用规范	GB 55003—2021	2021年4月9日	2022年1月1日

标准名称	标准编号	发布日期	实施日期
生活垃圾处理处置工程项目规范	GB 55012—2021	2021 年 4 月 9 日	2022 年 1 月 1 日
室外排水设计标准	GB 50014—2021	2021 年 4 月 9 日	2021 年 10 月 1 日
公共广播系统工程技术标准	GB/T 50526—2021	2021 年 4 月 9 日	2021 年 10 月 1 日
煤化工工程设计防火标准	GB 51428—2021	2021 年 4 月 9 日	2021 年 10 月 1 日
园林绿化工程项目规范	GB 55014—2021	2021 年 4 月 9 日	2022 年 1 月 1 日
砌体结构通用规范	GB 55007—2021	2021 年 4 月 9 日	2022 年 1 月 1 日
市容环卫工程项目规范	GB 55013—2021	2021 年 4 月 9 日	2022 年 1 月 1 日
燃气工程项目规范	GB 55009—2021	2021 年 4 月 9 日	2022 年 1 月 1 日
城市客运交通枢纽设计标准	GB/T 51402—2021	2021 年 4 月 9 日	2021 年 10 月 1 日
组合结构通用规范	GB 55004—2021	2021 年 4 月 9 日	2022 年 1 月 1 日
建筑与市政工程抗震通用规范	GB 55002—2021	2021 年 4 月 9 日	2022 年 1 月 1 日
工程结构通用规范	GB 55001—2021	2021 年 4 月 9 日	2022 年 1 月 1 日
建筑金属板围护系统检测鉴定及加固技术标准	GB/T 51422—2021	2021 年 4 月 9 日	2021 年 10 月 1 日
木结构通用规范	GB 55005—2021	2021 年 4 月 11 日	2022 年 1 月 1 日
建筑隔震设计标准	GB/T 51408—2021	2021 年 4 月 26 日	2021 年 9 月 1 日
汽车加油加气加氢站技术标准	GB 50156—2021	2021 年 6 月 27 日	2021 年 10 月 1 日
冷库设计标准	GB 50072—2021	2021 年 6 月 28 日	2021 年 12 月 1 日
风光储联合发电站设计标准	GB/T 51437—2021	2021 年 6 月 28 日	2021 年 12 月 1 日
铟冶炼回收工艺设计标准	GB/T 51443—2021	2021 年 6 月 28 日	2021 年 12 月 1 日
冷库施工及验收标准	GB 51440—2021	2021 年 6 月 28 日	2021 年 12 月 1 日
煤炭工业矿区机电设备修理设施设计标准	GB/T 50532—2021	2021 年 6 月 28 日	2021 年 12 月 1 日
数字集群通信工程技术标准	GB/T 50760—2021	2021 年 6 月 28 日	2021 年 12 月 1 日
锑冶炼厂工艺设计标准	GB 51445—2021	2021 年 6 月 28 日	2021 年 12 月 1 日
建筑节能与可再生能源利用通用规范	GB 55015—2021	2021 年 9 月 8 日	2022 年 4 月 1 日
混凝土结构通用规范	GB 55008—2021	2021 年 9 月 8 日	2022 年 4 月 1 日
钢管混凝土混合结构技术标准	GB/T 51446—2021	2021 年 9 月 8 日	2021 年 12 月 1 日
工程测量通用规范	GB 55018—2021	2021 年 9 月 8 日	2022 年 4 月 1 日
建筑环境通用规范	GB 55016—2021	2021 年 9 月 8 日	2022 年 4 月 1 日

标准名称	标准编号	发布日期	实施日期
既有建筑维护与改造通用规范	GB 55022—2021	2021 年 9 月 8 日	2022 年 4 月 1 日
工程勘察通用规范	GB 55017—2021	2021 年 9 月 8 日	2022 年 4 月 1 日
建筑与市政工程无障碍通用规范	GB 55019—2021	2021 年 9 月 8 日	2022 年 4 月 1 日
跨座式单轨交通工程测量标准	GB/T 51361—2021	2021 年 9 月 8 日	2022 年 2 月 1 日
盾构隧道工程设计标准	GB/T 51438—2021	2021 年 9 月 8 日	2022 年 2 月 1 日
建筑给水排水与节水通用规范	GB 55020—2021	2021 年 9 月 8 日	2022 年 4 月 1 日
既有建筑鉴定与加固通用规范	GB 55021—2021	2021 年 9 月 8 日	2022 年 4 月 1 日
建筑信息模型存储标准	GB/T 51447—2021	2021 年 9 月 8 日	2022 年 2 月 1 日

4.1.2.2　行业标准编制

通过查询住房和城乡建设部、交通运输部、水利部官方网站，收集整理了 2021 年发布的土木工程建设相关的行业标准。表 4-6 给出了住房和城乡建设部发布的行业标准，表 4-7 给出了交通运输部发布的行业标准，表 4-8 给出了水利部发布的行业标准

住房和城乡建设部 2021 年发布的土木工程建设相关行业标准　　　　表 4-6

标准名称	标准编号	发布日期	实施日期
钢框架内填墙板结构技术标准	JGJ/T 490—2021	2021 年 6 月 30 日	2021 年 10 月 1 日
装配式内装修技术标准	JGJ/T 491—2021	2021 年 6 月 30 日	2021 年 10 月 1 日
历史建筑数字化技术标准	JGJ/T 489—2021	2021 年 6 月 30 日	2021 年 10 月 1 日
高速磁浮交通设计标准	CJJ/T 310—2021	2021 年 6 月 30 日	2021 年 10 月 1 日
建筑施工承插型盘扣式钢管脚手架安全技术标准	JGJ/T 231—2021	2021 年 6 月 30 日	2021 年 10 月 1 日
早期推定混凝土强度试验方法标准	JGJ/T 15—2021	2021 年 6 月 30 日	2021 年 10 月 1 日
城市户外广告和招牌设施技术标准	CJJ/T 149—2021	2021 年 12 月 13 日	2022 年 3 月 1 日
建筑屋面排水用雨水斗通用技术条件	CJ/T 245—2021	2021 年 12 月 23 日	2022 年 3 月 1 日
装配式建筑用墙板技术要求	JG/T 578—2021	2021 年 12 月 23 日	2022 年 3 月 1 日
聚合物透水混凝土	CJ/T544—2021	2021 年 12 月 23 日	2022 年 3 月 1 日
防水卷材屋面用机械固定件	JG/T 576—2021	2021 年 12 月 23 日	2022 年 3 月 1 日
建筑装配式集成墙面	JG/T 579—2021	2021 年 12 月 23 日	2022 年 3 月 1 日

标准名称	标准编号	发布日期	实施日期
水运工程结构试验检测技术规范	JTS/T 233—2021	2021 年 1 月 5 日	2021 年 4 月 1 日
港口工程竣工验收规程	JTS 125—1—2021	2021 年 1 月 10 日	2021 年 4 月 1 日
公路工程信息模型应用统一标准	JTG/T 2420—2021	2021 年 2 月 26 日	2021 年 6 月 1 日
公路工程设计信息模型应用标准	JTG/T 2421—2021	2021 年 2 月 26 日	2021 年 6 月 1 日
公路工程施工信息模型应用标准	JTG/T 2422—2021	2021 年 2 月 26 日	2021 年 6 月 1 日
公路交通安全设施施工技术规范	JTG/T 3671—2021	2021 年 3 月 17 日	2021 年 7 月 1 日
公路桥梁抗震性能评价细则	JTG/T 2231—02—2021	2021 年 3 月 17 日	2021 年 7 月 1 日
水运工程建设项目环境影响评价指南	JTS/T 105—2021	2021 年 3 月 19 日	2021 年 5 月 1 日
内河航道绿色建设技术指南	JTS/T 225—2021	2021 年 3 月 22 日	2021 年 6 月 1 日
内河航道绿色养护技术指南	JTS/T 320—6—2021	2021 年 3 月 22 日	2021 年 6 月 1 日
航道养护技术规范	JTS/T 320—2021	2021 年 3 月 22 日	2021 年 6 月 1 日
航道工程基本术语标准	JTS/T 103—2—2021	2021 年 4 月 27 日	2021 年 6 月 1 日
水运工程标准数据维护与应用系统技术规程	JTS/T 126—2021	2021 年 5 月 10 日	2021 年 7 月 1 日
水运工程模拟试验参考定额	JTS/T 274—2021	2021 年 5 月 10 日	2021 年 7 月 1 日
水运工程模袋混凝土应用技术规范	JTS/T 159—2021	2021 年 5 月 13 日	2021 年 7 月 1 日
水运工程模拟试验技术规范	JTS/T 231—2021	2021 年 5 月 18 日	2021 年 7 月 1 日
公路工程地质原位测试规程	JTG 3223—2021	2021 年 5 月 23 日	2021 年 9 月 1 日
自动化集装箱码头建设指南	JTS/T 199—2021	2021 年 6 月 28 日	2021 年 8 月 1 日
小交通量农村公路工程设计规范	JTG/T 3311—2021	2021 年 7 月 6 日	2021 年 11 月 1 日
公路桥涵养护规范	JTG 5120—2021	2021 年 8 月 9 日	2021 年 11 月 1 日
公路工程利用建筑垃圾技术规范	JTG/T 2321—2021	2021 年 8 月 9 日	2021 年 11 月 1 日
公路沥青路面预防养护技术规范	JTG/T 5142—01—2021	2021 年 8 月 17 日	2021 年 12 月 1 日
海港锚地设计规范	JTS/T 177—2021	2021 年 8 月 25 日	2021 年 10 月 1 日
内河水上服务区总体设计规范	JTS/T 162—2021	2021 年 8 月 25 日	2021 年 10 月 1 日
液化天然气码头设计规范	JTS 165—5—2021	2021 年 8 月 26 日	2021 年 10 月 1 日
内河船舶射频识别系统工程技术规范	JTS/T 164—2—2021	2021 年 10 月 12 日	2021 年 11 月 15 日

标准名称	标准编号	发布日期	实施日期
港口货运车辆射频识别系统工程技术规范	JTS/T 164—1—2021	2021 年 10 月 12 日	2021 年 11 月 15 日
水运工程自动化监测技术规范	JTS/T 305—2021	2021 年 10 月 12 日	2021 年 11 月 15 日
港口道路与堆场施工规范	JTS 216—2021	2021 年 10 月 13 日	2021 年 11 月 15 日
水运工程自密实混凝土技术规范	JTS/T 226—2021	2021 年 11 月 18 日	2021 年 12 月 15 日
城镇化地区公路工程技术标准	JTG 2112—2021	2021 年 11 月 29 日	2022 年 3 月 1 日
公路机电工程测试规程	JTG/T 3520—2021	2021 年 11 月 29 日	2022 年 3 月 1 日
公路缆索结构体系桥梁养护技术规范	JTG/T 5122—2021	2021 年 12 月 3 日	2022 年 4 月 1 日
装配化工字组合梁钢桥通用图	JTG/T 3911—2021	2021 年 12 月 8 日	2022 年 4 月 1 日

水利部 2021 年发布的土木工程建设相关行业标准　　　　表 4-8

标准名称	标准编号	发文日期	实施日期
水工建筑物环氧树脂灌浆材料技术规范	SL/T 807—2021	2021 年 7 月 1 日	2021 年 10 月 1 日
水利水电工程勘探规程 第 1 部分：物探	SL/T 291.1—2021	2021 年 7 月 1 日	2021 年 10 月 1 日
水利水电工程施工地质规程	SL/T 313—2021	2021 年 7 月 1 日	2021 年 10 月 1 日
河道管理范围内建设项目防洪评价报告编制导则	SL/T 808—2021	2021 年 8 月 6 日	2021 年 11 月 6 日
水利水电工程项目建议书编制规程	SL/T 617—2021	2021 年 8 月 6 日	2021 年 11 月 6 日
水利水电工程可行性研究报告编制规程	SL/T 618—2021	2021 年 8 月 6 日	2021 年 11 月 6 日
水利水电工程初步设计报告编制规程	SL/T 619—2021	2021 年 8 月 6 日	2021 年 11 月 6 日
灌溉排水工程项目初步设计报告编制规程	SL/T 533—2021	2021 年 8 月 6 日	2021 年 11 月 6 日
水利水电工程启闭机制造安装及验收规范	SL/T 381—2021	2021 年 10 月 26 日	2022 年 1 月 26 日
堰塞湖风险等级划分与应急处置技术规范	SL/T 450—2021	2021 年 11 月 18 日	2022 年 2 月 18 日
建设项目水资源论证导则 第 5 部分：化工行业建设项目	SL/T 525.5—2021	2021 年 11 月 18 日	2022 年 2 月 18 日
水利通信工程质量评定与验收规程	SL/T 694—2021	2021 年 11 月 18 日	2022 年 2 月 18 日
建设项目水资源论证导则 第 6 部分：造纸行业建设项目	SL/T 525.6—2021	2021 年 11 月 18 日	2022 年 2 月 18 日

4.1.2.3 团体标准编制

从中国土木工程建设领域的权威团体中国土木工程学会、中国建筑业协会、中国工程建设标准化协会和中国建筑学会的官方网站上收集整理了各团体 2021 年发布的团体标准，汇总如附表 4-1~ 附表 4-4 所示。

4.1.3 专利研发

本年度发展报告重点反映 2021 年土木工程建设领域的重要发明专利情况。主要考虑以下两种情况：

（1）发明专利。包括获奖发明专利（指获得第二十三届中国专利奖的土木工程建设领域的发明专利，参见表 4-9~ 表 4-11）和推荐发明专利（指虽未获得近三年中国专利奖，但是对土木工程建设领域具有重要价值的发明专利，由中国土木工程学会组织专家推荐，参见表 4-12）。

（2）实用新型专利。包括获奖实用新型专利（指获得第二十三届中国专利奖的土木工程建设领域的实用新型专利，参见表 4-13）和推荐实用新型专利（指虽未获得近三年中国专利奖，但是对土工工程建设领域具有重要价值的实用新型专利，由中国土木工程学会组织专家推荐，参见表 4-14）。

获得第二十三届中国专利金奖的土木工程建设领域的重要发明专利　　　表 4-9

专利号	专利名称	专利权人	主要发明人
ZL201510106373.1	隧道掘进机破岩震源三维地震超前探测装置及方法	山东大学	刘斌，许新骥，李术才，宋杰，聂利超，陈磊，任玉晓
ZL201811483462.8	一种地下水库坝体及其构筑方法	国家能源投资集团有限责任公司，国能神东煤炭集团有限责任公司，北京低碳清洁能源研究院	李全生，顾大钊，方杰，李捷，张勇，曹志国

获得第二十三届中国专利银奖的土木工程建设领域的重要发明专利　　　表 4-10

专利号	专利名称	专利权人	主要发明人
ZL201510822446.7	一种钢管混凝土转铰装置，转动系统及确定转动系统参数的方法	中铁工程设计咨询集团有限公司，中国中铁股份有限公司	徐升桥，李国强，高静青，鲍薇

专利号	专利名称	专利权人	主要发明人
ZL201610883017.5	一种行进过程自动变跨铺轨机及使用方法	中铁上海工程局集团有限公司，中铁上海工程局集团华海工程有限公司，中铁市政环境建设有限公司，中铁上海工程局集团（苏州）轨道交通科技研究院有限公司	郑康海，陈付平，赵文君，刘绩，刘习生，闫进虎，李朝林，陈再昌

获得第二十三届中国专利优秀奖的土木工程建设领域的重要发明专利　　表4-11

专利号	专利名称	专利权人	主要发明人
ZL200910041576.1	一种暗挖隧道的加固方法	广州机施建设集团有限公司	黎丁，丁昌银，何炳泉，黎文龙，陈慕贞，柯德辉，雷雄武，黄宇宇，秦健新，姚鸿展，叶彬彬，李悦
ZL201010237675.X	一种高大空间顶部施工桁架平台提升系统	北京星河模板脚手架工程有限公司	姜传库
ZL201010508183.X	桥梁深水基础钻孔桩与围堰平行施工的方法	中铁三局集团有限公司，中铁三局集团第五工程有限公司	陈明金，张宇宁，胡国伟，刘海辉
ZL201210266351.8	一种大体积混凝土的降温方法	中建商品混凝土有限公司	杨文，王军，吴雄，吴俊龙，吴静，吴媛媛
ZL201210464070.3	箍机及弯箍机控制方法	深圳市汇川技术股份有限公司，苏州汇川技术有限公司	匡两传，黄向敏
ZL201410059557.2	一种大型组合梁钢主梁总拼自动化焊接装置及自动焊接方法	中铁宝桥集团有限公司	李军平，车平，成宇海，刘治国，朱新华，刘雷，吴小兵，薛龙，邹勇
ZL201410073207.1	一种悬挂式外爬塔吊支承系统及其周转使用方法	中建科工集团有限公司	戴立先，胡攀，陆建新，唐齐超，欧阳仕青，俞霆，王川，霍宗诚，邱慧军，张贺
ZL201610568336.7	抗拔试验桩高效减阻双套筒及抗拔试验桩减阻方法	中建一局集团建设发展有限公司	周予启，黄勇，廖钢林，范围，任耀辉，魏健
ZL201410139048.0	一种塔状构筑物无支撑杆滑模施工操作平台及施工方法	中国化学工程第十三建设有限公司	王群伟，李群，孟庆才，杜杰
ZL201410468562.9	一种铲掘系统及包含该铲掘系统的平地机	徐工集团工程机械股份有限公司	侯志强，吕龙飞，崔步安，陈超海，段俊杰

专利号	专利名称	专利权人	主要发明人
ZL201510521438.9	一种混凝土坝与土石坝连接结构界面变形监测仪器及方法	中国电建集团昆明勘测设计研究院有限公司	张宗亮，冯燕明，张礼兵，赵志勇，邹青，许后磊，赵世明，蔡莹冰
ZL201510613449.X	一种钢管混凝土叠合框架结构体系	清华大学，国核电力规划设计研究院	韩林海，邢国雷，马丹阳，王勇奉，侯超，崔烨，陈锦阳，刘军良，李焕荣，庞方滕
ZL201610013468.3	能自动适应堰体变形的复合土工膜防渗结构及施工方法	中国电建集团华东勘测设计研究院有限公司	王永明，蔡建国，梁现培，任金明，邓渊，李军，吴关叶，黄雷
ZL201610231696.8	一种桥梁空心墩封顶施工工法	中铁二局集团有限公司，中铁二局第一工程有限公司	唐佳俊，钟万波，易峰，罗彪，刘衍军，刘兴，杨营，何瑶，王鹏，郑信章，杨小刚，徐成华，万斐，徐富忠，王新春
ZL201710084222.X	用于钢管混凝土拱桥吊杆更换的抱箍式自动调平锚固装置及其用于吊杆更换的方法	柳州欧维姆工程有限公司，柳州欧维姆机械股份有限公司	窦勇芝，韦福堂，甘科，李东平，孙长军，汪孝龙，黎祖金
ZL201711399898.4	一种拱桥悬臂拼装施工优化计算方法	广西路桥工程集团有限公司	秦大燕，杜海龙，韩玉，罗小斌，郑健，吴刚刚，杨占峰，隗磊军，严胜杰
ZL201810153459.3	一种应急控制方法、装置及工程机械	三一汽车起重机械有限公司	周伟，郭永红，饶文武
ZL201810200693.7	钢混叠合的混合梁桥施工方法	中交第二航务工程局有限公司，中交公路长大桥建设国家工程研究中心有限公司	游新鹏，程多云，彭成明，李宁，王敏，杜松，曹志，胡伟，郑和晖，巫兴发，田飞
ZL201810327732.X	耐久型轻质抗凝冰薄层桥面铺装结构及其制备方法	江苏中路工程技术研究院有限公司，江苏长路智造科技有限公司	张辉，罗瑞林，关永胜，潘友强，陈李峰，吕浩
ZL201810426801.2	预防地下管廊产生差异沉降的施工方法	中铁十七局集团第三工程有限公司，中铁十七局集团有限公司	李承祥，郭宏，周永明，王艳璐，郑春海，朱克成，余斌
ZL201811050777.3	一种钢栈桥中部横向限位加固的方法及其加固装置	中建市政工程有限公司，中国建筑一局（集团）有限公司	陈俐光，陈峰，于艺林，赵勇，魏萍，王梓羽，廖世安，夏传林
ZL201310086589.7	一种用于半浮式驱动桥的弯曲试验装置及其试验方法	四川建安工业有限责任公司	姚锡桥，李自平，韩超，田世波，杨雷，郝锌，杨忠学

专利号	专利名称	专利权人	主要发明人
ZL201811187706.8	一种多主桁钢桁梁结构的悬臂拼装施工方法	中铁大桥勘测设计院集团有限公司	高宗余，李少骏，别业山，徐伟，彭振华，蒋凡，张燕飞，郑清刚，侯健，苑仁安，张建强
ZL201811387172.3	高寒地区隧道抗冻融灾害的处理方法	中铁十一局集团第五工程有限公司，中铁十一局集团有限公司	郑典明，陈光，牙韩东，邓荣贵，杨敬，贺培霖，王杨波
ZL201910079615.0	可实现吊运、旋转及施工平台功能的一体机设备	北京江河幕墙系统工程有限公司	刘爱东，李常宇，张文龙，孙忠全，李升波
ZL201910827811.1	一种露天采坑回填治理方法	中铁十九局集团矿业投资有限公司	王挥云，李长城，赵鑫，王继野，王有钰，潘超
ZL201910836122.7	一种基于图像处理的岩土结构检测方法	广东水电二局股份有限公司	谢祥明，唐福来，李松明，席文欢，符利，路元，陈华平
ZL201911299606.9	一种用于灌注桩的混凝土及其制备方法	广东省水利水电第三工程局有限公司	詹钦慧，林能文，何帮，陈浩明，张志富，白鹏
ZL201710901711.X	一种桥梁施工用挂篮	山东瑞鸿重工机械有限公司	曾小真，米晨露，岳艳波

2021 年推荐土木工程建设领域的重要发明专利　　　表 4-12

专利号	专利名称	专利权人	发明人
ZL201010573294.9	防止由路面结构拼缝产生反射裂缝的路面修复方法	上海市城市建设设计研究院	蔡氧，徐一峰，童毅
ZL201810905846.8	灵活布置车道宽度的可变标线系统	上海市城市建设设计研究总院（集团）有限公司	虞振清，解雯静，童毅，伊轩轩
ZL201811411542.2	主动式 X 形双排桩基坑支护方法	天津大学	刁钰，苏奕铭，郑刚
ZL201910330432.1	一种控制基坑外隧道变形的方法	天津大学	杜一鸣，郑刚，刁钰
ZL201811411544.1	主动式倾斜单排桩基坑支护方法	天津大学	郑刚，苏奕铭，刁钰
ZL201811411547.5	主动式倾斜双排桩基坑支护方法	天津大学	刁钰，苏奕铭，郑刚

专利号	专利名称	专利权人	发明人
ZL202010557882.7	一种适用于横向承载管幕结构的工作管节	天津大学	潘伟强，郑刚，刁钰，郭彦
ZL202110019183.1	预制钢筋笼骨架滚焊装置	天津建城基业集团有限公司	刘永超，崔凤祥，李刚，刘洁，陆鸿宇，季振华，王照安
ZL201911243088.9	一种混凝土外加剂及其制备方法	天津建城基业集团有限公司	李刚，刘洁，陆鸿宇，刘永超，季振华，王照安
ZL201911243074.7	一种混凝土及其制备方法	天津建城基业集团有限公司	刘洁，李刚，刘永超，季振华，陆鸿宇，王照安
ZL202010861094.7	可更换套接联排四向限位阻尼卡榫及其安装方法	河海大学	高玉峰，陈克坚，王景全，曾永平，周源，戴光宇，叶至韬，李振亚，陈硕，张煜，舒爽
ZL202010757609.9	一种用于桥梁的多节串接抗震锚杆及使用方法	河海大学	高玉峰，陈克坚，王景全，曾永平，周源，张煜，陈硕，李振亚，叶至韬，戴光宇，舒爽
ZL202010745866.0	用于箱梁形桥板间的臼榫连环抗震连接结构及控制方法	河海大学	高玉峰，陈克坚，王景全，曾永平，周源，叶至韬，戴光宇，舒爽，张煜，陈硕，李振亚
ZL202010697190.2	上下分离式滑动抗剪承台墩及桥梁高墩抗震液压承台基础	河海大学	高玉峰，王景全，陈克坚，曾永平，周源，李振亚，陈硕，舒爽，戴光宇，叶至韬，张煜
ZL201911325105.3	水下结构－土体相互作用的可视化界面环剪仪及使用方法	河海大学	高玉峰，柯力俊，戴光宇，舒爽，叶至韬，吴敏，袁文勤
ZL201811570294.6	一种用于高边坡防滑坡的反曲锚固地梁及其施工方法	河海大学	高玉峰，周源，张飞，吴勇信，张宁
ZL201811570039.1	一种用于滑坡的北斗定位节点位移连杆监测网及监测方法	河海大学	高玉峰，周源，张飞，吴勇信，张宁
ZL201811280630.3	一种寒冷地区渠道防冰冻电加热散热桥	西北农林科技大学	张爱军，王毓国，靳芮揿，任文渊，何自立，王正中
ZL201811429013.5	一种基于轻量土减重原理的湿陷性黄土路基处理方法	西北农林科技大学	张爱军，米文静，任文渊，刘宏泰，郭敏霞，时乐，陈和刚，柳丽英
ZL202010465653.2	一种水平双向分层减压的路基冻害整治装置	兰州交通大学	马学宁，张正，王博林，王旭，杨有海，赵文辉，韩高孝，牛亚强

专利号	专利名称	专利权人	发明人
ZL202010465499.9	一种竖向分区逐步减压的路基冻害整治装置	兰州交通大学	马学宁，王旭，张正，杨有海，赵文辉，韩高孝，牛亚强，王博林
ZL202010783192.3	一种既有－新建并排桩板墙支挡结构及施工方法	兰州交通大学	马学宁，王博林，唐玉龙，贾燕，赵文辉，牛亚强，韩高孝，黄志军，王旭，杨有海
ZL202010420445.0	一种利用水蒸汽增湿土体的方法	兰州交通大学	李建东，张延杰，王旭，蒋代军，刘德仁，韩高孝，杨成，牛亚强，何菲，王兴为，周亚龙
ZL201911136955.9	一种跨越活断层的路基结构	兰州交通大学	刘德仁，杨佳乐，蒋代军，王旭，徐硕昌，张渊博，李超强
ZL201910385946.7	一种多年冻土区输油气管的螺旋式通风结构	兰州交通大学	刘德仁，王旭，汪鹏飞，徐震，蒋代军，胡渊，白鹤，王聪
ZL201610293305.5	一种可实现双向减压及自复位的既有路基防冻害装置	兰州交通大学	马学宁，王旭，吴培元，张延杰，蒋代军，王博林
ZL201610293321.4	一种基于应力解除法路基防冻胀融沉的装置	兰州交通大学	马学宁，吴培元，王旭，张延杰，蒋代军，王博林
ZL201610293304.0	一种路基防冻胀融沉的四向减压及自复位装置	兰州交通大学	马学宁，吴培元，王旭，张延杰，蒋代军，王博林
ZL201510193018.2	与桥台一体的框架桁架高强弹簧组合式桥路过渡段结构	兰州交通大学	黄志军，李丽，黄秦，王旭，黄杰，贺国栋，崔猛，杨泉，栾红，李玉强，常启虎，任凯，任昆，张鸿迪，杨鹏，韩淋臣，王永，叶军，陈纳年
ZL201710346915.1	一种用于斜拉桥同向回转拉索的设计方法	安徽省交通控股集团有限公司	胡可，杨晓光，马祖桥，王凯，王胜斌，梅应华，吴平平，梁长海，窦巍，魏民，夏伟，石雪飞，阮欣，刘志权
ZL201810327732.X	耐久型轻质抗凝冰薄层桥面铺装结构及其制备方法	江苏中路工程技术研究院有限公司，江苏长路智造科技有限公司	张辉，罗瑞林，关永胜，潘友强，陈李峰，吕浩
ZL201811053777.9	针对套筒灌浆缺陷的钻孔注射补灌方法	上海市建筑科学研究院有限公司，上海建科工程改造技术有限公司	高润东，李向民，许清风，张富文

专利号	专利名称	专利权人	发明人
ZL201811465965.2	水平接缝施工质量快速检测方法	上海市建筑科学研究院有限公司，上海建科工程改造技术有限公司	李向民，高润东，张富文，王卓琳，许清风
ZL201910080766.8	检测套筒灌浆缺陷的 X 射线数字成像增强与定量识别方法	上海市建筑科学研究院有限公司	高润东，李向民，王卓琳，张富文，刘辉，许清风
ZL202010289750.0	受侵蚀砖墙基于微观测试的定向精准修复方法	上海市建筑科学研究院有限公司	李向民，高润东，许清风，王卓琳，张永群
ZL202010022832.9	一种基于 Grasshopper 的空间圆钢管相贯焊节点参数化建模方法	中南建筑设计院股份有限公司	张慎，尹鹏飞，李霆
ZL202110394304.0	基于 WRF 和 XFlow 耦合的多精细度融合污染物扩散分析方法	中南建筑设计院股份有限公司	张慎，程明，王义凡
ZL202110439793.7	台风作用下考虑流固耦合效应的建筑结构抗风分析方法	中南建筑设计院股份有限公司	张慎，王义凡，程明，王杰
ZL202110439604.6	一种基于 Revit 的 BIM 构件施工编码创建方法	中南建筑设计院股份有限公司	杨浩，张慎，程辉，王星宇
ZL202110828477.9	基于 Web 技术的 Open-FOAM 计算任务管理方法	中南建筑设计院股份有限公司	张慎，程辉，王义凡，尹鹏飞
ZL201911024159.6	基于图像大数据处理的智能化现场模式切换系统及方法	温峻峰	温峻峰，李俊松，李鑫，钟红兵
ZL201510903206.X	一种适用于处理复杂组份臭气的除臭装置	上海市政工程设计研究总院（集团）有限公司	张欣，董磊，张辰，汤文，杜炯，闵弘扬
ZL201911414711.2	一种用于破碎地层的隧道腰部的支护装置及方法	盾构及掘进技术国家重点实验室，中铁隧道局集团有限公司	洪开荣，赵海雷，孙振川，张兵，苏文德，陈馈，韩伟锋，彭正勇，秦银平，张海春，赵向波，沈峰，周东勇，杨延栋，陈利杰，李宏波，潘东江，王利明，翟乾智
ZL202110520250.8	一种微波辅助回转破岩的 TBM 掘进试验台	盾构及掘进技术国家重点实验室，中铁隧道局集团有限公司	卢高明，周建军，潘东江，张理蒙，李帅远，李宏波，杨延栋，范文超
ZL202110678543.9	一种基于大数据与 AI 的隧道设计系统	中铁隧道局集团有限公司，中铁隧道股份有限公司	游金虎；赵毅；冯欢欢；王琪；杨振兴；黄俊阁；杨露伟
ZL202110241506.1	一种基于 5G+ 大数据隧道掘进机智能掘进系统和控制方法	中铁隧道局集团有限公司盾构及掘进技术国家重点实验室	张合沛，宋法亮，马亮，汪朋，李云涛，刘旭，李凤远，褚长海，周振建，高会中，任颖莹

专利号	专利名称	专利权人	发明人
ZL 201910596306.0	盾构机主驱动的主轴承拆解方法及主轴承维修方法	中铁隧道局集团有限公司，中铁隧道股份有限公司	洪开荣；张彦伟；任国宏；黄力；黎峰；王登锋；郑清君；王振飞；夏川；曹文焕；陈宾；罗于恺；李小莉；文仁玉
ZL201811573116.9	公路隧道内照明优化方法	重庆交通大学	梁波，郑顺航，梁思农，罗红，梁加林，蒲俊勇，陈弘扬
ZL201810879350.8	基于节能的公路隧道等效照明系统的灯具布局方法	重庆交通大学	何世永，梁波，李翔，唐国丰，梁思农，毛德惠，潘国兵
ZL201611102329.4	一种低温钢筋连接用高性能灌浆料及其制备方法	北京市建筑工程研究院有限责任公司	刘俊元

获得第二十三届中国专利优秀奖的土木工程建设领域的重要实用新型专利　　表4-13

专利号	专利名称	专利权人	主要发明人
ZL201920865039.8	一种用钢丝绳拉动微型物位计贯穿PE保护管的操作装置	中国铁道科学研究院集团有限公司铁道建筑研究所、北京大成国测科技有限公司、北京铁科特种工程技术有限公司	叶阳升，蔡德钩，张千里，陈锋，闫宏业，蒋梦，邓逆涛，崔颖辉，姚建平，张淮，吴旭春，康秋静，高飞，王鹤，孙云蓬，丁海有，高玉亮

2021年推荐土木工程建设领域的重要实用新型专利　　表4-14

专利号	专利名称	专利权人	主要发明人
ZL202221694536.4	一种装配式路基结构构造方法	上海市城市建设设计研究总院（集团）有限公司，上海理工大学	童毅，王晓明，黄崇伟，王鹏，孙瑜，包鹤立，高忪，生姝婷，周嘉杰
ZL201120285078.4	路面综合排水系统	上海市城市建设设计研究院	童毅，蒋珮莹，高汴
ZL201320339345.0	分道道路的基层	上海市城市建设设计研究总院	胡佳萍，徐一峰，蒋珮莹，童毅，王堃，吴展
ZL201020618025.5	一种立体道路收费系统	上海市城市建设设计研究院	徐一峰，蒋珮莹，张方方，童毅
ZL202123220187.0	建筑工程机械模板夹持设备	泛华建设集团有限公司	张洪威
ZL201721000708.2	全预制装配式整体道路结构	上海市城市建设设计研究总院（集团）有限公司	童毅，蒋珮莹，虞振清

专利号	专利名称	专利权人	主要发明人
ZL202022182784.8	一种地下工程用组合式分级可控封孔器装置	清华大学	黄进，刘晓丽，宋丹青，王恩志，张建民
ZL202022123256.5	一种新型钢波纹涵管结构	周同和；中国建筑第五工程局有限公司，郑州大学综合设计研究院有限公司	周同和，郜新军，郑华民，易凯，赵丁鑫，王松伟，丁书杰，尹奎，黎凯
ZL202023228958.6	一种长螺旋喷射扩大头桩	郑州大学综合设计研究院有限公司	高伟，周同和，彭戡，侯思强，宋进京，齐瑞文，王瑾瑾
ZL202020881373.5	一种可承压拉拔双向受力的组合截面桩	郑州大学	张浩，周同和，何利超，张亚沛，孙凯，徐钰棋

4.2 中国土木工程詹天佑奖获奖项目

为推动我国土木工程科学技术的繁荣发展，积极倡导土木工程领域科技应用和科技创新的意识，中国土木工程学会与北京詹天佑土木工程科学技术发展基金会专门设立了"中国土木工程詹天佑奖"，以奖励和表彰在科技创新特别是自主创新方面成绩卓著的优秀项目，树立科技领先的样板工程，并力图达到以点带面的目的。中国土木工程詹天佑奖评选始终坚持"公开、公平、公正"的设奖原则，已经成为我国土木工程建设领域科技创新的最高奖项，为弘扬科技创新精神，激励科技人员的创新创造热情，促进我国土木工程科技水平的提高发挥了积极作用。中国土木工程詹天佑奖自 1999 年开始，迄今已评奖 19 届，共计 566 项工程获此荣誉。

4.2.1 获奖项目清单

第十九届中国土木工程詹天佑奖经过推荐申报、资格审核、专业预审、评选委员会评审、詹天佑大奖指导委员会核定以及公示等程序，共遴选出 42 项精品工程获得表彰，其中建筑工程 13 项，桥梁工程 3 项，铁道工程 2 项，隧道工程、公路工程各 3 项，水利水电工程 2 项，电力工程、水运工程各 1 项，轨道交通工程 4 项，水业工程 1 项，市政工程 5 项，公共交通工程、燃气工程各 1 项，住宅小区工程 2 项。42 个获奖工程在规划、勘察、设计、施工、科研、管理等技术方面具有突出的创新性和较高的科技含量，积极贯彻执行"创新、协调、绿色、开放、共享"的新发展理念，在同类工程建设中具有领先水平，经济和社效益显著。第十九届中国土木工程詹天佑奖 42 项获奖工程及获奖单位清单参见表 4-15。

第十九届中国土木工程詹天佑奖获奖项目清单　　　　　表 4-15

序号	工程名称	获奖单位
1	北京新机场工程（航站楼及换乘中心、停车楼）	北京新机场建设指挥部、北京城建集团有限责任公司、北京市建筑设计研究院有限公司、民航机场规划设计研究总院有限公司、北京建工集团有限责任公司、中国建筑第八工程局有限公司、江苏沪宁钢机股份有限公司、北京建工四建工程建设有限公司、北京华城工程管理咨询有限公司、北京希达工程管理咨询有限公司
2	中国·红岛国际会议展览中心工程	青建集团股份公司、青岛国信红岛国际会议展览中心有限公司、中国建筑科学研究院有限公司、上海建科工程咨询有限公司、中青建安建设集团有限公司、青岛建设集团股份有限公司、中冶（上海）钢结构科技有限公司
3	腾讯北京总部大楼	中建三局集团有限公司、中建三局第一建设工程有限责任公司、北京市建筑设计研究院有限公司、北京弘高建筑装饰设计工程有限公司、中国二十二冶集团有限公司、中国建筑第二工程局有限公司、北京赛瑞斯国际工程咨询有限公司
4	大望京 2# 地超高层建筑群	中国建筑一局（集团）有限公司、中建一局集团第三建筑有限公司、中国航空规划设计研究总院有限公司、中国建筑技术集团有限公司、北京航投置业有限公司、北京乾景房地产开发有限公司
5	CEC 咸阳第 8.6 代薄膜晶体管液晶显示器件（TFT-LCD）项目	陕西建工集团有限公司、咸阳彩虹光电科技有限公司、信息产业电子第十一设计研究院科技工程股份有限公司、陕西建工机械施工集团有限公司、陕西建工安装集团有限公司、陕西建工第六建设集团有限公司、陕西建工第十一建设集团有限公司、西安建筑科技大学、中国电子系统工程第二建设有限公司
6	中国西部国际博览城（一期）项目	中国建筑第二工程局有限公司、中国建筑西南设计研究院有限公司、中建二局安装工程有限公司、中建二局装饰工程有限公司、中建二局第一建筑工程有限公司、成都天府新区投资集团有限公司、中建科工集团有限公司、中建深圳装饰有限公司、浙江精工钢结构集团有限公司、湖北龙泰建筑装饰工程有限公司
7	青连铁路青岛西站站房及相关工程	中铁十局集团有限公司、中国铁路设计集团有限公司、北京铁城建设监理有限责任公司、中国铁路济南局集团有限公司青连铁路工程建设指挥部、兰州交通大学
8	上海浦东国际机场卫星厅及捷运系统工程	上海建工集团股份有限公司、上海机场（集团）有限公司、华建集团华东建筑设计研究总院、上海建工二建集团有限公司、上海建工七建集团有限公司、上海市机械施工集团有限公司、上海市安装工程集团有限公司、上海市基础工程集团有限公司、上海隧道工程有限公司、中铁四局集团有限公司
9	太古供热项目（古交兴能电厂至太原供热主管线及中继能源站工程）	太原市热力集团有限责任公司、山西省工业设备安装集团有限公司、中国市政工程华北设计研究总院有限公司、中铁十二局集团有限公司、清华大学、中铁六局集团有限公司、山西山安蓝天节能科技股份有限公司、中国能源建设集团山西省电力勘测设计院有限公司、北京华源泰盟节能设备有限公司、唐山兴邦管道工程设备有限公司
10	青岛新机场航站楼及综合交通中心工程	中国建筑第八工程局有限公司、中建三局集团有限公司、中建八局第四建设有限公司、青岛国际机场集团有限公司、中国建设基础设施有限公司、青建集团股份公司、中国建筑一局（集团）有限公司、中国建筑西南设计研究院有限公司、上海市建设工程监理咨询有限公司、青岛理工大学

序号	工程名称	获奖单位
11	上证所金桥技术中心基地项目	中国建筑第八工程局有限公司、华东建筑设计研究院有限公司、上海上证数据服务有限责任公司、上海宝信软件股份有限公司、捷通智慧科技股份有限公司
12	成都露天音乐公园	中国五冶集团有限公司、中国建筑西南设计研究院有限公司、西南交通大学、鲁班软件股份有限公司、五冶集团装饰工程有限公司
13	海峡文化艺术中心	中建海峡建设发展有限公司、莆田中建建设发展有限公司、中建海峡（厦门）建设发展有限公司、中国建筑第七工程局有限公司、中国中建设计集团有限公司
14	柳州市官塘大桥工程	中铁上海工程局集团有限公司、柳州市城市投资建设发展有限公司、广西柳州市东城投资开发集团有限公司、四川省公路规划勘察设计研究院有限公司、中铁一院集团南方工程咨询监理有限公司
15	石家庄至济南铁路客运专线济南黄河公铁两用桥	中铁四局集团有限公司、中国铁路设计集团有限公司、石济铁路客运专线有限公司、中铁十局集团有限公司、中铁电气化局集团有限公司
16	重庆江津几江长江大桥	中铁第四勘察设计院集团有限公司、中国建筑第六工程局有限公司、同济大学、长江水利委员会长江科学院、重庆市江津区滨江新城开发建设集团有限公司
17	新建北京至沈阳铁路客运专线辽宁段	中铁十二局集团有限公司、京沈铁路客运专线辽宁有限责任公司、中国铁道科学研究院集团有限公司、中国铁路设计集团有限公司、中铁电气化局集团有限公司、中国铁路通信信号股份有限公司、中铁五局集团有限公司、中铁十七局集团有限公司、中铁二十二局集团有限公司、中铁十一局集团有限公司
18	山西中南部铁路通道	中铁十二局集团有限公司、晋豫鲁铁路通道股份有限公司、中国铁路设计集团有限公司、中铁工程设计咨询集团有限公司、中铁一局集团有限公司、中铁二十一局集团有限公司、中铁七局集团有限公司、中铁二十局集团有限公司、中铁三局集团有限公司、中交第一航务工程局有限公司
19	兰渝铁路西秦岭隧道工程	中铁隧道局集团有限公司、中铁十八局集团有限公司、中铁二局集团有限公司、中国铁建电气化局集团有限公司、兰渝铁路有限责任公司、中铁第一勘察设计院集团有限公司、四川铁科建设监理有限公司
20	新建向莆铁路青云山隧道	中铁二十三局集团有限公司、中铁第四勘察设计院集团有限公司、向莆铁路股份有限公司、西安铁一院工程咨询监理有限责任公司
21	贵阳龙洞堡机场地下综合交通枢纽隧道工程	中铁二院工程集团有限责任公司、贵阳市域铁路有限公司、中铁二十一局集团有限公司、北京铁研建设监理有限责任公司
22	贵阳至瓮安高速公路	中交公路规划设计院有限公司、中交投资有限公司、中交第二公路工程局有限公司、贵州中交贵瓮高速公路有限公司、中交三航局第三工程有限公司、中交四公局第一工程有限公司、民航机场建设工程有限公司
23	济南东南二环延长线工程	中铁四局集团有限公司、山东高速集团有限公司、山东高速建设管理集团有限公司、山东省交通规划设计院集团有限公司、中铁四局集团第七工程有限公司、山东大学、西南交通大学、中国建筑股份有限公司、山东省路桥集团有限公司
24	巴基斯坦PKM项目（苏库尔至木尔坦段）	中国建筑股份有限公司、中建三局集团有限公司、中建国际建设有限公司、中交第二公路勘察设计研究院有限公司、中国建筑第七工程局有限公司、中国水利水电第七工程局有限公司、中国土木工程集团有限公司、中国水利水电第十一工程局有限公司、中建五局土木工程有限公司、中国电建市政建设集团有限公司

序号	工程名称	获奖单位
25	广东清远抽水蓄能电站	清远蓄能发电有限公司、广东省水利电力勘测设计研究院有限公司、中国水利水电建设工程咨询中南有限公司、中国水利水电第十四工程局有限公司、广东水电二局股份有限公司
26	江西省峡江水利枢纽工程	中铁水利水电规划设计集团有限公司、江西省峡江水利枢纽工程管理局、中国水利水电科学研究院、中国安能建设集团有限公司、广东省源天工程有限公司、中国水利水电第十二工程局有限公司
27	国家能源集团宿迁2×660MW机组工程	国家能源集团宿迁发电有限公司、中国电力工程顾问集团华东电力设计院有限公司、国网江苏省电力工程咨询有限公司、中国能源建设集团江苏省电力建设第三工程有限公司、中国能源建设集团江苏省电力建设第一工程有限公司、河南省第二建设集团有限公司、江苏方天电力技术有限公司、国能龙源环保有限公司
28	武汉港阳逻港区集装箱码头工程	中交第二航务工程勘察设计院有限公司、湖北省港口集团有限公司、中交第二航务工程局有限公司、中建港航局集团有限公司、北京水规院京华工程管理有限公司
29	西安市地铁4号线工程	西安市轨道交通集团有限公司、广州地铁设计研究院股份有限公司、中铁第一勘察设计院集团有限公司、中铁一局集团有限公司、机械工业勘察设计研究院有限公司、中铁七局集团有限公司、北京城建设计发展集团股份有限公司、中铁二十局集团有限公司、中铁上海工程局集团有限公司、中铁十八局集团第三工程有限公司
30	苏州市轨道交通2号线及延伸线工程	中铁十七局集团有限公司、苏州市轨道交通集团有限公司、中铁第四勘察设计院集团有限公司、北京城建设计发展集团股份有限公司、北京交通大学、中铁十二局集团有限公司、中国铁建大桥工程局集团有限公司、中铁十八局集团有限公司、中铁十九局集团有限公司、中铁上海工程局集团有限公司
31	广州市轨道交通14号线一期工程	广州地铁集团有限公司、中铁一局集团有限公司、广州地铁设计研究院股份有限公司、广东省基础工程集团有限公司、广州轨道交通建设监理有限公司、中交第二航务工程局有限公司、广州市市政集团有限公司、中铁二局集团电务工程有限公司、五矿二十三冶建设集团有限公司、中铁三局集团有限公司
32	宁波市轨道交通3号线一期工程	宁波市轨道交通集团有限公司、宏润建设集团股份有限公司、广州地铁设计研究院股份有限公司、上海隧道工程有限公司、中铁隧道局集团有限公司、中铁十局集团有限公司、中铁十六局集团有限公司、浙江省二建建设集团有限公司、中铁十四局集团有限公司、上海地铁咨询监理科技有限公司
33	黄浦江上游水源地工程	上海黄浦江上游原水有限公司、上海城投水务工程项目管理有限公司、上海市政工程设计研究总院（集团）有限公司、上海勘测设计研究院有限公司、上海市水利工程集团有限公司、上海市基础工程集团有限公司、上海城建市政工程（集团）有限公司、上海隧道工程有限公司、宏润建设集团股份有限公司、上海公路桥梁（集团）有限公司
34	横琴第三通道	上海隧道工程有限公司、珠海大横琴股份有限公司、上海市城市建设设计研究总院（集团）有限公司、广州市市政工程监理有限公司、珠海大横琴城市综合管廊运营管理有限公司、邯郸建工集团有限公司、南通建工集团股份有限公司
35	天津滨海国际机场扩建配套交通中心工程	天津市地下铁道集团有限公司、中国铁路设计集团有限公司、天津二建建筑工程有限公司、天津三建建筑工程有限公司、中国建筑第八工程局有限公司、中煤中原（天津）建设监理咨询有限公司、天津大学建筑工程学院
36	福州城市森林步道	广东省基础工程集团有限公司、中国一冶集团有限公司、浙江中天恒筑钢构有限公司、福州市规划设计研究院集团有限公司、福州市鼓楼区建设投资管理中心

序号	工程名称	获奖单位
37	斯里兰卡机场高速公路（CKE）工程	中国二十冶集团有限公司、中交第一公路勘察设计研究院有限公司、浙江数智交院科技股份有限公司、浙江省建投交通基础建设集团有限公司、浙江省建材集团有限公司、广东二十冶建设有限公司
38	广州市资源热力电厂项目（第三、第四、第五、第六资源热力电厂）	广州市第三建筑工程有限公司、广州环保投资集团有限公司、广州市市政集团有限公司、广州市第四建筑工程有限公司、中国城市建设研究院有限公司、无锡雪浪环境科技股份有限公司、嘉园环保有限公司、中国轻工业广州工程有限公司、广州永兴环保能源有限公司、广州市第二市政工程有限公司
39	成都"金沙公交枢纽综合体"产业融合TOD创新试点项目	成都建工集团有限公司、成都市公共交通集团有限公司、成都建工路桥建设有限公司、成都建工工业设备安装有限公司、四川商鼎建设有限公司、日月幕墙门窗股份有限公司
40	港华金坛盐穴储气库项目	港华储气有限公司、中盐金坛盐化有限责任公司、中国石油集团工程技术研究院有限公司、中海油石化工程有限公司
41	南京丁家庄二期A28地块保障性住房	中国建筑第二工程局有限公司、南京安居保障房建设发展有限公司、南京长江都市建筑设计股份有限公司
42	珠海翠湖香山国际花园地块五（一期、二期）	中建－大成建筑有限责任公司、珠海九控房地产有限公司、浙江绿城建筑设计有限公司、珠海兴地建设项目管理有限公司、广西建工集团第四建筑工程有限责任公司

4.2.2 获奖项目科技创新特色

本报告对第十九届获奖项目的工程概况和项目科技创新特色作简要介绍。

4.2.2.1 建筑工程获奖项目

（1）北京新机场工程（航站楼及换乘中心、停车楼）

北京新机场工程（航站楼及换乘中心、停车楼）于北京市大兴区与廊坊市广阳区之间，是全球一次建设的最大的单体航站楼、最大的单体减隔震建筑（见图4-1）。工程由航站楼及综合换乘中心、停车楼组成，总建筑面积105.2万 m^2，其中航站楼780028.05m^2，地下2层，地上局部5层，最大高度50.9m；停车楼地下1层，地上3层，建筑面积272103.36m^2，停车位4228个。航站楼及换乘中心主体结构为现浇钢筋混凝土框架结构，局部为型钢混凝土结构，屋面及其支撑为钢结构；停车楼为现浇钢筋混凝土结构。基础形式为桩筏基础、桩基独立承台＋防水板基础。工程于2015年9月26日开工建设，2019年9月12日竣工，总投资150.05亿元。

图 4-1　北京新机场工程（航站楼及换乘中心、停车楼）

工程首创五指廊集中式布局，自航站楼中心到达任何指廊端不超过 600m，旅客步行距离短；首次采用双层出发车道边，双层出发，双层到达，航站楼流程效率世界一流；首次采用轨道下穿航站楼设计，高铁、城际、快轨等多种轨道交通穿越航站楼并设站，实现"零距离换乘"，空铁联运效率高；工程为世界上单体最大的减隔震建筑，±0.000 结构层下设隔震层，综合解决超大面积混凝土板裂缝控制、大跨度钢结构抗震和轨道穿行振动影响；国内首例超长超宽（565m×437m，16 万 m²）混凝土结构楼板不设缝，裂缝控制技术达到国际领先水平；国内首个取得节能 3A 认证的航站楼，首个同时获得三星级绿色建筑认证和节能 3A 认证的航站楼，应用多项绿色、节能创新设计；国内首次采用空地一体化、全流程模拟仿真技术进行设计方案优化。

楼内全流程采用智能／自助设备，实现无纸化出行、行李自动追踪、无障碍设计，达到国际领先水平；采用超大平面层间隔震综合技术，形成一整套包括结构承重体、建筑构造和机电补偿等的完整隔震层施工技术，成果达到国际领先水平；超大平面复杂空间曲面钢网格结构屋盖施工技术，实现 18 万 m²、4.2 万 t 钢结构优质、高效施工，成果达到国际领先水平。

（2）中国·红岛国际会议展览中心工程

中国·红岛国际会议展览中心工程位于山东省青岛市高新区，项目地处滨海浅滩地区，是山东省新旧动能转换首批优选项目，是山东省规模最大的会展经济综合体，被喻为"青岛新窗"（见图 4-2）。项目总建筑面积 48.8 万 m²，其中地上建筑面积 35.7 万 m²，地下建筑面积 13.1 万 m²。由登录大厅、单层 A 展厅、双层 B 展厅、北塔酒店、南塔酒店兼办公楼及地下能源中心组成。展馆室内展览

图 4-2　中国·红岛国际会议展览中心工程

面积 15 万 m²，室外展览面积 20 万 m²，设有 1 个 2 万 m² 登录大厅和 14 个室内展厅，是一座科技领先、质量上乘、国际一流的智慧展馆。工程于 2016 年 7 月开工建设，2019 年 5 月竣工，总投资 63 亿元。

工程国内首创采用带预应力拉索的智能累积滑移技术，首次将预应力拉索技术应用于滑移过程的变形控制，创新形成了大跨复杂空间钢结构智能累积滑移成套技术；国内首创滨海复杂环境地基基础成套建造技术和评价体系，为滨海地区滨海复杂环境地基基础建造与评价提供了科学依据和技术支持；国内首创超长混凝土结构间歇法高效建造技术。首次提出"顺序与跳仓相结合、间歇与加强相结合"的超长混凝土结构间歇法施工技术，解决了超长大面积混凝土结构裂缝控制与高效建造技术难题；国内首创滨海服役环境下高强、高耐久性饰面清水混凝土设计与施工成套技术，为滨海复杂环境下高强、高耐久性饰面清水混凝土设计与施工提供了理论支撑和项目实践；项目首次提出了基于 BIM 技术的地面整体拼装、智能整体提升、分次张拉智能双控等异型高空反装膜结构成套施工技术；项目创新运用基于 BIM 技术的深化设计、智能机械高空分段组装等工业化建造方式，取得多重效益；项目创新采用分布式二次泵系统等技术，设计建造了国内蓄水量最大的多水池分布式水蓄冷系统，节能高效。

（3）腾讯北京总部大楼

腾讯北京总部大楼位于北京市海淀区中关村软件园，是集办公、会议、演播展厅、运动、餐饮为一体的亚洲最大现代化单体办公楼，是腾讯公司在北京网媒接待的重要门户和国际形象的代表（见图 4-3）。项目总建筑面积 33.4 万 m²，地下 3 层，地上 7 层，高 36m。建筑外形方正简约，单层 180m×180m 的超大

图 4-3 腾讯北京总部大楼

办公空间，突破了传统典型办公空间的局限性，建立起了看似无边际的"办公景观"的新型办公空间。工程于 2014 年 9 月 29 日开工建设，2019 年 1 月 17 日竣工，总投资 28.1 亿元。

工程在国内首次应用核心筒－长悬臂巨型钢桁架－框架结构体系，完美解决抗震安全性、办公楼舒适性问题，为超大平面空间复杂钢结构体系设计探索了新的方法、技术和手段；首创大悬挑结构分段支撑悬伸步进、同步分级卸载施工技术，自主研发变形预调值计算程序，实现了施工全过程数值仿真模拟，填补了国内复杂超限结构设计与施工相关理论的空白；首次应用全球最大的单元体遮阳百叶，结合智能动态调光玻璃、电动通风器，解决了超大平面建筑的采光及通风设计难题；研发了建筑工程绿色施工与安全监控信息化平台，创新开发基于在线监测的建设工程施工粉尘监控与除尘系统，实现了施工工地粉尘控制与消除的智能化；率先研究基于 BIM 的设计、集成施工及智能运维技术，有效解决了建筑全生命期 BIM 应用的困难；创新研发智能施工放样平台，通过激光、图形、数据、语音等方式提示放样点的位置和偏差，实现智能化快速定位，提高了施工测量效率。

（4）大望京 2# 地超高层建筑群

大望京 2# 地超高层建筑群位于大望京中央商务区，是经首都机场进入北京市区后首入眼帘的标志性建筑群，秉持自然融合、绿色智能的设计理念，打造北京新地标，成就世界级商务中心（见图 4-4）。建筑群由昆泰嘉瑞中心、中航资本大厦、忠旺大厦组成，是集办公、休闲、餐饮、商业为一体的超 5A 甲级智能化商务中心。工程总建筑面积 45.17 万 m^2，地下 5 层，地上 43 层，单体建筑高度分别为 226m、160m、220m、220m。

工程是国内首获中国质量认证中心"碳中和证书"的办公建筑，自然融合、低碳节能，为超高层建筑节能设计和建造树立了良好标杆；国内首获 LEED 双铂金认证建筑，多专业整体参数化设计，打破建筑与自然的界限；研发超高层电梯井道烟囱效应装置，有效解决了超高层电梯"啸叫"问题，极大提升超高层建筑电梯的使用舒适度、降低能耗；首创超高层核心筒水平竖向结构同步施工的集成式爬模体系，降低了超高层结构施工过程中发生火灾的烟囱效应，有效提升了施工质量和工效；研发了 200~300m 超高层综合施工技术，系统解决了 250m 以内超高层施工全过程的技术痛点，三项成果经鉴定达到国际先进水平；创新采用基础"变刚度调平"设计方法，实现了基底应力光滑过渡无突变，塔楼与裙楼沉降差仅为 2.42mm。

图 4-4　大望京 2# 地超高层建筑群

（5）CEC·咸阳第 8.6 代薄膜晶体管液晶显示器件（TFT-LCD）项目

CEC·咸阳第 8.6 代薄膜晶体管液晶显示器件（TFT-LCD）项目位于陕西省咸阳市，是我国第一条建成投产的 8.6 代液晶面板生产线，是国家"十三五"规划重大工程（见图 4-5）。工程是全球最大唯一建设在高烈度区的多层全钢结构超洁净智能环保高科技电子厂房，占地面积 57.4 万 m^2，建筑面积 71.2 万 m^2，包括生产厂房、动力中心及配套建筑等 19 个单体。主生产厂房长 478m，宽 259m，高 40m，层数 4 层，局部 5 层，总用钢量 13.5 万 t。安装工程包括工艺生产、工艺服务、公用动力等 6 大系统，含核心工艺、净化空调、废气净化、纯水回用等 7251 套先进设备。工程于 2016 年 6 月开工建设，2018 年 5 月竣工。总投资 268 亿元。

工程采用国内首创高烈度区防微振超长超宽多层无缝钢框架结构体系，攻克了大型多层钢结构电子厂房刚度突变及防微振技术难题，填补了国内空白；采用国内首创超大面积多层钢框架结构梯次安装技术，提出基于时变单元法数值分析的合龙方式，解决了超大规模钢结构快速精确安装难题；国内首创高气密性金属节能风管成套技术，攻克了行业内近 40 年来风管漏风与风压耦合的技术难题，

图 4-5　CEC·咸阳第 8.6 代薄膜晶体管液晶显示器件（TFT-LCD）项目

形成了系统性成套技术，实现了系统漏风低于国际标准 50%；创新超大面积高开孔率华夫板高精度施工技术，攻克了华夫板结构特殊构造高开孔率（30.63%）施工难题，结构板面平整度较行业平均水平大幅提高；首创基于 8.6 代线"液晶面板柔性混切技术"，解决了传统生产线液晶面板切割尺寸单一的难题，单片液晶面板收益大幅提高；创新采用高表面系数钢 - 混组合楼板内置循环水管养护技术，解决了特殊条件下冬期施工混凝土养护技术难题；研发了超大空间高洁净度电子厂房气流诊断与控制技术，解决了高洁净系统气流扰动及交叉污染难题，降低了系统能耗；研发了多层封闭式管廊管道模块化建造与滑移施工技术，解决了高空封闭管廊内密集管道高效安装技术难题，实现固定节拍模块化建造。

　　（6）中国西部国际博览城（一期）项目

　　中国西部国际博览城（一期）项目位于成都市天府新区核心区域，是中西部地区展览面积最大的博览会展中心，是国家级国际性盛会 - 西博会的永久会址，是四川省政府重点建设工程（见图 4-6）。该工程用地面积约 61 万 m^2，总建筑面积 56.94 万 m^2，建筑高度 70m，地上 2 层，地下 1 层，工程结构为混凝土 +

图 4-6　中国西部国际博览城（一期）项目

钢结构，基础为预应力管桩 + 独立基础。由 15 个标准展厅、1 个多功能厅、1 个交通大厅及 10 万 m² 室外广场组成。工程于 2014 年 6 月开工建设，2016 年 7 月竣工，总投资 87.42 亿元。

高三叉钢管柱系统，结合大挠度弹塑性有限元分析，解决了三叉钢管柱超高高细比的束柱超规难题；发明了高大梭形桁架临时支撑装置及拼装方法、钢拉杆组件及钢拉杆张拉施工方法、屋盖梭形桁架施工方法、超高三叉钢管柱安装技术；研发了带碟簧装置吊杆的曲面外幕墙用支撑钢结构及其施工方法，给室内外空间通透、新颖的视觉对话创造了有利条件，达到电能"零"消耗；研发了大跨度自支承式密合屋面体系，突破性采用空腔 + 吸声棉等 16 层国内罕见屋面构造，创新运用集中数码加工、索道出板一体化技术，解决了金属屋面防水、隔声、隔热、防风揭等难题；研发了国内最高 15.2m 带曲变上部轨道活动隔断系统，解决了高大空间自由组合灵活布展以及提高超大面积展厅利用率难题。

（7）青连铁路青岛西站站房及相关工程

新建青连铁路青岛西站位于青岛市西海岸国家级新区，连接三条高铁，是一座重要的铁路枢纽站，更是集铁路、市政、城轨多种交通方式为一体的现代化综合交通枢纽（见图 4-7）。站房设计为高架候车室加线侧式站房，东西向长 254m、南北向宽 162m，总建筑面积 59954m²。旅客站台 7 座，建筑面积 35557m²，均为渐变曲线站台。工程于 2017 年 6 月 20 日开工建设，2018 年 12

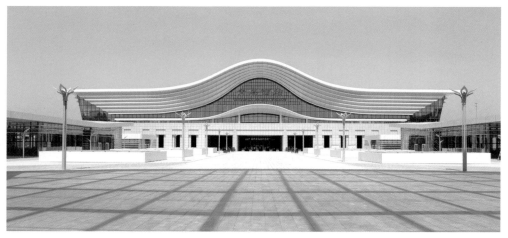

图 4-7 青连铁路青岛西站站房及相关工程

月 22 日竣工，总投资 8.48 亿元。

工程创新应用了大跨度屋盖 - 劲性钢骨（钢管）混凝土框架组合结构体系设计分析方法，提出了组合结构协同作用下，高铁站房的抗风、抗震、温度效应有限元分析方法；首次采用狭小空间下大跨度管桁架、大倾角玻璃幕墙、复杂弧面铝垂片吊顶梯次一体化控制的快速提升施工技术，解决了专业交叉、场地受限的施工难题；研发了切线支距放样、折线变缝排版曲线站台施工新技术，填补了铁路站场在不铺轨的前提下精确铺贴曲线站台工艺的空白；首次采用基于 GIS+BIM 深度融合的数字化技术，研发了"铁路站房信息化管理平台"，实现了设计、施工、运维全过程可视化控制。

（8）上海浦东国际机场卫星厅及捷运系统工程

上海浦东国际机场卫星厅位于 T1、T2 航站楼南侧，建筑面积 62.5 万 m^2，是全球最大的单体卫星厅（见图 4-8）。作为航站楼功能的延伸，卫星厅通过捷运连接 T1、T2 航站楼，实现联合运行。捷运代替摆渡车，新增 125 个登机桥位，航班靠桥率由 56% 提升至 95% 左右，进一步提升上海航空枢纽的服务能力和水平。卫星厅主体结构采用钢筋混凝土框架结构，中央大厅屋盖采用钢结构桁架，登机桥采用钢结构，总用钢量约 3.5 万 t。工程于 2015 年 12 月 29 日开工建设，2019 年 5 月 29 日竣工，总投资 55.76 亿元。

全球机场范围首次将技术成熟、应用广泛的钢轮钢轨制式地铁 A 型车，引入机场旅客捷运系统，通过减震降噪等改造，适用于机场；创新紧邻运营机坪复杂群坑施工技术，应用"耦合效应分析"，科学分坑，控制基坑变形，确保

图 4-8　上海浦东国际机场卫星厅及捷运系统工程

机场安全运行不中断；创新研究应用空间自由曲面弧形三角钢屋盖施工控制技术，利用 BIM 技术及计算机仿真模拟，对弧边三角钢屋盖吊装过程中各个阶段结构变形和内力进行动态模拟，引入"现场焊接机器人技术"，有效控制安装累积误差；创新应用异形双曲面大吊顶逆作施工技术，针对 $6600m^2$ 的异形双曲面大吊顶，采用"逆作法"工艺，地面拼装和计算机控制整体提升，免去满堂脚手架的搭拆，解决高空调平的难题；创新研究解决盾构下穿运营中机坪和滑行道的难题，根据数字仿真，设定推进速度和地层损失率等参数，辅以惰性浆液同步微扰动注浆；实时自动化监测滑行道，动态修正推进参数，机坪最大沉降控制在 7mm。

（9）太古供热项目（古交兴能电厂至太原供热主管线及中继能源站工程）

太古供热项目（古交兴能电厂至太原供热主管线及中继能源站工程）位于山西省太原市，横跨太原城区和古交市，是目前世界上规模最大、地形最复杂的大温差长输集中供热项目（见图 4-9）。实现供热面积 7600 万 m^2，占太原市区总供热面积 1/3 以上，属山西省重大民生工程。项目于 2014 年 3 月开工建设，2018 年 7 月竣工，总投资 51.64 亿元。

项目在国内首次采用以中继能源站和分散能源站衔接长输管线、市区热网、庭院管网的三级大温差热网系统，研发并大规模应用多种大温差关键设备；首创基于低热网回水温度的电厂汽轮机多级串联梯级余热回收工艺；研发整体与局部保温关键设备和部件，攻克了长输热网热损失大的难题；首次构建了长距离大高

图 4-9　太古供热项目（古交兴能电厂至太原供热主管线及中继能源站工程）

差热网水高效安全输送技术体系，首创大高差直连条件下的多级热网泵配置技术，形成长输供热管网安全保障和多级泵组集群控制关键技术，攻克了直连高差180m、长度 37.8km 热网超压和汽化难题；首创复杂地形下长输供热管网设计施工成套技术及系列敷设技术，系统解决了目前世界上最长热力隧道（15.7km）和跨河钢桁架桥（1.26km）建设中大直径热力管道与隧道、钢桁架桥受力传力及管道热应力等众多难题；首次研发出大直径热力管道阵列式无应力配管等工法，成功应用于串并组合最为复杂的高效隔压换热系统；首次研发出专门用于隧道内管道运输和布管的双头轨道车，解决了隧道内狭窄空间条件下大直径供热管道运输、布设和组对等难题。

（10）青岛新机场航站楼及综合交通中心工程

青岛新机场航站楼及综合交通中心工程位于青岛市胶州市，是世界首个单体集中式五指廊造型的航站楼，国内首个全通型、立体化、零换乘的综合交通中心（见图 4-10）。工程总建筑面积 74.2 万 m²，航站楼工程建筑面积 53.2 万 m²，建筑高度 42.15m，屋面面积 22 万 m²，为国内首个全球最大焊接不锈钢屋面。综合交通中心工程建筑面积 21 万 m²，建筑高度 20.85m，地上二层、地下二层，其中停车楼面积 13.8 万 m²，换乘中心面积 4.3 万 m²，停车位 3747 个。工程于2015 年 11 月开工建设，2020 年 5 月竣工，总投资约 382 亿元。

工程为国内原创设计首个单体集中式五指廊构型"海星"航站楼；创新研发"结构空腔 + 隔振支座"技术与阻尼减震系统，达到震振双控目标，国内首次实现高铁不减速下穿航站楼；提出了支护桩与工程桩共用及其施工方法，创新采用主体结构倒序施工技术，解决了场地受限、多工种立体交叉及工期紧等施工难题；

图 4-10　青岛新机场航站楼及综合交通中心工程

建立了超长混凝土结构建造过程中温度约束应力计算方法,提出了"顺序与跳仓相结合,间歇与加强相结合"的高效建造技术,研发了超长预应力混凝土结构梁侧加腋张拉优化后浇带关键技术,解决了超长混凝土结构收缩与开裂的施工难题;国内首创适合海洋性气候的"天衣无缝"技艺设计 – 超纯铁素体连续焊接不锈钢屋面系统,发明了金属屋面自动连续焊接施工方法,解决全球最大焊接不锈钢屋面工程施工难题。

（11）上证所金桥技术中心基地项目

上证所金桥技术中心基地项目位于上海自由贸易试验区,总建筑面积 22.6 万 m²,由数据中心、应急指挥中心、能源动力、生产辅助 4 个功能区,18 个单体组成,是目前为止亚洲规模最大、建造标准最高的新一代金融数据中心（见图 4-11）。作为上交所交易系统主运行中心,项目同时为深交所、中国结算以及全球百余家券商提供一站式数据中心托管服务,是典型的新基建项目。工程于 2016 年 3 月开工建设,2019 年 5 月竣工,总投资 38.5 亿元。

项目创新采用阶梯式余热回收和补偿式双温双盘管精确制冷技术,实现了废热回收及长达 7~9 个月的自然冷源利用,实现了数据中心的高效制冷和节能低碳运行;研发了多电源智能保障技术,首次采用 3 路独立 110kV 市政供电,创新采

图 4-11　上证所金桥技术中心基地项目

用了柴发双活双母线并机技术、动态飞轮中压耦合不间断电源技术，提高供电可靠性 17%，消除电源切换真空期，大大增强了电力供应的容错性和连续性；通过无对流围合结构布局和多层物理式分隔防水设计，形成数据机房隔水设计技术，解决了机房内外空气对流产生凝结水与空调系统渗漏对数据机房设备运行影响的难题；研发了大体量密集型管线综合安装技术，创新采用多层一体式共用支架、组合结构式钢网架及管道模块化安装等技术，实现了机电管线的高效安装；研发了基于 BIM 的数据中心运维监管技术，开发了智慧运维综合管理等系列软件，实现了机房运行环境、设备健康信息的智能监控及事件分析。

（12）成都露天音乐公园

成都露天音乐公园位于成都市北三环凤凰山脚，是我国最大的以露天音乐为主题的综合生态公园，是第三十一届世界大学生运动会的闭幕式场地（见图 4-12）。成都露天音乐公园整体设计采用"太阳神鸟"凤凰文化元素，占地面积 37.9 万 m²，在充分体现公园音乐主题功能的同时，兼具文化宣传、亲水休闲、运动娱乐、园林观赏、商业活动等功能。工程于 2017 年 12 月开工建设，2019 年 3 月竣工，总投资 10.37 亿元。

工程首创利用原自然地形地貌特征进行地形生态隔声坡设计，构建了露天音乐公园生态隔声系统，开创了运用生态景观治理开放环境下声源交叉干扰问题的先例；主舞台双面剧场集空间桁架与拱支双曲抛物面索网两独立复杂结构为一体，实现了艺术造型、结构安全和使用功能的和谐统一；研发的大跨度双曲变截面钢

图 4-12　成都露天音乐公园

斜拱信息化精准安装控制技术和双曲抛物面索网提升张拉与斜拱协同卸载技术，实现了大跨复杂钢结构的精准安装与安全建造；研发的外倾双曲异形四棱锥幕墙安装工艺，解决了肌理幕墙单元构件三维空间定位等安装难题，提高了安装效率；首创了施工安防及支撑装置的动力分析与设计方法，实现了施工过程中人员、结构损伤评估和防护装置定量设计，提高了复杂钢结构施工安全防护水平；开发了多专业、多系统和全流程的施工协同管理系统，提升了建筑工程协同施工的高效与精细化管理水平。

（13）海峡文化艺术中心

海峡文化艺术中心位于福建省福州市三江口核心区，是目前世界上陶瓷用量最大的文化建筑综合体（见图 4-13）。作为联合国教科文组织第 44 届世界遗产大会的主会场，项目肩负着福州与世界的文化交流，促进东西方文化有效连接的重要使命。工程总建筑面积 15.26 万 m^2，设有多功能戏剧厅、歌剧院、音乐厅、艺术博物馆及影视中心五个功能性场馆，可举办大型电影节、音乐会、展览、各类艺术表演以及各种会议等活动。工程 2015 年 5 月开工建设，2018 年 8 月竣工，总投资 27 亿元。

工程首创大跨度空间新型管桁架及复合节点设计理论，采用自主创新的超大长细比幕墙结构柱考虑初始缺陷的直接分析法，系统解决了"超规"复杂异型大空间结构受力体系计算及精准安装的难题；创新研发了再生骨料混凝土高性能化关键技术，拓展了再生骨料混凝土的使用场景，实现了建筑垃圾资源化；全球首

图 4-13　海峡文化艺术中心

创无规则异形空间陶瓷建造技术，共使用 150 万块艺术陶瓷片，42250 块陶棍及 3.6 万块艺术陶瓷砖，是全球陶瓷用量最大的文化建筑综合体；国内外首创氧化锆消声微孔陶瓷面层体系，通过独创的制备方法，呈现了完美的声学效果，拓展了建筑陶瓷材料的功能，填补了国内外空白；国内外首创无规则异形曲面幕墙综合建造技术，解决了国内首例超大长细比钢构柱 – 异形双曲幕墙标准化安装问题。

4.2.2.2　桥梁工程

（1）柳州市官塘大桥工程

柳州市官塘大桥是柳州市境内连接城中区与鱼峰区的跨江通道，位于柳江水道之上，是柳州市东北方向城市主干路的重要组成部分主桥为中承式钢箱拱桥，结构体系为有推力提篮式拱桥（见图 4-14）。大桥全长 1155.5m，主桥长为 462m，主桥总跨径为 457m。桥面有效宽度 39.5m，两侧人行道各 2.5m。拱轴线为悬链线，拱肋净跨径 450m，净矢高为 100m，拱平面与竖直平面的夹角为 10°。主桥基础采用钢筋混凝土结构扩大基础，拱座采用分离式钢筋混凝土拱座。工程于 2016 年 5 月开工建设，2019 年 1 月竣工，工程投资约 12.09 亿元。

结合桥址处地质环境特点，设计采用 457m 跨大推力钢箱提篮拱桥型结构，研发了新型组合式拱座施工、大跨度钢箱拱肋整体提升、成拱及成桥体系转换等技术，形成了世界最大推力钢箱拱桥的建造关键技术；针对拱座 175000kN 水平推力，创新设计新型组合式钢混过渡构造和台阶状扩大基础，传力合理，结构安全；研发了大跨度钢箱提篮拱长大节段低位拼装、整体同步提升、精确合龙和体系转换等成套技术，实现了跨度 262m、重量 5885t、提升高度 67m（跨度、重量、高度均为世

图 4-14　柳州市官塘大桥工程

界之最）的中拱段拱肋整体安装，安全高效；研发了咬合桩＋止水帷幕结构、基底高压注浆综合技术，实现临江溶蚀透水性地质深大基坑无水作业，保证拱座施工质量；研发了装配式紫荆花支架体系，解决了拱肋高精度拼装的技术难题。

（2）石家庄至济南铁路客运专线济南黄河公铁两用桥

石济客专济南黄河公铁两用桥是石济客运专线控制性重点工程（见图4-15）。全长1.792km，下层桥面为石济客专（设计速度250km/h）及邯济胶济铁路联络线（设计速度120km/h）四线铁路，上层桥面为双向六车道公路（设计速度80km/h）。主桥采用（128+3×180+128）m刚性悬索加劲连续钢桁梁跨越黄河主槽，总重近37000t，采用工厂化制造，现场整体拼装后单向顶推施工，黄河水中墩及基础采用双壁钢围堰防护及栈桥辅助施工。该工程是我国第一座大跨度刚性悬索加劲连续钢桁梁公铁两用桥，于2013年10月开工建设，2018年12月竣工，工程投资约14.58亿元。

图 4-15　石家庄至济南铁路客运专线济南黄河公铁两用桥

在公铁两用桥中首次采用刚性悬索加劲钢桁梁桥，通过合理的跨径布置和"刀币"式桥墩方案，使桥梁结构和景观与黄河流域施工条件、文化及结构功能协调统一；首次提出了三桁结构施工控制方法。通过高差敏感性分析，提出了多桁多点同步顶推控制系统施工方案，研发了钢桁梁带加劲弦三桁多点同步顶推成套施工技术；设计了带主动润滑摩擦副的顶推滑移支承体系，实现了 3.7 万 t 钢桁梁大悬臂、长距离安全顶推架设；开发了 4D-BIM 施工安全监测动态管理系统和健康监测系统，研发了基于信息化技术的钢桥制造管理系统，构建了高速铁路钢桥管理平台，实现了构件的制造、运输、安装状态实时监管；创新了桥梁绿色施工技术，优化主桥施工方案，取消河中临时支墩，节约钢材 4800t，减少占用土地 78 亩。

（3）重庆江津几江长江大桥

重庆江津几江长江大桥是重庆市重点建设项目，是江津区与重庆市主城区之间最快捷的通道（见图 4-16）。桥梁全长 1897m，起于南岸东门口，止于北岸南北大道，先后跨越滨江大道、南岸大堤、长江、成渝铁路、滨江路，顺接南岸大同路上下桥匝道，与北岸滨江路形成互通，建桥条件复杂。主桥采用主跨 600m 悬索桥跨越长江，主梁采用扁平流线型钢箱梁；南岸采用锚体深嵌沉井的新型组合锚碇；北岸采用型钢植入岩体复合抗剪式隧道锚碇。工程于 2012 年 11 月开工建设，2016 年 4 月竣工，工程投资 8.6 亿元。

首创隧道锚周边岩体植入型钢剪力键并应用到北岸锚碇，大幅提高了锚体抗拔能力；研发了锚固系统洞外拼装成型、整体滑移入洞工法，解决了大落差、超长锚塞体锚固系统杆件密集、定位精度要求高等施工技术难题；首次提出锚体深嵌沉井的新型组合锚碇结构并应用到南岸锚碇，优化了锚体结构，大幅减

图 4-16　重庆江津几江长江大桥

少地面构筑物体量，实现了与城区环境的协调；创新采用"先两边后中间"取土下沉方式，应用砂套与空气幕组合助沉技术，避免了沉井底部开裂，攻克了沉井穿越超厚砂卵石层施工技术难题；创新采用"高低栈桥＋二次荡移＋二次平移"组合施工技术，解决了山区地形高差与河流水位变化大的钢箱梁架设难题；首次采用改性氯磺化聚乙烯橡胶新型缠包带＋除湿系统组合长效防腐技术体系，显著提高了主缆耐久性及施工工效，解决了悬索桥主缆防腐技术难题。

4.2.2.3　铁道工程

（1）新建北京至沈阳铁路客运专线辽宁段

北京至沈阳客运专线（以下简称京沈客专）连接北京、沈阳两市，是"八纵八横"客运专线主骨架的重要组成部分（见图 4-17）。线路位于华北和东北两大经济区之间，是沟通东北、华北、华东、中南等地区的重要通道。其中辽宁段自冀辽省界出发，依次设置牛河梁、辽宁朝阳、阜新、沈阳西站等车站，引入沈阳站，为时速 350km 双线高速铁路。工程正线长 406.7km，沿线新设车站 10 座，动车所 1 座，线路所 3 个；桥梁 216km/149 座，隧道 75km/39 座，桥隧占比 71.5%。工程于 2014 年 7 月开工建设，2018 年 12 月建成通车，总投资 471.1 亿元。

项目在世界上首次实现了时速 350km 涵盖自动发车、区间自动运行、车站自动停车等功能的高速铁路自动驾驶；完成了智能高铁调度集中、智能牵引供电系统等智能铁路新技术验证，开展了自主化 CTCS-3 级列控系统、时速 350km 复兴号 16 辆长编组动车组等高速铁路装备现代化试验，以及到发线有效长度优化等高速铁路技术优化试验；首创全线采用混凝土新型基床结构形式，解决了寒冷地区路

图 4-17　新建北京至沈阳铁路客运专线辽宁段

基冻胀问题；攻克了寒冷地区岔区长寿命道床混凝土的制备和施工技术，解决了大体积混凝土开裂、粉化、剥落、低坍落度难以泵送的难题；第一次大规模铺设 60N 廓形钢轨，改善了钢轨与车轮踏面匹配程度，有利于减少钢轨磨耗，延长钢轨使用寿命；首次在轨道板内嵌入 RFID 芯片轨道生产实行信息化管理，在国内率先实现了轨道板全生命周期信息化管理；开创性地研发了自密实混凝土和素混凝土支承层纵向连续新型结构，完善提升了 Ⅲ 型板式无砟轨道结构形式和整体结构的性能。

（2）山西中南部铁路通道

山西中南部铁路通道（瓦日铁路），西起"小延安"兴县瓦塘镇，东至山东省日照市日照港，横贯山西、河南、山东三省 13 市 47 县，全长内 1269.8km（见图 4-18）。正线路基 605.5km，桥梁 286.4km/467 座，隧道 378.1km/197 座，新建车站 44 座（1 座预留站），是我国首条自主设计和建造，也是世界上首条一次建成 1000km 以上的 30t 轴重双线高标准电气化重载铁路。工程于 2009 年 12 月开工建设，2014 年 12 月建成通车，总投资 1038 亿元。

项目首次确定 30t 轴重重载铁路桥梁设计活载标准及参数，首次提出 30t 轴重重载铁路隧道结构设计，显著提升了承载能力；建立 30t 轴重重载铁路路基设计参数，系统研发了适应 30t 轴重的钢轨、道岔、有砟轨道结构，新型无砟轨道结构，大幅提高了轨道结构强度；首次应用单相 – 三相组合式同相供电和四电系统集成技术，实现了接触网同相供电，创新采用集中接地方式、一体化的牵引变电所数字化综合自动化系统、长大隧道 GSM-R 单网交织冗余覆盖方案等，攻克了系列世界难题；统筹提出了线路从煤层采空区以下与地下水位以上狭小区域穿行、110km

图 4-18　山西中南部铁路通道

以上长大紧坡下坡方案，实现了选线设计的重大创新突破；自主研制了全国首台
JQ190 型架桥机，配套铺轨机组形成了重载铁路 T 梁架设和长钢轨铺设同步快速
施工技术；首创研发了新廓形 75N 高强韧性贝氏体钢轨和重载道岔及隧道重载无
砟轨道、聚氨酯固化道床等新型重载轨道结构；在重载铁路中首次应用了声屏障降
噪器技术、附加降噪效果为 2.0~4.5dB，为推进绿色铁路建设提供了技术支撑。

4.2.2.4 隧道工程

（1）兰渝铁路西秦岭隧道工程

兰渝铁路西秦岭隧道位于甘肃省陇南市武都区，设计时速 200km，客货共线
电气化铁路，全长 28.236km，为兰渝铁路全线第一长隧，头号控制工程（见图
4-19）。隧道为双洞单线，洞身设置 3 座斜井，总长 6.088km。采用双块式无
砟轨道，无缝线路，柔性悬挂接触网，四显示自动闭塞信号系统，中部设置一座
长 550m 的紧急救援站、68 个联络通道。工程于 2008 年 10 月开工建设，2016
年 12 月竣工，总投资 34.44 亿元。

项目突出环境保护的山岭隧道设计施工新理念。确定的进口钻爆法 + 出口
TBM 总体设计方案安全、高效；建立 TBM 掘进不良地质体的设备参数与分级标
准，提升 TBM 掘进复杂地质特长隧道的适应性，创造地将 TSP 超前地质预报、
PPS 自动导向、钢支撑支护、超前预注浆、空腔回填等技术运用于 TBM，成功通
过多条不良地质；应用的 TBM 掘进与衬砌同步施工技术及研发的相关配套设备，
创造了敞开式 TBM 最大月掘进 842m，同步衬砌最大月进度 860m 等国内外 9 项

图 4-19 兰渝铁路西秦岭隧道工程

纪录，综合效果显著；研发多极级联、主副驱动快速出渣系统，实现了从 TBM 掘进面到渣场的连续快速出渣，较传统运输方式，高效环保；建立了完备的特长隧道通风及应急救援体系。研发自安全隧道供风、竖井均衡排烟的救援站通风排烟技术，形成特长隧道的救援站设计模式。

（2）新建向莆铁路青云山隧道

青云山隧道位于永泰至莆田区间内，为双洞单线特长隧道（见图 4-20）。按照时速 250km 客运专线铁路建筑限界设计，是向莆铁路关键控制性工程，是华东第一长、当时全国已建成第二长隧道，左线全长 22175m，右线全长 21843m，隧道最大埋深 900m。隧道设置 4 座斜井和 1 座施工通风竖井，隧道中部设置 1 处"紧急救援站"，洞内铺设双块式无砟轨道整体道床。工程于 2008 年 8 月开工建设，2013 年 9 月竣工，总投资 17.06 亿元。

国内外首次自主开发了高分辨率遥感三维可视化技术，创新性应用连续电导率成像系统的高分辨率大地电磁法技术，解决了长大深埋隐伏构造勘探精度要求高的世界性难题；发明了富水断层带纵向分台阶超前注浆施工方法；建立了以全断面多方位帷幕注浆技术、抗 0.5MPa 水压全包防水衬砌为核心的隧道防水体系，实现了超长隧道施工对自然保护区植被和水系的"零扰动"；提出了软弱围岩渐进性破坏过程的测试方法、隧道掌子面及前方先行位移监测方法，探明了软弱围岩隧道施工全过程的变形特征，研发了液压破碎锤和微爆破开挖施工技术，降低了长大隧道施工对生态环境的影响；首次提出了地温梯度修正方法及建议值，提高了地温预测的准确性，结合发明的单线隧道长距离（6744m）独头通风技术，有效防止了高地温对施工人员身体的伤害。

图 4-20　新建向莆铁路青云山隧道

（3）贵阳龙洞堡机场地下综合交通枢纽隧道工程

龙洞堡机场地下综合交通枢纽隧道工程为我国"八纵八横"高速铁路网在贵阳地区的重要枢纽，正线全长3009m，上、下行到发线共长2210m（见图4-21）。正线隧道设计时速250km；隧道中部设四线铁路侧式站台车站，分别为正线双线隧道和2座单线到发线隧道以三管隧道形式通过，其余为岔区隧道；铁路车站通过扶梯通道及逃生竖井与地铁及地面相连。隧道依次下穿地面停车场、汽车站、地铁车站、地下停车场、空管楼和货运停车场。工程于2010年10月开工建设，2015年8月竣工，总投资12.57亿元。

工程创新性提出三层立体紧凑枢纽布局方案，建成了全国首座"垂直零换乘"的空地一体化立体综合交通枢纽工程；创新了高回填明洞设计理念、结构形式及设计方法，探明了超高回填土明洞"拱效应"的影响因素及明洞回填土的变形规律，首次建立了超大跨超高回填土明洞荷载计算方法；首次提出了新型开孔明洞衬砌型式，建立了新型开孔明洞衬砌设计理论及计算方法；首次建立暗挖隧道穿越薄层破碎硬质岩荷载计算及新人工填筑土隧底桩基与衬砌联合支护承载体系计算方法，形成超小间距复杂隧道群修建关键技术及新人工填筑土大断面暗挖隧道底部变形控制技术，解决了隧道群下穿重要建筑物及新人工填筑土大断面暗挖隧道施工风险控制难题；形成了隧道岔区"两小扩一大"、大倾角扶梯通道反向暗挖施工工法；提出了新人工填土层综合加固、大断面竖井快速开挖技术。

图4-21　贵阳龙洞堡机场地下综合交通枢纽隧道工程

4.2.2.5　公路工程

（1）贵阳至瓮安高速公路

贵阳至瓮安高速公路是《国家高速公路网规划》中银川 - 百色在贵州境内重

图 4-22　贵阳至瓮安高速公路

要段落，是贵州"黔中经济区一小时经济圈"重要组成部分，是贵阳东出贵州最便捷的通道，是连接东部发达地区和西部欠发达地区的重要通道（见图 4-22）。项目全长 71km，设计速度 80km/h，四车道高速公路，路基宽 24.5m，桥涵设计荷载等级为公路 -I 级。全线共设桥梁 15637m/36 座（其中含清水河特大桥，主跨 1130m 悬索桥），隧道 7530m/6 座（其中含建中特长隧道，3300m/ 座），互通式立交 6 处，服务区、停车区共 3 处。项目于 2013 年 8 月开工建设，2019 年 1 月竣工，总投资 86.33 亿元。

工程率先将北斗定位系统和机载 LIDAR 测量技术应用于贵州山区公路，建立了全线 1 : 500 高精度数字地面模型，实现可视化的精准"实景选线"设计，空间 CT 扫描、井下电视等勘察新技术，准确查明了全线不良地质问题；独立开发的"智绘路基设计软件"，实现了道路三维交互式和可视化的设计；独立开发的"智绘地质设计软件"建立了全专业、全信息三维地质模型、自动提取岩土参数进行桩基础和边坡防护设计，桩基和边坡防护工程接近"零变更"；首次研发的千米级、大吨位缆索吊系统，解决了板桁结合加劲梁整体节段吊装作业难题；研发的自行式主缆检修车，自动过索夹和过吊索、自动纠偏，使山区悬索桥主缆养护技术走到了世界前沿；桥梁塔柱施工中，国内首次采用 6m 节段的液压爬模施工方式，实现了机制砂自密实混凝土在 236m 超高塔柱泵送中的成功应用。

（2）济南东南二环延长线工程

济南东南二环延长线工程由京沪高速济南连接线和济南绕城高速济南连接线组成，是连接市区京沪、京台、青银等国道主干线交通枢纽（见图 4-23）。项

图 4-23　济南东南二环延长线工程

目全长 20.57km，设特大桥 1568.6m/1 座，大桥 1816.2m/3 座，中桥 296.5m/5 座，匝道桥 3100m/15 座，涵洞 4 道，改建互通立交 1 座，新建互通立交 5 座，出入口 2 对，分离立交 1 座，通道 2 座，天桥 1 座，隧道 9735.4m/6 座，收费站 1 处，桥隧监控通信站 1 处，桥隧养护管理站 1 处，同址合建。工程于 2015 年 8 月开工建设，2020 年 12 月竣工，总投资 73 亿元。

工程建立了城区局促空间超大跨度小净距隧道设计方法，解决城区狭小空间路线展布难题；研发了超大跨扁平双洞八车道水平层状围岩隧道安全快速施工技术，发明了流固耦合相似材料及模拟试验装备与技术；提出了基于围岩扰动、爆破损伤与变形特征的超大扁平隧道安全快速施工技术体系及"局部锚杆 + 变厚喷混"为核心的不等参支护技术，实现了超大扁平公路隧道安全快速开挖、支护施工；研发了适用于泉域公路隧道动水的"透" + "堵"系列绿色充填材料及强耐久自修复新型一体化防水支护结构体系，实现了城区泉域地层地下水与隧道和谐共生；创新了废弃渣零排放和低碳环保等综合施工技术；研发了隧道地质编录与超欠挖检测机器人和多功能拱架安装机器人，创新了五层互通智能施工组织模式，为城区公路智能建造奠定了基础。

（3）巴基斯坦 PKM 项目（苏库尔至木尔坦段）

巴基斯坦 PKM 项目（苏库尔至木尔坦段）是"一带一路"重点工程，是优化中国能源进口渠道、具有战略意义的重要通道，是中巴经济走廊框架下最大的交通基础设施和旗舰项目，是当地设计标准最高、质量最好的高速公路（见图 4-24）。项目全长 392km、双向六车道、设计时速 120km，包含桥梁 100 座，通道 428 道，

图 4-24　巴基斯坦 PKM 项目（苏库尔至木尔坦段）

涵洞 975 道，互通式立体交叉 11 处，服务区 6 对，休息区 5 对，收费站 22 处。工程于 2016 年 8 月开工建设，2019 年 6 月竣工，总投资 188.65 亿元。

项目在巴基斯坦首次引进无人机航拍矢量成图技术，地形图测量缩短了约 3 个月工期；结合巴基斯坦道路运营特点，采用中国标准进行设计建造，研发"智慧高速综合管理平台"及基于深度学习算法的车牌识别系统，极大地提升高速公路智慧化程度；提出粉质土路基采用羊角碾加冲击碾的组合碾压新工艺，提高压实效率，减少工后沉降；对架桥机的前支横梁、中支 U 型梁及天车横梁进行加长改造，从而满足特小角度架设要求；提出了沥青混合料 80℃环境下抗车辙技术标准，将车辙检测温度从 60℃提高到 80℃，突破了国家标准、欧洲标准和美国标准；沥青层采用平衡梁法施工，以静压、轻压为主，碾压过程中采用 5m 尺检测。成品经激光平整度仪检测，全线国际平整度指数 $IRI \leqslant 1.2$。

4.2.2.6　水利工程

（1）广东清远抽水蓄能电站

广东清远抽水蓄能电站位于广东省清远市清新区，属国家"十一五"重点工程、广东省重大能源保障项目（见图 4-25）。电站最高净水头 502.70m，安装 4 台 320MW 的立轴单级可逆混流式机组，引领了单机容量由传统的 300MW 向更大容量发展的方向。电站总装机容量 1280MW，为一等大（1）型工程。电站由上水库、下水库、输水系统、地下厂房系统及开关站等组成。工程于 2010 年 5 月 31 日开工建设，2016 年 8 月 30 日投产，总投资 48.78 亿元。

图 4-25　广东清远抽水蓄能电站

电站上、下水库突破了国内外常规的混凝土面板或沥青混凝土面板全库防护方案，利用天然覆盖层进行库盆防渗，适当削缓库岸较陡边坡，进行了局部网格护坡支护，保证了库岸边坡稳定；国际上首次成功研发应用了一洞四机同时甩满负荷关键技术，实现了机组水力过渡过程的可靠和稳定，保障了机组安全高效运行，极大降低了工程造价；世界首创提出了"大洞贯小洞""先洞后墙""薄层开挖、随层支护"等技术，提出了浅孔多循环、弱爆破开挖新方法，实现了精细爆破，解决了地下厂房 38 个洞室开挖支护难题；世界首家开展蓄能电站长短叶片转轮与一洞四机水力系统相适应的转轮水力设计开发，解决了运行时水轮机水力稳定性的难题；国内首创厚板浮动式结构的磁轭，提高了发电机转子同心度，提升了机组运行稳定性，振动和噪声低至国内抽水蓄能机组最低水平。

（2）江西省峡江水利枢纽工程

江西省峡江水利枢纽工程是国务院确定节水供水重大水利工程之一，建设地点位于赣江中游的峡江县老城区（巴邱镇）上游峡谷河段，是一座以防洪、发电、航运为主，兼有灌溉等综合利用功能的大（Ⅰ）型水利枢纽工程，由混凝土重力坝、泄水闸、河床式电站厂房、船闸、左右岸灌溉总进水闸及鱼道等组成（见图 4-26）。坝顶高程 51.20m，正常蓄水位 46.00m，死水位 44.00m，设计洪水位 49.00m，总库容 $11.87 \times 108m^3$，防洪库容 $6.0 \times 108m^3$。电站安装 9 台转轮直径亚洲最大的灯泡贯流式水轮发电机组，装机容量 360MW；设计年货运量 $1491 \times 104t/$ 年，改善航道里程（Ⅲ级航道）65km，过船吨位 1000t；设计灌溉面积 32.95 万亩。工程于 2010 年 7 月开工建设，2017 年 12 月竣工，总投资 99.22 亿元。

图 4-26　江西省峡江水利枢纽工程

工程创新性提出水库与分蓄洪区共同承担防洪任务和全年水位动态控制的水库调度运行新方式，实现了坝址上、下游防洪协调，在确保防洪安全的前提下最大限度减少了库区淹没损失；首次提出并实现了库区浅淹没区及浸没区大面积集中抬田，抬田高度按高于水库正常蓄水位 0.5m 控制，抬田面积 3.75 万亩；自主研发了亚洲第一、世界第二的转轮直径 7.8m 巨型灯泡贯流式机组，填补了国内巨型灯泡贯流式机组的空白；研究提高整机刚强度和稳定性的技术措施，解决了水头变幅大、压力脉动指标严、稳定性要求高的难题；首次采用完全二次循环水冷却技术并获得成功，保证了机组通风冷却系统高效可靠运行。

4.2.2.7　电力工程

国家能源集团宿迁 2×660MW 机组工程是我国首套 660MW 二次再热塔式锅炉超超临界机组（见图 4-27）。2017 年 8 月，工程被科技部正式列为国家煤炭清洁高效利用重点研发计划"高效灵活二次再热发电机组研制及工程示范"项目。工程建设显著提升了能源利用效率，降低污染物排放量和发电成本，成为大机组清洁发电与集中高效供热的典范。工程于 2016 年 6 月开工建设，2019 年 6 月竣工，总投资 50.98 亿元。

工程在国际上首创 660MW 等级二次再热锅炉塔式布置，优化受热面，采用宽调节比汽温调节方案解决二次再热锅炉低负荷欠温问题，实现了锅炉的灵活运行能力提升；国际首创补汽阀设计应用于二次再热机型，以适应高效宽负荷率运行的要求，并研究适用于二次再热参数的主汽、调门及补汽三阀一体的联合阀门，

图 4-27　国家能源集团宿迁 2×660MW 机组工程

增加机组灵活调节和抑制振动的手段；国内首创"汽电双驱"引风机高效供热策略，有效解决二次再热辅汽参数匹配和高效供热问题；首创研发智能发电运行控制系统（ICS）和智能发电公共服务系统（IMS），提高机组自动化运行水平，实现传统煤电向智慧能源转型；首创应用国产螺旋卸船机，填补国内该领域装备制造空白；首次采用高效灵活锅炉烟气循环系统技术设计再热汽调温系统，有效降低炉烟循环系统能耗。

4.2.2.8　水运工程

武汉港阳逻港区集装箱码头工程位于武汉市新洲区阳逻镇，武汉长江中游航运中心的核心港区 – 阳逻港区（见图 4-28）。工程建设内容主要包括阳逻二期工程及三期工程，共建设 8 个 5000t 级集装箱江海船泊位以及相应配套设施，占用岸线长度 1088m，占地面积 151.5 公顷，设计年通过能力为 149 万 TEU，是长江中游最具规模、最为现代化的集装箱码头工程，有效支撑长江黄金水道建设。工程于 2008 年 11 月 12 日开工建设，2016 年 12 月 30 日竣工，总投资 29.9 亿元。

工程首次将 BIM 技术运用于港口工程设计，开创了水运工程 BIM 设计先河，推动了水运工程设计手段革新；创新利用矶头岸线建设集装箱泊位，基于不同水位下翔实水流实测资料，通过船舶模拟试验，定量评估船舶靠离泊操作难度和安全性，制定了船舶靠离泊作业措施，突破矶头岸线不能建港的传统理念，提高岸线资源利用率；创新提出陡岩面裸岩地质下的大桩径、大桩距的全直桩空间高桩码头结构形式，丰富了河港大水位差码头结构设计方法；创新采用内河码头大直径钢护筒引孔栽桩施工技术，克服水流急、水位高、河床覆盖层薄、斜坡陡坎等复杂条件的稳桩难题；创新采用陡坡裸岩条件下的嵌岩桩施工技术，形成了钻孔平台搭设、灌注型嵌岩桩施工、水下 C30 自密实微膨胀混凝土浇筑成套施工技术。

图 4-28　武汉港阳逻港区集装箱码头工程

4.2.2.9　轨道工程

（1）西安市地铁 4 号线工程

西安市地铁 4 号线南起航天新城站，北至北客站（北广场）站，串联了火车站、高铁站，续接了机场城际铁路，全长 35.2km，均为地下线（见图 4-29）。设 29 座车站，其中 11 座为换乘站，设航天城车辆段和草滩停车场各 1 座，区域控制中心 1 座，主变电站 1 座。采用 6B 编组，4 动 2 拖，最高运行速度 80km/h，牵引供电采用 DC1500V 接触网。工程于 2014 年 7 月开工建设，2018 年 11 月竣工，2018 年 12 月建成通车，总投资 238.22 亿元。

工程攻克饱和软黄土地层大断面隧道下穿西安火车站咽喉区道岔群关键技术，解决了软～流塑的饱和软黄土地层条件下，浅埋暗挖地铁车站大断面隧道下穿西安火车站咽喉区 29 股道、12 组道岔（含 1 组复式交分道岔）的施工技术难题；针对工程多次穿越地裂缝，首创"骑缝"设置模式，提升了"分段处理、预留净空、柔性接头、特殊防水"的设防理念，创新了地裂缝段设防及防水技术；首创地铁穿越大厚度湿陷性黄土关键技术，首次在地铁工程采用现场试坑浸水试验及数值分析，研究了大厚度湿陷性黄土的工程特性，提出了黄土湿陷性评价方法及地基处理原则，形成了不下压轨面直接穿越的地铁设计关键技术；为避让大明宫遗址，结合西安火车站改造，创造了分离岛式－先隧后站、多网融合的车站一体化设计方案，实现了国铁与地铁同层换乘，无缝衔接。

图 4-29　西安市地铁 4 号线工程

（2）苏州市轨道交通 2 号线及延伸线工程

苏州市轨道交通 2 号线及延伸线全长 42.042km，地下线 34.189km，高架线及过渡段 7.853km，全线设地下站 30 座，高架站 5 座，设车辆段、停车场、控制中心各 1 座，主变电所 3 座（见图 4-30）。线路起始于相城区骑河站，途经姑苏区、吴中区，终止于工业园区桑田岛站，总体呈"L"形走向，无缝衔接苏州北站、苏州站两大枢纽，与苏州市轨道交通线网中已建、在建的各条线路均形成换乘，是苏州市南北向客流交通的主动脉。工程于 2009 年 12 月开工建设，2016 年 8 月竣工，总投资 194.4 亿元。

工程在国内首次研究揭示了富水粉细砂地层盾构穿越建筑群沉降特征及控制要素，发明了高膨胀率渣土改良材料、小收缩率同步注浆专利材料；首创盾构直接切削桥梁大直径钢筋混凝土群桩成套技术，研发了切桩新型刀具、群刀立体刀盘等，开发了被截桩建构筑物荷载转移及变形控制可靠加固方法，实现了盾构主动切桩，突破了盾构切削钢筋混凝土障碍物的技术瓶颈；自主研发的"带箱式转换巨型框支柱 – 剪力墙"新型结构，攻克了车辆基地上盖开发平台，上下结构体系不同、转换结构跨度大的难题；在国内首次发明在线运营车辆综合检测探伤技术及车辆转向架及轮轴的集中数字化检修，大幅提升了车辆基地的年检修能力；研制的城市轨道交通道床混凝土移动搅拌运输车、变跨铺轨机等专用设备，开合式电磁感应水冷线圈钢轨正火焊接等技术，大幅提升了铺轨施工效率，有效降低了碳排放量。

图 4-30　苏州市轨道交通 2 号线及延伸线工程

（3）广州市轨道交通 14 号线一期工程

广州市轨道交通 14 号线一期工程，起于嘉禾望岗站，止于东风站，由新和站引出知识城支线，主线全长 54.4km，其中地上线长 32.5km，地下线长 21.9km，共设车站 13 座，其中地下站 6 座，高架站 7 座（见图 4-31）。设车辆段 1 座、停车场 1 座、控制中心 1 座。工程于 2013 年 4 月 1 日开工建设，2018 年 12 月 28 日竣工，总投资 207 亿元。

工程研发了灵活的多种快慢车交汇避让策略信号系统，构建了市域线快慢车运营模式的服务标准和评价体系，实现了精准运输和差异化服务；首创了轨道交通长大区间全刚构体系桥梁综合技术。创新性提出并建成长大区间大跨度、无支座、全刚构体系桥梁；创新采用预制节段拼装工法，研制出新型节段梁拼装架桥机及配套支撑体系；研发了复杂地质及环境下盾构施工关键技术，通过研发双螺旋式双模盾构机、"衡盾泥"辅助带压进仓、水平定向钻孔注浆加固等技术，攻

图 4-31　广州市轨道交通 14 号线一期工程

克了小净距下穿既有建构筑物、富水岩溶发育复合地层等盾构施工技术难题；首创了地铁高架车站装配式自平衡悬吊技术体系，高架站采用钢混组合结构、装配式自平衡悬吊体系，消除站厅两侧柱网，提高了空间利用率，结构轻盈通透，自然采光通风效果好，节能环保；首次开展了基于运营性能的轨道选型技术研究，通过创新一种"连续支承、连续锁固"的嵌入式轨道，解决了城市轨道交通振动噪声治理、轮轨异常磨耗、杂散电流防治、日常养护维修难题。

（4）宁波市轨道交通3号线一期工程

宁波市轨道交通3号线一期工程南起鄞州区高塘桥站，北至江北区大通桥站，沿线串联了甬江科创走廊、南部商务中心，衔接奉化新城，是一条贯穿城市南北的交通大动脉（见图4-32）。线路全长16.73km，全部为地下线型式敷设，共设车站15座，其中换乘站6座，平均站间距1.15km。工程于2014年12月开工建设，2019年6月竣工，总投资148.7亿元。

工程研发了世界最大断面类矩形盾构隧道成套建设技术，首创世界最大类矩形11.83m×7.27m盾构机"阳明号"，形成了集结构设计、装备研发、施工工艺于一体的类矩形隧道成套建设技术；创新研发了滨海软土地层110m特深地下连续墙施工"Ω"形铣接头、成槽稳定性控制等成套关键技术，为超深地下空间建造提供了良好的技术储备；国内首创以"微加固、全封闭、强支护、集约化"为特征的机械法联络通道成套建造技术，进一步降低了施工风险，保护了周边环境，提高了施工效率；国内首例盾构成功下穿高速铁路咽喉区多股道岔，采取数值模拟精准设定掘进参数、"厚浆"+可硬性浆液快速稳定地层、实时动态监测等精细化施工技术，近距离微扰动下穿甬台温高铁咽喉区；国内首次在项目研发应用双向变流器技术，综合监控及AFC系统国内首次采用了最高信息安全等级建设标准，安全、环保效益显著。

图4-32　宁波市轨道交通3号线一期工程

4.2.2.10　水工业工程

　　黄浦江上游水源地工程位于长三角一体化示范区的核心地带，供水规模达351 万 t/d，由总库容为 910 万 m³ 的金泽水库、管径为 DN3600~DN4000，总长 41.8km 的连通管、日供水规模为 215 万 m³/ 日的闵奉支线和松浦泵站改造等子工程组成（见图 4-33）。工程服务范围覆盖上海市青浦、金山、松江、闵行和奉贤等西南五区。工程于 2014 年 12 月开工，2016 年 12 月通水，2017 年 11月竣工，工程总投资约 81 亿元。

图 4-33　黄浦江上游水源地工程

　　工程首次将 DN4000 长距离钢顶管用于国内高压给水领域，形成了超大口径钢顶管成套技术；研发并应用了国际先进的 DN3000 大口径预应力钢筒混凝土管材（JPCCP）及其顶管成套技术；工程研发了泵站及输水系统的整体水力过渡过程程序，创新了泵站进水构筑物整流与水力排沙技术，形成了"城市泵站水力优化设计及水锤防护关键技术研究与应用"科技成果；工程为国内首次在大型原水工程中全面运用 BIM 技术的工程，亦是首批"上海市建筑信息模型技术应用试点项目"，形成了原水工程 BIM 正向设计标准流程。工程通过一条超大口径钢顶管，将金泽水库和松浦大桥取水口两个水源连通，再经过三座枢纽泵站的提升，实现了黄浦江上游原水系统"一线、二点、三站"正反双向安全供水模式。

4.2.2.11　市政工程

（1）横琴第三通道

横琴第三通道连接珠海市南湾城区和横琴粤澳深度合作区，工程范围南起横琴中路，下穿环岛北路，过马骝洲水道后，沿规划保中路线位向北至南湾大道（见图4-34）。工程主线双向6车道，为客车专用通道，接线道路为双向6车道，道路等级为主干道。路线全长约2834.6m，其中过马骝州水道段为圆隧道段，单管设置单向3车道，两管组合形成双向6车道，隧道外径14.5m，长约1081.6m，采用直径14.93m的泥水平衡盾构机掘进施工，是我国首条海域超大直径复合地层盾构法隧道。岸边段采用两孔一管廊明挖矩形断面。工程于2014年7月11日开工建设，2018年11月1日正式运行，总投资26.35亿元。

图4-34　横琴第三通道

工程首创了复合地层超大直径盾构隧道横纵向变刚度结构设计新方法，解决了盾构渐入基岩面结构受力复杂难题；研发了基于工效提升的复合地层超大直径盾构装备创新技术，解决了盾构机在抛石、隐蔽岩体范围内的推进困难；盾构新型泥浆材料及浆渣高效处理集成技术保证了开挖面的稳定，生态可持续；研发隐蔽岩体靶向爆破预处理技术，用于破碎高强度基岩，减少了盾构机刀盘的磨损；分段平移地墙施工技术实现了横穿基坑的供澳高压燃气管的原位保护。

（2）天津滨海国际机场扩建配套交通中心工程

天津滨海国际机场扩建配套交通中心位于津城与滨城之间，由城际铁路机场站、地铁2号线机场站，集散大厅、换乘通道、地下停车场等组成（见图4-35）。本中心工程集航空、高铁、市域快轨、地铁、公交、出租等多维立体交通于一体的大型地下交通枢纽，总建筑面积11.28万 m^2。工程于2011年12月开工建设，2014年8月竣工，总投资22.41亿元。

工程首创滨海富水软土地基条件下盖挖逆作成套技术，为严格控制土体变形和地表沉降，采取了大面积、多区段盖挖逆作施工技术；研发应用了竖向支撑系统关键技术、结构层板顺逆结合、托换钢管柱分节定位安装等8项创新技术；首创"可视化、多节变径"桩基施工技术和内插钢管柱"智能化"定位工法技术，填补了软土地区多标高深基坑群施工技术空白；首创橡胶气囊和钢片环双井回灌控沉技术，解决单井回扬控制沉降难题，采用悬挂式地连墙，墙深由68m缩短至48m，节约1.2亿元；创新设计软土富水高水压地层条件下封闭泥浆循环系统，采用模块化设计，实现泥浆零排放，践行绿色施工；首次在新建工程中采用绿色、环保、可反复膨胀、耐久性强的预溶模液体膨胀橡胶止水带，提高交通中心与航站楼接驳结构长效防水、止水性能。

图4-35 天津滨海国际机场扩建配套交通中心工程

（3）福州城市森林步道

福州城市森林步道，是福建省生态建设的重要实践和重点民生工程，是全国首条、亚洲最长的钢结构空中森林栈道（见图4-36）。福道总长19km，含钢结构栈道、登山步道和车行道，其中登山步道长约6km，钢结构架空步道长约8.2km，是连续性、无断点全钢结构无障碍林端步道。工程共规划10个出入口与城市对接，沿线共有七座地标性服务建（构）筑物，两座特色景桥梁。工程于2015年1月

图 4-36　福州城市森林步道

开工建设，2018 年 3 月竣工，总投资 6 亿元。

工程研制的多功能全装配式栈道铺设机，多方向渐进式施工；开创性吊装接驳，成功解决栈道小转弯半径处钢桁架构件运输的施工难题；将园林美学追求的线形自然优美、空间起落回转、造型轻巧灵动的多变非标造型，融入精细化设计的 8 组结构模块中，既实现了这些难以量化、规律性不足、参数复杂的美学要求，又满足了规律性、标准化的无障碍功能和结构强度要求；微创生态栈道结构形式，利用轻巧通透的钢桁架和"Y"形单柱落地，对地面零损伤，透光透水的钢格栅踏面使栈道下方近 2 万 m^2 植被生长不受影响；绿色低污染的装配式及螺栓连接形式，极大降低山地密林环境下施工的山火风险和环境污染。

（4）斯里兰卡机场高速公路（CKE）工程

斯里兰卡机场高速公路（CKE）工程是世界首条建造于泥炭土地基上的快速通道，被誉为斯里兰卡"国门第一路"，是"21 世纪海上丝绸之路"桥头堡工程（见图 4-37）。工程连接首都科伦坡至班达拉奈克国际机场，为斯里兰卡国家交通枢纽第一条城际快速路工程。路线主线长 25.8km，采用双向四车道，设计速度100km/h。工程于 2008 年 8 月 18 日开工建设，2013 年 9 月 30 日竣工，总投资28.86 亿元。

工程首次探明了泥炭土的工程特性，系统揭示了泥炭土区别于其他软土的显著差异，提出了泥炭土压缩 - 剪切微观结构模型，阐明了泥炭土地基处理"排水压缩、置换增强"的共同作用机理；率先提出了泥炭土地区路基工后沉降控制

图 4-37 斯里兰卡机场高速公路（CKE）工程

标准；基于动态设计理念，首次提出了泥炭土复合地基－超载预压综合处理方法，确立了泥炭土地基处理深度与加载速率、变形速率的限定关系，发明了深厚泥炭土地基处理成套技术，解决了泥炭土地基处理世界难题；发明了海砂填筑高速公路路基的设计方法，研发了"洒水饱和＋分级静压"海砂路基施工方法，解决了多雨地区填土筑路的难题；首创了高填方路基轻质砌块拉筋挡土墙设计、施工技术，解决了软土地基路基不均匀沉降、纵向裂缝通病。

（5）广州市资源热力电厂项目（第三、第四、第五、第六资源热力电厂）

广州市资源热力电厂项目（第三、第四、第五、第六资源热力电厂）是广州市"攻城拔寨"重点项目（见图 4-38）。项目年处理生活垃圾 511 万 t，年发电上网 20 亿 kWh，满足 200 万户家庭一年用电需求，节省 25 万 t 标准煤，减少 358 万 t 碳排放。工程于 2013 年 7 月开工建设，2020 年 3 月竣工验收，总

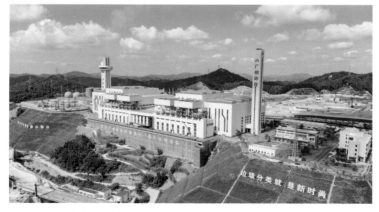

图 4-38 广州市资源热力电厂项目（第三、第四、第五、第六资源热力电厂）

投资 70.1 亿元。

工程的烟气设备工艺采用世界首创双脱酸双脱硝烟气处理工艺，排放指标优于全球当前最高标准，处理后二英含量低于仪表检测极限；自主创新研发、设计、制造适应国内垃圾特性的高落差多级顺推往复式机械炉排，打破国外垃圾焚烧技术垄断，通过无后拱炉膛结构和自动燃烧控制，实现垃圾高效充分燃烧，垃圾处理效率高；国内首例建于 60m 高填方边坡最大垃圾发电厂，挖填土 600 万 m³，综合采用桩板式挡墙、锚定桩、连接索加固支挡技术解决高填方边坡施工难题；超高单层大型钢网架、高耸筒体钢内筒倒装提升技术，解决锅炉等大型设备与单层 60m 高、120m 跨度钢网架同期安装、130m 烟囱高耸构筑物筒体施工等难题。

4.2.2.12　公共交通工程

金沙公交枢纽综合体建设项目集快速公交 BRT、常规公交、地铁轨道交通为一体，位于成都市中心城区，由停车楼、综合楼、匝道桥三部分组成（见图 4–39）。停车楼地上 6 层，地面 1~3 层为常规公交车停车场，4~6 层为 BRT 停车场，总共可容纳约 400 辆公交车停放，是西部最大的公交综合枢纽站。综合楼建筑面积约 9 万 m²，地上 23 层，包含公交调度中心、中国成都人力资源服务产业园等，建筑总高度为 110m。匝道桥接驳 30.5km 二环 BRT 环线，辐射 5 条 BRT 放射干线。工程于 2013 年 10 月开工建设，2018 年 3 月竣工，总投资 23.77 亿元。

工程为全国最大的城市快速公交综合枢纽站，首个 5G 智慧公交枢纽综合体，通过开放式线网配置、通勤大站快线网络设计、微循环接驳网络优化等手段，实现公交与轨道互补协作、一体衔接；实现开发模式创新，变传统单层为多层立体

图 4–39　金沙公交枢纽综合体建设项目

场站，高架地面地铁空间立体布局，土地利用率提高6倍，破解公交场站用地不足难题；全国装机容量最大的汽车充电楼，充电量1825万kWh/年，应用国内首创下压式充电弓，720kW大功率供电，5~10min充满一辆纯电动公交车，服务360台公交车充电，助力燃气公交向新能源公交转型；首创智能充电网建设规划决策管理系统，助力城市级公交快充站网拓建。

4.2.2.13 燃气工程

港华金坛盐穴储气库项目是国内第一个由城市燃气企业为主体，规划、投资、建设和运营管理的天然气大型地下储气设施（见图4-40），是国内首个与国家管网"西气东输""川气东送"两大输气动脉实现互联互通的城镇燃气储气库。项目位于江苏省常州市金坛区，建设内容包括注采站1座、井场3座、储气井3口、超高压管线13.3km，至今已稳定供应天然气近2亿 m^3。工程于2014年11月开工建设，2018年1月竣工，总投资5.36亿元。

项目有4项技术通过中国轻工业联合会科技成果鉴定，属国内领先，达到国际先进水平。分别是层状岩盐储气库井"S"形井眼轨道设计和单井场多井集约化丛式定向钻井特色技术、焊接套管完井井身结构、封堵老井钻新井技术及两管方式造腔技术，解决了井筒气密封难、造腔效率低等多项技术难题，节约土地资源约30%、节约设备投资约50%，造腔能耗降低约20%、老腔改造施工成本降低约25%、施工周期缩短70%，形成了适应于我国层状岩盐的钻井工程核心技术，引领了盐穴储气库钻井技术的发展。

图4-40 港华金坛盐穴储气库项目

4.2.2.14 住宅工程

（1）南京丁家庄二期 A28 地块保障性住房

南京丁家庄二期 A28 地块保障性住房位于南京市栖霞区迈皋桥地块（见图 4-41）。项目为租赁型保障性住房，用地性质为商住混合用地，占地面积 2.27 万 m^2，总建筑面积 9.41 万 m^2，容积率为 3.48，建筑密度 33%，绿地率 22%，总户数为 918 户，全部为标准化套型，套型建筑面积 55m^2。工程 1~3 层为商业用房，4 层以上为公共租赁住房。工程于 2015 年 7 月开工建设，2018 年 6 月竣工，总投资 7.8 亿元。

图 4-41　南京丁家庄二期 A28 地块保障性住房

项目将绿色建筑技术与装配式建筑技术深度融合，采用高性能复合夹心保温围护结构、与建筑一体化阳台壁挂太阳能热水系统等技术，成为《绿色建筑评价标准》GB/T 50378—2019 首批三星级项目；项目从主体结构、内外围护结构到室内装修全面系统性地应用装配式技术，在江苏省首次大规模采用复合夹心保温外墙系统，集承重、围护、装饰、保温、防水、防火于一体，从根本上解决外保温易失火、易脱落难题；项目采用低位灌浆、高位补浆的剪力墙套筒施工技术、高精度铝模、全现浇空心混凝土外墙、优化插筋定位精度等技术，形成高质量、高效率绿色建造成套技术体系；项目采用透水铺装、植被缓冲带、下凹式绿地、屋顶绿化、雨水调蓄回用池等海绵城市技术，年径流总量控制率达 76%，实现了全透水住区。

（2）珠海翠湖香山国际花园地块五（一期、二期）

珠海翠湖香山国际花园地块五（一期、二期）位于珠海市唐家湾镇万亩凤凰山麓，用地面积 6.53 公顷，建设 12 栋 28~36 层高层住宅及 3 栋园区会所，总建筑面积 28.1 万 m^2，其中住宅 18.9 万 m^2，容积率 3.0，建筑密度 18.8%，总户数 1586 户（见图 4-42）。工程于 2014 年 9 月开工，2018 年 5 月竣工，总投资约 15.4 亿元。

项目采用一轴三组团的规划布局，南北向设置景观中轴，自由错落布置底层架空、与风雨连廊相连的 12 栋高层住宅，形成围合而交融的三大组团花园，人车分流，并设置地上地下双大堂；项目室内装修采用工业化部品，套餐式精装修交付；住宅管线和主体分离更换维护便利，实现主体结构长寿命化；采用被动式新风、高效节能外窗等技术，实现节能减排；户内各房间配备紧急求助按钮，一键直呼物业中心；用 AI 代替人眼，提供老人居家生活智慧监控；智慧安防实现周界和园区监控、巡更、可视化对讲及门禁的全局串联；翠湖生活 APP 实现一键式物业生活服务。

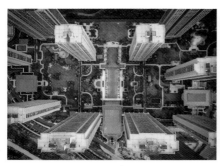

图 4-42　珠海翠湖香山国际花园地块五（一期、二期）

4.3　土木工程建设企业科技创新能力排序

4.3.1　科技创新能力排序模型

4.3.1.1　科技创新能力评价指标的确定

本报告参考了国际国内有关科技创新能力评价的影响大、测度范围广的评价研究报告，包括"福布斯全球最具创新力企业百强榜""科睿唯安全球百强创新机构""中国企业创新能力百千万排行榜"等，同时结合土木工程建设行业特点，经专家讨论，最终确立中国土木工程建设企业科技创新能力评价指标，包括科技活动费用支出总额、科技活动投入强度、获国家级科技奖项目数等 11 项指标，以反映土木工程建设企业在科技创新投入、产出方面的发展情况，具体指标名称及权重见表 4-16。

科技创新能力评价指标及权重 　　　　　　　　表 4-16

序号	科技创新能力评价指标	权重
1	科技活动费用支出总额	0.15
2	科技活动投入强度（科技活动费用支出总额 / 总营业收入）	0.05
3	累计获国家级科技奖项目数（项）	0.10
4	近三年主持的国家级科研项目数（项）	0.10
5	近三年参与的国家级科研项目数（项）	0.05
6	近三年主持的省部级科研项目数（项）	0.05
7	近三年获省（部）级科技奖项目数（项）	0.05
8	近三年取得发明专利数（项）	0.10
9	近三年主持工程获中国土木工程詹天佑奖数（项）	0.15
10	近三年主持的全国建筑业新技术应用示范工程（项）	0.10
11	近三年主持的全国建设科技示范工程数（项）	0.10

各项指标的含义如下：

（1）科技活动费用支出总额。企业本年度为技术创新投入的所有费用合计，包括科技成果开发、编制标准规范手册、业务技术培训、购置科技活动的设备及计算机软件等。

（2）科技活动投入强度。企业科技活动费用支出总额与总营业收入的商。其中，总营业收入包括企业本年度的所有收入，不含增值税，即主营业务和非主营业务、境内和境外的收入。

（3）获国家级科技奖项目。企业获得的由国务院设立并颁发的相关科技奖项的项目。

（4）近三年主持的国家级科研项目。企业作为负责单位在近三年立项并开展研究工作的国家级科研项目或课题，不包括委托外单位进行的科研项目。

（5）近三年参与的国家级科研项目。企业近三年实质性参与国家级科研项目的研究，在申报时具有排名。

（6）近三年主持的省部级科研项目。企业作为负责人在近三年立项并开展研究工作的省部级科研项目或课题，不包括委托外单位进行的科研项目。

（7）近三年获省（部）级科技奖项目。企业近三年获得的省部级政府有关部门颁发的科技奖项目。

（8）近三年取得的发明专利。近三年企业作为专利权人拥有的、经国内外知识产权行政部门授予且在有效期内的发明专利。

（9）近三年主持工程获中国土木工程詹天佑奖。企业主持的工程近三年获得由中国土木工程学会和北京詹天佑土木工程科学技术发展基金会颁发的中国土木工程詹天佑奖。

（10）近三年主持的全国建筑业新技术应用示范工程。企业近三年主持的入选全国建筑业新技术应用示范工程名单的工程。

（11）近三年主持的全国建设科技示范工程。企业近三年主持的入选全国建设科技示范工程清单的工程。

4.3.1.2　科技创新能力排序模型计算方法

课题组提出了本发展报告的科技创新能力排序模型，并根据专家意见进行了完善修改。排序综合得分应该由单指标得分再乘以该指标的权重所得到的乘积，而各单指标计分规则为：某企业某项指标的评分值等于该企业此项指标值与所有企业此指标值的最大值的商的百分数。

科技创新能力排序模型计算公式如下：

$$S_i = \sum_{j=1}^{11} W_j Q_i^j$$

$$Q_i^j = \frac{R_i^j}{\max(R_i^j)} \times 100$$

式中　i——第 i 家企业；

j——第 j 项指标；

S_i——企业 i 的科技创新能力综合得分；

Q_i^j——企业 i 在指标 j 上的得分；

w_j——指标 j 的权重；

R_i^j——i 企业在指标 j 上的指标值。

4.3.2　科技创新能力排序分析

土木工程建设企业科技创新能力分析对象的确定，与确定综合实力分析对象的方法基本相同。评价所需数据由向申报企业发放调查问卷并回收整理的方式获得。申报企业按照填写说明如实填写评价指标所需数据，并对填报内容的真实性负责。

共有 78 家企业填报了土木工程建设企业科技创新能力分析的数据。经过数据审核选取这 78 家企业作为土木工程建设企业科技创新能力分析对象。

按照前述的分析模型，土木工程建设企业科技创新能力前 70 家的排序结果如表 4-17 所示，各个企业各指标的得分情况及综合评价结果如附表 4-5 所示。

2021 年土木工程建设企业科技创新能力前 70 家企业　　　表 4-17

名次	企业名称	名次	企业名称
1	上海建工集团股份有限公司	24	中交第一公路勘察设计研究院有限公司
2	中国建筑第八工程局有限公司	25	中铁二十局集团有限公司
3	中国电建集团华东勘测设计研究院有限公司	26	中铁十局集团有限公司
4	中国建筑一局（集团）有限公司	27	中交疏浚（集团）股份有限公司
5	上海宝冶集团有限公司	28	云南省建设投资控股集团有限公司
6	北京城建集团有限责任公司	29	中铁建工集团有限公司
7	北京建工集团有限责任公司	30	山西省安装集团股份有限公司
8	中交第二航务工程局有限公司	31	中交第二公路工程局有限公司
9	中铁第四勘察设计院集团有限公司	32	河北建设集团股份有限公司
10	中国公路工程咨询集团有限公司	33	中国建筑第六工程局有限公司
11	中电建路桥集团有限公司	34	中铁建设集团有限公司
12	中国建筑第二工程局有限公司	35	中冶建工集团有限公司
13	中铁一局集团有限公司	36	中国二十二冶集团有限公司
14	中交一公局集团有限公司	37	中建西部建设股份有限公司
15	山西建设投资集团有限公司	38	中建安装集团有限公司
16	中国十七冶集团有限公司	39	三一筑工科技股份有限公司
17	中交第一航务工程局有限公司	40	江苏省苏中建设集团股份有限公司
18	中国建筑第四工程局有限公司	41	中铁六局集团有限公司
19	中交公路规划设计院有限公司	42	山西二建集团有限公司
20	中国五冶集团有限公司	43	中铁二十四局集团有限公司
21	中国建筑第七工程局有限公司	44	青建集团股份公司
22	陕西建工控股集团有限公司	45	中建海峡建设发展有限公司
23	中交第二公路勘察设计研究院有限公司	46	武汉建工集团股份有限公司

名次	企业名称	名次	企业名称
47	中国十九冶集团有限公司	59	山东省建设建工（集团）有限责任公司
48	山西四建集团有限公司	60	烟建集团有限公司
49	中铁十九局集团有限公司	61	中国新兴建设开发有限责任公司
50	中亿丰建设集团股份有限公司	62	中电建建筑集团有限公司
51	中铁十五局集团有限公司	63	江苏扬建集团有限公司
52	河南省第二建设集团有限公司	64	成都建工第四建筑工程有限公司
53	中国二冶集团有限公司	65	河南三建建设集团有限公司
54	天津市建工集团（控股）有限公司	66	河北建工集团有限责任公司
55	华新建工集团有限公司	67	河南五建建设集团有限公司
56	中建五局土木工程有限公司	68	宁波建工工程集团有限公司
57	中国建筑土木建设有限公司	69	南通四建集团有限公司
58	吉林建工集团有限公司	70	浙江中南建设集团有限公司

4.4　土木工程领域重要学术期刊

科技期刊传承人类文明，荟萃科学发现，引领科技发展，直接体现国家科技竞争力和文化软实力。本报告经过筛选、定量评价、定性评价、征求专家意见、专家审定等程序，形成了 2021 年土木工程领域重要学术期刊列表。

4.4.1　2021 年土木工程领域重要学术期刊列表（中文期刊）

本报告首先从高质量科技期刊分级目录（中国科协）、北京大学中文核心期刊目录（第九版）、2021 年版中国科技核心期刊目录、2021~2022 年度中国科学引文数据库（核心库）等权威数据库中遴选出土木工程建设领域相关学术期刊。然后按照"是否为高质量期刊""是否是中文核心期刊""是否为科技核心期刊""是否为科学引文数据库核心期刊"和《中国学术期刊影响因子年报》的分区以及影响力指数，对期刊的重要性进行初步排序。在初步排序的基础上，经过专家定性评价和专家组审定，最终形成了 2021 年土木工程领域重要学术期刊列表（中文期刊），如表 4-18 所示。2021 年土木工程领域重要学术期刊列表（中文期刊）中包含土木工程建设领域中文期刊 128 种。

2021 年土木工程领域重要学术期刊列表（中文期刊）　　　表 4-18

序号	期刊	ISSN	序号	期刊	ISSN
1	水利学报	0559-9350	25	防灾减灾工程学报	1672-2132
2	中国安全科学学报	1003-3033	26	地震工程与工程振动	1000-1301
3	铁道学报	1001-8360	27	建筑钢结构进展	1671-9379
4	中国铁道科学	1001-4632	28	铁道工程学报	1006-2106
5	自然灾害学报	1004-4574	29	隧道建设（中英文）	2096-4498
6	桥梁建设	1003-4722	30	城市发展研究	1006-3862
7	岩土工程学报	1000-4548	31	世界桥梁	1671-7767
8	交通运输工程学报	1671-1637	32	都市快轨交通	1672-6073
9	土木工程学报	1000-131X	33	工业建筑	1000-8993
10	城市规划学刊	1000-3363	34	土木与环境工程学报（中英文）	2096-6717
11	建筑结构学报	1000-6869	35	建筑科学与工程学报	1673-2049
12	建筑材料学报	1007-9629	36	铁道运输与经济	1003-1421
13	城市规划	1002-1329	37	大连交通大学学报	1673-9590
14	铁道科学与工程学报	1672-7029	38	石家庄铁道大学学报（自然科学版）	2095-0373
15	中国园林	1000-6664	39	城市轨道交通研究	1007-869X
16	中国公路学报	1001-7372	40	现代城市研究	1009-6000
17	交通运输系统工程与信息	1009-6744	41	上海城市规划	1673-8985
18	现代隧道技术	1009-6582	42	建筑结构	1002-848X
19	安全与环境工程	1671-1556	43	建筑科学	1002-8528
20	河海大学学报（自然科学版）	1000-1980	44	西安建筑科技大学学报（自然科学版）	1006-7930
21	振动与冲击	1000-3835	45	铁道标准设计	1004-2954
22	地下空间与工程学报	1673-0836	46	铁道建筑	1003-1995
23	中国给水排水	1000-4602	47	土木工程与管理学报	2095-0985
24	给水排水	1002-8471	48	新型建筑材料	1001-702X

序号	期刊	ISSN	序号	期刊	ISSN
49	暖通空调	1002-8501	77	工程爆破	1006-7051
50	结构工程师	1005-0159	78	工程抗震与加固改造	1002-8412
51	建筑节能	1673-7237	79	公路交通科技	1002-0268
52	古建园林技术	1000-7237	80	空间结构	1006-6578
53	岩石力学与工程学报	1000-6915	81	公路工程	1674-0610
54	水科学进展	1001-6791	82	城市交通	1672-5328
55	岩土力学	1000-7598	83	中外公路	1671-2579
56	长安大学学报(自然科学版)	1671-8879	84	武汉理工大学学报 （交通科学与工程版）	2095-3844
57	长江科学院院报	1001-5485	85	工程勘察	1000-1433
58	水资源与水工程学报	1672-643X	86	交通运输研究	2095-9931
59	泥沙研究	0468-155X	87	工程管理学报	1674-8859
60	水动力学研究与进展 A 辑	1000-4874	88	中国港湾建设	2095-7874
61	水资源保护	1004-6933	89	粉煤灰综合利用	1005-8249
62	公路	0451-0712	90	河北工程大学学报 （自然科学版）	1673-9469
63	重庆交通大学学报 （自然科学版）	1674-0696	91	勘察科学技术	1001-3946
64	中国农村水利水电	1007-2284	92	岩土工程技术	1007-2993
65	华北水利水电大学学报 （自然科学版）	2096-6792	93	水利规划与设计	1672-2469
66	大连海事大学学报	1006-7736	94	土木建筑工程信息技术	1674-7461
67	硅酸盐通报	1001-1625	95	铁路计算机应用	1005-8451
68	混凝土	1002-3550	96	施工技术	2097-0897
69	沈阳建筑大学学报 （自然科学版）	2095-1922	97	铁道勘察	1672-7479
70	水利水运工程学报	1009-640X	98	小城镇建设	1009-1483
71	中国水利水电科学研究院 学报（中英文）	2097-096X	99	混凝土与水泥制品	1000-4637
72	上海海事大学学报	1672-9498	100	中国水利	1000-1123
73	水运工程	1002-4972	101	铁道建筑技术	1009-4539
74	船海工程	1671-7953	102	交通运输工程与信息学报	1672-4747
75	世界地震工程	1007-6069	103	铁路技术创新	1672-061X
76	消防科学与技术	1009-0029	104	公路交通技术	1009-6477

序号	期刊	ISSN	序号	期刊	ISSN
105	水利与建筑工程学报	1672–1144	117	北京规划建设	1003–627X
106	交通科学与工程	1674–599X	118	钢结构（中英文）	2096–6865
107	高速铁路技术	1674–8247	119	城市勘测	1672–8262
108	中国防汛抗旱	1673–9264	120	路基工程	1003–8825
109	石油沥青	1006–7450	121	山东建筑大学学报	1673–7644
110	筑路机械与施工机械化	1000–033X	122	四川建筑科学研究	1008–1933
111	交通科技与经济	1008–5696	123	北京建筑大学学报	2096–9872
112	交通工程	2096–3432	124	建筑技术	1000–4726
113	现代城市轨道交通	1672–7533	125	青岛理工大学学报	1673–4602
114	交通与运输	1671–3400	126	土工基础	1004–3152
115	市政技术	1009–7767	127	天津城建大学学报	2095–719X
116	铁路通信信号工程技术	1673–4440	128	建设科技	1671–3915

4.4.2 2021 年土木工程领域重要学术期刊列表（英文期刊）

本报告首先从高质量科技期刊分级目录（中国科协）、科学引文索引数据库（SCI）、科学引文索引扩展版数据库（SCIE）等国际权威数据库中遴选出土木工程建设领域相关学术期刊。然后按照 2021 年 12 月最新升级版《中国科学院文献情报中心期刊分区表》中的小类、大类分区情况、Web of Science 数据库期刊引证报告中的分区情况（JCR 分区）及影响因子，对期刊的重要性进行初步排序。在初步排序的基础上，经过专家定性评价和专家组审定，最终形成了 2021 年土木工程领域重要学术期刊列表（英文期刊），如表 4-19 所示。2021 年土木工程领域重要学术期刊列表（英文期刊）中包含土木工程建设领域中文期刊 146 种。

2021 年土木工程领域重要学术期刊列表（英文期刊） 表 4–19

序号	期刊	ISSN	序号	期刊	ISSN
1	Cement and Concrete Research	0008–8846	3	Computer–Aided Civil and Infrastructure Engineering	1093–9687
2	Automation in Construction	0926–5805	4	Transportation Research PartE–Logistics and Transportation Review	1366–5545

序号	期刊	ISSN	序号	期刊	ISSN
5	Cement and Concrete Composites	0958–9465	25	Structural Health Monitoring– An International Journal	1475–9217
6	IEEE Transactions on Intelligent Transportation Systems	1524–9050	26	Marine Structures	0951–8339
7	International Journal of Project Management	0263–7863	27	Journal of Wind Engineering and Industrial Aerodynamics	0167–6105
8	Landscape and Urban Planning	0169–2046	28	Ocean Engineering	0029–8018
9	Transportation Research Part B–Methodological	0191–2615	29	Sustainable Cities and Society	2210–6707
10	International Soil and Water Conservation Research	2095–6339	30	Transport Reviews	0144–1647
11	Reliability Engineering & System Safety	0951–8320	31	Journal of Transport Geography	0966–6923
12	Building and Environment	0360–1323	32	Geotechnique	0016–8505
13	Engineering Geology	0013–7952	33	Earthquake Engineering&Structural Dynamics	0098–8847
14	Journal of Hydrology	0022–1694	34	Transportation Research Part A–Policy and Practice	0965–8564
15	Composite Structures	0263–8223	35	Energy and Buildings	0378–7788
16	Journal of Management in Engineering	0742–597X	36	Journal of Building Engineering	2352–7102
17	Tunnelling and Underground Space Technology	0886–7798	37	Transportation Research Part D–Transport and Environment	1361–9209
18	Geotextiles and Geomembranes	0266–1144	38	Indoor Air	0905–6947
19	Structural Safety	0167–4730	39	Rock Mechanics and Rock Engineering	0723–2632
20	Acta Geotechnica	1861–1125	40	Safety Science	0925–7535
21	International Journal of Fatigue	0142–1123	41	Landslides	1612–510X
22	Coastal Engineering	0378–3839	42	Structural Control and Health Monitoring	1545–2255
23	Computers and Geotechnics	0266–352X	43	Journal of Rock Mechanics and Geotechnical Engineering	1674–7755
24	Construction and Building Materials	0950–0618	44	Applied Clay Science	0169–1317

序号	期刊	ISSN	序号	期刊	ISSN
45	Thin-Walled Structures	0263-8231	65	Engineering Failure Analysis	1350-6307
46	Journal of Computing in Civil Engineering-ASCE	0887-3801	66	Leukos	1550-2724
47	Urban Forestry&Urban Greening	1618-8667	67	Journal of Bridge Engineering-ASCE	1084-0702
48	Engineering Structures	0141-0296	68	Fatigue&Fracture of Engineering Materials & Structures	8756-758X
49	Computers&Structures	0045-7949	69	Journal of Earthquake Engineering	1363-2469
50	Journal of Sustainable Cement-Based Materials	2165-0373	70	China Ocean Engineering	0890-5487
51	Journal of Construction Engineering and Management-ASCE	0733-9364	71	Steel&Composite Structures	1229-9367
52	Transportation Geotechnics	2214-3912	72	International Journal of Pavement Engineering	1029-8436
53	Engineering Fracture Mechanics	0013-7944	73	Journal of Flood Risk Management	1753-318X
54	Transportation	0049-4488	74	Journal of Structural Engineering-ASCE	0733-9445
55	Wear	0043-1648	75	Journal of Water Resources Planning And Management	0733-9496
56	Journal of Geotechnical and Geoenvironmental Engineering-Asce	1090-0241	76	Canadian Geotechnical Journal	0008-3674
57	International Journal for Numerical and Analytical Methods in Geomechanics	0363-9061	77	International Journal of Rail Transportation	2324-8378
58	Journal of Composites for Construction-ASCE	1090-0268	78	IEEE Transactions on Engineering Management	0018-9391
59	Journal of Constructional Steel Research	0143-974X	79	Underground Space	2096-2754
60	Soil Dynamics and Earthquake Engineering	0267-7261	80	Case Studies in Construction Materials	2214-5095
61	Archives of Civil and Mechanical Engineering	1644-9665	81	Cold Regions Science and Technology	0165-232X
62	Building Simulation	1996-3599	82	Water Resources Management	0920-4741
63	IEEE Journal of Oceanic Engineering	0364-9059	83	Project Management Journal	8756-9728
64	Vehicle System Dynamics	0042-3114	84	Building Research and Information	0961-3218

序号	期刊	ISSN	序号	期刊	ISSN
85	Earthquake Spectra	8755-2930	103	International Journal of Architectural Heritage	1558-3058
86	Materials and Structures	1359-5997	104	Journal of Hydrodynamics	1001-6058
87	Natural Hazards Review	1527-6988	105	International Journal of Structural Stability and Dynamics	0219-4554
88	Structures	2352-0124	106	Structural Concrete	1464-4177
89	Engineering Construction and Architectural Management	0969-9988	107	Structural Design of Tall and Special Buildings	1541-7794
90	Stochastic Environmental Research and Risk Assessment	1436-3240	108	Urban Ecosystems	1083-8155
91	Road Materials and Pavement Design	1468-0629	109	Journal of Vibration and Control	1077-5463
92	Fire Safety Journal	0379-7112	110	Earthquake Engineering and Engineering Vibration	1671-3664
93	Journal of Civil Engineering and Management	1392-3730	111	Journal of Urban Planning and Development	0733-9488
94	Structure and Infrastructure Engineering	1573-2479	112	Proceedings of the Institution of Mechanical Engineers Part F-Journal of Rail and Rapid Transit	0954-4097
95	Journal of Materials in Civil Engineering	0899-1561	113	Smart Structures and Systems	1738-1584
96	Journal of Civil Structural Health Monitoring	2190-5452	114	Water International	0250-8060
97	Coastal Engineering Journal	2166-4250	115	Buildings	2075-5309
98	International Journal of Sediment Research	1001-6279	116	Structural Engineering and Mechanics	1225-4568
99	Frontiers of Structural and Civil Engineering	2095-2430	117	Journal of Building Performance Simulation	1940-1493
100	Geomechanics and Engineering	2005-307X	118	Journal of Performance of Constructed Facilities-ASCE	0887-3828
101	International Journal of Concrete Structures and Materials	1976-0485	119	Soils and Foundations	0038-0806
102	Journal of Hydroinformatics	1464-7141	120	IET Intelligent Transport Systems	1751-9578

序号	期刊	ISSN	序号	期刊	ISSN
121	Computers and Concrete	1598–8198	134	Earthquakes and Structures	2092–7614
122	Proceedings of The Institution of Civil Engineers–Maritime Engineering	1741–7597	135	Journal of Energy Engineering–ASCE	0733–9402
123	Journal of Infrastructure Systems–ASCE	1076–0342	136	Journal of Transportation Engineering Part A–Systems	2473–2907
124	ASCE–ASME Journal of Risk and Uncertainty in Engineering Systems Part A–Civil Engineering	2376–7642	137	ACI Structural Journal	0889–3241
125	Indoor and Built Environment	1420–326X	138	Wind&Structures	1226–6116
126	Journal of Water Supply Research and Technology–Aqua	0003–7214	139	ACI Materials Journal	0889–325X
127	Engineering Management Journal	1042–9247	140	Geotechnical Testing Journal	0149–6115
128	Building Services Engineering Research and Technology	0143–6244	141	Canadian Journal of Civil Engineering	0315–1468
129	Magazine of Concrete Research	0024–9831	142	Landscape Research	0142–6397
130	Advances in Structural Engineering	1369–4332	143	Proceedings of the Institution of Civil Engineers–Engineering Sustainability	1478–4629
131	Advances in Cement Research	0951–7197	144	Frontiers of Engineering Management	2095–7513
132	European Journal of Environmental and Civil Engineering	1964–8189	145	Developments in the Built Environment	2666–1659
133	KSCE Journal of Civil Engineering	1226–7988	146	AI in Civil Engineering	2730–5392

Civil Engineering

第 5 章

土木工程
建设前沿与
热点问题研究

本章基于中国土木工程学会、北京詹天佑土木
工程科学技术发展基金会下达的年度研究课
题，围绕绿色建造技术发展、智能建造发展、
住宅建设新技术发展、港口工程绿色建设技术
发展、深大地下工程技术进展和创新、地下空
间资源开发、混凝土及预应力混凝土学科研究
与发展七个土木工程建设年度热点问题，汇集
了相应的研究成果。

根据住房和城乡建设部近年的重点工作任务，同时考虑中国土木工程学会二级分支机构各自专业领域和当前我国土木工程领域的研究热点，中国土木工程学会、北京詹天佑土木工程科学技术发展基金会下达了一批年度研究课题，要求各课题承担单位开展相关领域发展成果的总结、发展规律的研究、发展趋势的预测，并给出相关的发展规划和策略建议。本章对这些课题的主要研究成果进行了摘编。

5.1　绿色建造技术发展

本热点问题的分析根据中国土木工程学会总工程师工作委员会等单位承担的北京詹天佑土木工程科学技术发展基金会研究课题《绿色建造技术工程应用及典型案例》的研究成果归纳形成。课题组成员：黄宁、李云贵、李景芳、赵福明、刘云、杨均英、陈浩、陈凯、李国建、关军、陈汉成、彭琳娜、徐非凡、司琪、董艺、阳凡、袁琦、蒋毅、刘明、管聪聪。

5.1.1　绿色策划与绿色设计技术应用

5.1.1.1　绿色策划技术应用

绿色策划指的是建设单位在建筑工程立项阶段组织编制项目绿色策划方案的活动，这是工程项目推进绿色施工的关键环节，是绿色工程项目必须要全力认真贯彻落实的环节。绿色策划内容一般包括前期调研、项目定位与目标分析、绿色设计方案、技术经济可行性分析、绿色设计指标、新技术应用六个方面。

广义上来说，绿色策划就是在追求"人、建筑和自然"和谐共生的可持续理念指导下，从工程项目的全生命周期考虑，最大限度节约资源、保护环境和减少污染的投资决策过程；其应该遵循环保主导、利益优先、整体规划、客观现实、切实可行、灵活机动、讲求时效、群体意识等原则。狭义地讲，绿色策划就是按照《民用建筑绿色建筑设计规范》JGJ/T 229、《绿色建筑评价标准》GB/T 50378、《绿色建造技术导则（试行）》等文件的指导，通过现场调研，对工程项目所处环境及相关因素进行分析与评价，确定项目的定位和目标，制定和论证建设项目设计依据，科学地确定建设项目设计内容，明确绿色建筑指标，制定绿色技术策略，进行项目技术经济可行性分析。

伴随着智慧建造技术向工程项目全周期应用的趋势发展，在一些项目策划阶段开始探索应用 GIS 和 CIM 等技术对场地和建筑做出分析，以帮助更好地确定建设方案。例如，将 GIS 与无人机倾斜摄影技术相结合，可提供平面与高程精确度达到厘米级的高精度无人机倾斜摄影三维实景模型辅助工程策划与设计，相关技术已在水利、交通、建筑等各类工程中应用。

5.1.1.2　绿色设计技术应用

绿色设计是指"在建筑设计中体现可持续发展的理念，在满足建筑功能的基础上，实现建筑全生命周期内的资源节约和环境保护，为人们提供健康、适用和高效的使用空间"。绿色设计的定义表达了三层内涵：一是遵循因地制宜的原则，结合建筑所在地域的气候、资源、生态环境、经济、人文等特点，降低建筑行为对自然环境的影响，实现人、建筑与自然的和谐共生；二是统筹考虑建筑全生命周期，解决建筑功能与节地、节水、节能、节材、保护环境间的辩证关系，体现建筑的经济效益、社会效益和环境效益的统一；三是符合共享、平衡、集成、健康高效的绿色设计理念，使参与设计的规划、建筑、结构、给水排水、暖通空调、动力、电气智能化、室内设计、景观设计、建筑经济等专业紧密配合，综合技术与经济的关系，选择有利于建筑和环境可持续发展的场地、建筑形式、先进技术、绿色设备和材料，积极创新，保证建筑在施工、运营和最终拆除中达到绿色建筑的要求。

绿色设计可以全面把握项目的时间和成本，其目标是在安全健康舒适的条件下，使建筑全寿命周期内能耗最小，以建筑美学、建筑功能、环境设计等系统设计的合力形成绿色建筑。绿色设计应采用整体性设计方法，即从项目策划阶段开始，就组建绿色建造专业团队，并投入到项目中，依靠多种专业之间的协作配合，通过不同专业对项目的认识和理解，全面认识项目，共同完成项目设计。伴随着信息技术的发展，BIM、VR、AR 等技术能够更好地辅助工程设计。

5.1.2　绿色生产技术应用

5.1.2.1　绿色建材生产技术应用

绿色建材是指在全生命周期内可减少对天然资源消耗和减轻对生态环境影响，具有节能、减排、安全、便利和可循环特征的建材产品。发展绿色建材是支撑绿色建筑的有效保障，有利于促进建材工业提质增效和建筑领域实现碳达峰碳中和，对推动城乡建设高质量发展有重要意义。

（1）低碳建材生产技术。在"双碳"目标下，绿色建材行业需要以低碳的生产模式，制造低碳环保的建材制品。具体表现在清洁能源、能效提升、智能管理、固废循环和低碳产品五个方面。

（2）绿色选材技术。在建造全过程中，需要合理选择绿色建材，包括高强度结构材料、高耐久性材料、利废建筑材料、高性能保温材料、易于作业材料和运距合理的材料。

5.1.2.2　工业化建筑产品生产技术应用

（1）装配式建筑部品部件生产技术。随着装配式混凝土结构的大量应用，其生产技术也得到了广泛的重视。新型的装配式建筑对预制构件的要求相对较高，要求生产企业在工厂化生产构件技术方面有更高的水平。在生产线方面有固定台座或定型模具的生产方式，也有机械化、自动化程度较高的流水线生产方式。为追求建筑立面效果以及构件美观，清水混凝土预制技术、饰面层反打技术、彩色混凝土等相关技术也得到了较多的应用。

（2）装配式内装成品生产技术。20世纪90年代，我国吸取国外经验，首次提出全装修成品住宅的概念。内装与结构彻底拆分，研发了集成度较高的模块化产品，如整体卫浴、整体厨房、整体收纳，以及标准化程较高的集成化部品，如装配式楼地面、装配式吊顶、装配式隔墙墙体。随着内装技术的不断发展，最终确立了新型建筑工业化通用体系——CSI体系，该体系贯穿于全生命周期，具有空间灵活、节能提质、内装可更新等特点。实践中，还通过标准化设计、集成化生产和模块化安装，一定程度上解决了装配式内装技术体系在国内存在不适应的问题。

（3）机电模块化技术。我国机电模块化技术的发展取得了较大成就，在长期探索和实践中，对机电模块化技术的研发，主要体现在数控技术、机器人以及计算机集成制造系统等领域，具有较高的发展水平，促进了现代生产体系的建立和完善。

5.1.3　绿色施工技术应用

绿色施工技术是指工程建设过程中，在保证质量、安全等基本要求的前提下，能够使施工过程实现"五节一环保"目标的施工技术。近年来，我国吸收和引进部分国外绿色施工技术，经过有计划的研发活动和在工程实践中推广应用，已形成一批较成熟的绿色施工技术。

5.1.3.1　环境保护技术

（1）空气及扬尘污染控制技术。包括暖棚内通风技术、密闭空间临时通风技术、现场喷洒降尘技术（作业层喷雾降尘技术、塔式起重机高空喷雾降尘、风送式喷雾剂应用技术）、现场绿化降尘技术、混凝土内支撑切割技术、高层建筑封闭管道建筑垃圾垂直运输及分类收集技术、扬尘及有害气体动态监测技术、扬尘智能监测技术等。

（2）污水控制技术。包括地下水清洁回灌技术、水磨石泥浆环保排放技术、泥浆水收集处理再利用技术、全自动标准养护水循环利用技术、管道设备无害清洗技术等。

（3）固体废弃物控制技术。包括建筑垃圾分类收集与再生利用技术、建筑垃圾就地转化消纳技术、工业废渣利用技术、隧道与矿山废弃石渣再生利用技术、废弃混凝土现场再生利用技术、建筑垃圾减量化与再生利用技术等。

（4）土壤与生态保护技术。包括地貌和植被复原技术、场地土壤污染综合防治技术、绿化墙面和屋面施工技术、现场速生植物绿化技术、植生混凝土施工技术、透水混凝土施工技术、现场雨水就地渗透技术、下沉绿地技术、地下水防止污染技术、现场绿化综合技术、泥浆分离循环系统施工技术等。

（5）物理污染控制技术。包括现场噪声综合治理技术、设备吸声降噪技术、噪声智能监测技术、现场光污染防治技术等。

（6）环保综合技术。包括施工机具绿色性能评价与选用技术、绿色建材评价技术、绿色施工在线监测技术、基坑逆作和半逆作施工技术、基坑施工封闭降水技术、预拌砂浆技术、混凝土固化剂面层施工技术、长效防腐钢结构无污染涂装技术、防水冷施工技术、非破损检测技术、非开挖埋管施工技术等。

5.1.3.2　节能与能源利用技术

（1）施工机具及临时设施节能技术。包括使用变频技术的施工设备、溜槽替代输送泵输送混凝土技术、混凝土冬期养护环境改进技术、空气源热泵应用技术、空气能热水器技术、智能自控电采暖炉、LED 照明灯具应用技术、自然光折射照明施工技术、塔式起重机镝灯使用时钟控制技术、现场临时照明声光控制技术、定时定额用电控制技术、现场临时变压器安装功率补偿装置、工地生活区节约用电综合控制技术、USB低压充电和供电技术等。

（2）施工现场新能源及清洁能源利用技术。包括电动运输车、太阳能路灯及热水的使用、太阳能移动式光伏电站、风力发电照明技术、风光互补路灯技术、光伏一体标养室、醇基液体燃料在施工现场的运用等。

5.1.3.3 节材与材料资源利用技术

（1）工程实体材料、构配件利用技术。包括高性能材料利用技术，如高强混凝土施工技术、高强钢筋应用施工技术、塑料马镫及保护层控制技术、节材型电缆桥架应用技术等；建筑配件整体化或建筑构件装配化安装施工技术，如预制楼梯安装技术、混凝土结构预制装配施工技术、可回收预应力锚索施工技术、建筑配件整体安装施工技术、整体提升电梯井操作平台技术等；钢筋加工配送技术，如钢筋加工配送技术、全自动数控钢筋加工技术、钢筋焊接网片技术等。

（2）周转材料及临时设施利用技术。包括工具式模板和各种新型模板材料新技术，如超高层顶升模架、可周转的圆柱模板、自动提升模架技术、大模板技术、早拆模板、钢框竹胶板（木夹板）技术、可伸缩性轻质型钢龙骨支模体系、钢木龙骨、铝合金模板施工技术、塑料模板施工技术、定型模壳施工技术、下沉式卫生间定型钢模、木塑模板应用技术、钢网片脚手板应用技术、预制混凝土薄板胎模施工技术、覆塑模板应用技术、整体提升电梯井操作平台技术、集成式爬升模板技术等；新型支撑架和脚手架技术，如附着式升降脚手架技术、门式钢管脚手架、可移动型钢管脚手架施工技术、碗扣式钢管脚手架施工技术、销键式脚手架施工技术（盘销式钢管脚手架、键槽式钢管脚手架、插接式钢管脚手架）、电动桥式脚手架施工技术、工具式边斜柱防护平台、工具式组合内支撑、无平台架外用施工电梯、自爬式卸料平台、装配式剪力墙结构悬挑脚手架技术等；废旧物资再利用技术，如混凝土余料再生利用、废弃水泥砂浆综合利用技术、废旧钢筋、模板再利用技术、废弃建筑配件改造利用技术等；施工现场临时设施标准化技术，如工具式加工车间、集装箱式标准养护室、可移动整体式样板、工具化钢管防护栏杆、场地硬化预制施工技术、拼装式可周转钢板路面应用技术、钢板路基箱应用技术、可周转装配式围墙、临时照明免布管裸线技术、可周转建筑垃圾站、可移动式临时厕所等。

（3）节材型施工方法。包括永临结合管线布置技术、布料机与爬模一体化技术、钢筋机械连接技术、隔墙管线先安后砌施工技术、压型钢板、钢筋桁架楼承板免支模施工技术、套管跟进锚杆施工技术、非标准砌块预制加工技术、清水混凝土施工技术、幕墙预埋件精准预埋施工技术、大跨度预应力框架梁优化施工技术、钢结构整体提升技术、钢结构高空滑移安装技术、建筑信息模型（BIM）技术等。

5.1.3.4　节水与水资源利用技术

（1）节水技术。包括现场自动加压供水系统施工技术、节水灌溉与喷洒技术、旋挖干成孔施工技术、混凝土无水养护技术、循环水自喷淋浇砖系统利用技术、全套管钻孔桩施工技术等。

（2）非传统水源利用技术。包括基坑降排水再利用、现场雨水收集利用技术、利用消防水池兼作雨水收集永临结合技术、自来水水源开发应用技术、现场洗车用水重复利用及雨水补给利用技术。

5.1.3.5　节地与土地资源保护技术

（1）节地技术。包括复合土钉墙支护技术、深基坑护坡桩支护技术、施工场地土源就地利用、现场材料合理存放、施工现场临时设施标准化技术、现场装配式多层用房应用、集装箱办公、生活等临时用房、施工道路永临结合技术等。

（2）土地资源保护技术。包括耕植土保护利用、地下资源保护、透水地面应用、施工道路利用正式道路基层技术、利用原有设施（房屋、道路等）作为办公生活用房及临时道路等。

5.1.3.6　人力资源和保护节约

包括施工现场预制装配率提升技术、施工现场食宿、办公用房的标准化配置技术、改善作业条件、降低劳动强度创新施工技术、自密实混凝土施工技术、自流平地面施工技术、混凝土超高泵送技术、砌体砌块免抹灰技术、钢结构安装现场免焊接施工技术、现场低压（36V）照明技术、信息化施工技术、结构预制装配施工技术、轻型模板开发应用技术、现场材料合理存放技术、施工现场临时设施合理布置技术等。

5.1.3.7　装配化施工技术

（1）建筑材料装配化施工技术。包括混凝土采用集中搅拌预拌混凝土；砂浆采用预拌砂浆；钢筋采用集中加工成型钢筋；门窗采用成品门窗等。

（2）结构构件装配化施工技术。包括预制桩基础、预制结构柱、预制结构梁、预制剪力墙、预制叠合板等的安装施工技术。

（3）部品部件装配化施工技术。包括非结构构件的楼梯、雨篷、阳台、电梯井、管道井、自承重墙、设备基础等采用工厂化制作，运至施工现场安装的施工技术。

（4）装配式装修施工技术。包括隔墙与墙面工程、吊顶工程、地面工程等装配化施工技术等。

（5）模块化施工技术。包括机电安装模块化施工技术、模块化单元房施工技术等。

（6）集成化施工技术。包括组合立管、集成厨房、集成卫生间等施工技术。

5.1.3.8　智能建造技术

（1）智慧工地系统平台总体设计。智慧工地的系统平台大多采用三层架构设计，分别为应用层、服务访问层、数据资源层。

（2）智慧工地系统主要功能应用。智慧工地的核心是以 BIM 三维可视化为基础，以物联网、大数据、云计算、边缘计算、数字孪生等为支撑，整合工地现场碎片化应用系统，结合行业管理制度、行业标准以及行业规范的集成平台，即智慧工地集成管理平台，实现工地的信息化、精细化、智能化管控，实现项目管理目标执行情况跟踪、目标实现的预测与趋势分析以及实时项目管理风险预警与提醒，为工地建设过程中的安全、进度、质量、成本等管理构成赋予智慧感知能力。

5.1.3.9　其他"四新"技术

"四新"技术包括新技术、新工艺、新材料、新设备，主要有废水泥浆钢筋防锈蚀技术、混凝土输送管气泵反洗技术、楼梯间照明改进技术、贝雷架支撑技术、施工竖井多滑轮组四机联动井架提升抬吊技术、桅杆式起重机应用技术、金属管件内壁除锈防锈机具、新型环保水泥搅浆器、静力爆破技术等。

5.1.4 绿色交付技术应用

5.1.4.1 综合效能调适技术

（1）智慧运维数据中心平台。智慧运维数据中心平台为设施设备管理提供了便利条件，实现在设施设备运维模块中多维度管理运维的过程，完成对工单的策划、处理以及完结的管理运维工作。

（2）增强调适技术。依据现行的设计、施工、验收和检测规范中技术指标开展工作。全过程调适技术覆盖建筑方案设计阶段、设计阶段、施工阶段和运行维护阶段，同时包括建筑的暖通空调系统、给水排水系统、消防系统等建筑中各系统的平稳运行和满足不同负荷工况的需求，为绿色建筑提供智慧运维的智力保障。

（3）能耗优化技术。BIM 技术背景下绿色建筑能耗控制策略可在施工前期进行前瞻性的能耗预测与评价，BIM 模型不仅能够模拟建筑信息模型，而且也能模拟建筑所处环境各要素，通过不断改进各种材料和参数，积极寻找能耗低廉的建筑材料达到环保节能的目的。

（4）动态绿色评价。结合运维的能耗大数据和当地气候条件，根据《绿色建筑评价标准》GB/T 50378—2019，对系统运行健康度、能耗水平、运营管理水平、故障率等多个维度进行建筑系统的绿色评价，并给出针对性的建议书，实现建筑的保值增值。

5.1.4.2 数字化交付技术

（1）基于 IFC 标准的数字化交付编码体系。基于 IFC 标准，针对建筑工程对象的数据描述架构做出规定，以便于信息化系统能够准确、高效地完成数字化工作，并以一定的数据格式进行存储和数据交换。

（2）数据结构化处理与集成交付技术。建筑工程的数字化信息内容，按照目前常规的分类方式分为几何信息和非几何信息，两类信息的结构化处理与集成交付的技术是交付的核心内容。数字化交付技术文件发布过程应支持不同模式下的交付信息采集，对于几何数据结构可直接通过信息采集完成，对于非几何数据结构化处理与集成可以通过批量导入标准工作模板、人工输入等方式进行采集。将竣工交付数据以实体模型为核心进行组织、集中存储和关联，形成数据库，在竣工交付数据的检索、提取方面可形成巨大优势。

（3）建筑信息模型轻量化处理与按需加载技术。随着互联网及移动互联网的飞速发展，BIM 模型在移动端的展示、操作需求日益旺盛。轻量化 BIM 引擎技术解决了大型 BIM 模型的传输、加载、渲染使用的问题，可实现移动端的应用，进一步加大了 BIM 运维实施的普及。

（4）数字资产管理技术。数字技术为资产提供整个生命周期内创造价值的新方法，也可以实现工程数据资源化和资产化，总结数据内部规律、激活数据价值，为建筑企业开展资产运营、商业运作及投资决策等提供信息支撑，也为其整个生命周期内提高建造设施的生产率和性能。

（5）数字楼书技术。基于互联网技术和建筑信息模型的发展，数字楼书可以通过多媒体交互技术来更加全面地展示楼盘概况、位置交通、周边环境、规划设计、区位优势、户型设计、物业管理介绍等情况，并实现数字化运维。

（6）装饰工程数字化交付。装饰工程个性化需求繁多，模型分类标准创建深度不一致，通行的装饰工程数字化数据分类标准包含装饰构件分类标准和非几何信息交付标准。

5.1.5 建筑"双碳"控制技术发展

5.1.5.1 低碳化设计技术

（1）被动式建筑节能技术。在现代科学技术不断发展的背景下，利用非机械手段降低建筑的耗能问题。其具体表现在建筑结构设计与前期规划过程中，采用合理的布局、采光及通风的安排、围护改造的相关处理等，确保建筑在后期投入使用时始终保持一定的耗能量。

（2）主动式建筑节能技术。主动式节能技术是指通过机械设备干预手段为建筑提供采暖空调通风等舒适环境控制的建筑设备工程技术，也是以优化的设备系统设计、高效的设备选用实现节能的技术。

常用的主动式建筑节能技术主要包括室内环境调节系统、能源和设备系统、可再生能源、测量控制系统、地源热泵竖直埋管技术、低温水媒辐射地板采暖技术、塑钢中空平开窗、墙体节能设计等。

5.1.5.2 低碳施工与选材

（1）低碳施工技术。建筑施工过程中所采用的技术必须要符合国家当前低碳、绿色、节能、环保的施工理念。这就要求相关的施工企业，能够对施工过程涉及的工艺和技术进行改进和优化，降低施工过程中和施工完成之后所消耗的各种能源资源，减少因各种不当做法，而对环境造成的污染问题和对能源造成的消耗问题，最终达到节能减排、降低能耗的目的，最大限度地使低碳建筑的目标能够得到实现。

（2）建材的选择。在建筑绿色建材的选择上，建筑设计人员可保留需改造建筑的外形，循环使用原有材料并加以完善与改造，结合材料自身的低能源、低污染等特点进行建筑的绿色改造，以实现节约能源、减低环境破坏的可持续发展目的。

（3）低碳运输。充分考虑运输过程中碳排放影响因素；选择低碳运输方式；尽可能就近选择材料供应商，缩短运输距离；大力提高运输效率。

5.1.5.3　低碳运营管理

（1）低碳运营管理方法。在建筑全寿命周期内实现管理节能、技术节能和经济节能。具体方式有：重视运营管理与人员结构；重视管理制度与运行过程；重视数据分析与优化更新。

（2）延长建筑运营寿命。建筑寿命的延长是最大的节能。对既有建筑合理改造可以延长建筑使用寿命，同时大幅减少运营成本开支，降低建筑日常用电、用水、采暖等耗能。

（3）智慧运营。"双碳"目标下的建筑楼宇必须兼具可持续、强韧性、超高效、以人为本的特征。双碳目标的提出将推动已有传统的建筑运维管理技术向以节能减碳为核心目标的，融合大数据与 AI 技术的，兼具能效调优、故障精确诊断与建筑环境舒适性多维研判的高效智慧运维体系转变。

（4）行为减碳。居住者行为主要包括技术类使用行为、决策类投资行为和购买类消费行为。可以通过加强居住者主观节能意识的培养，引导居住者树立正确的消费观念、采取合理的消费行为和投资行为，培养居住者对家居设备、电器形成正确使用行为习惯，对居住建筑碳排放都会产生影响。

5.1.6　绿色综合管理技术发展

5.1.6.1　建造产业化

建造产业化，是指通过现代化的制造、运输、安装和科学管理的生产方式，来代替传统建筑业中分散的、低水平的、低效率的手工业生产方式。它的主要标志是建筑设计标准化、构配件生产工厂化，施工机械化和组织管理科学化。

结合项目实际，因地制宜地将建筑材料、结构构件、部品部件、装修部品等在工厂加工制作好后运至施工现场安装完成，在保证质量、安全、性能的前提下，尽可能减少施工现场作业量。

建造产业化的技术内容，主要包括建筑材料工业化、结构构件工业化、部品部件工业化、装修部品工业化和模块化建筑。

5.1.6.2 新型管理模式

（1）工程总承包。工程总承包是指从事工程总承包的企业受业主委托，按照合同约定对工程项目的勘察、设计、采购、施工、试运行等全过程或若干阶段实行总承包，并对工程质量、施工安全、工期和造价等全面负责的工程建设组织实施方式。

（2）全过程工程咨询。全过程工程咨询服务是指工程咨询服务方综合运用多学科知识、工程实践经验、现代科学技术和经济管理方法，采用多种服务方式组合，为委托方在项目投资决策、建设实施乃至运营维护阶段持续提供局部或整体解决方案的服务活动。

（3）建筑师负责制。建筑师负责制是以担任建筑工程项目设计主持人或设计总负责人的注册建筑师为主导的管理团队，开展全过程管理工作，使工程建设符合建设单位使用要求和社会公共利益的一种工作模式。

5.1.6.3 人力资源保护及培育

（1）人力资源保护技术。主要包括防尘天幕施工技术、施工降噪技术（施工现场降噪技术、城市繁华区施工降噪棚技术）。

（2）人力资源高效使用技术。主要包括无人机测量土方量技术、无电化施工技术、暗渠机器人清淤及淤泥固化技术、"无人值守＋云筑"收货系统应用技术等。

5.1.7 绿色建造典型案例

5.1.7.1 湖南创意设计总部大厦

湖南创意设计总部大厦项目选址于长沙马栏山视频文创产业园内地

块 18（X06-A49）、 地块 19（X06-A56-1），位于东二环以东，鸭子铺路以北，滨河路以南，滨河联络路以西。项目规划净用地面积 20083m²，总建筑面积 102882.52m²，其中地上 70917.0m²，地下室面积为 31961.52m²；包含 A 栋酒店、B 栋办公楼、C 栋办公楼，以及二层地下室。建筑密度 31.49%，容积率 3.5，绿地率 20.1%。参见图 5-1。

图 5-1　湖南创意设计总部大厦实景图

该项目通过工程总承包模式组织与实施，着力打造绿色建筑、绿色施工、装配式建筑、智慧建筑和 BIM 全过程应用和建筑师负责制示范。通过融入健康建筑、智慧建筑、低碳社区、绿色、共享等理念和技术，以实现建筑全寿命周期内最大限度节约资源、保护环境、开放共享。其中 A、B 栋按绿色建筑二星级标准设计建设；C 栋为按绿色建筑三星级标准设计建设。

该项目主要采用高效节能的幕墙体系（A、B 栋两玻一腔三银充氩气 Low-E 中空玻璃 + 隔热型材，C 栋幕墙三玻两腔三银 Low-E 中空玻璃 + 隔热型材），综合利用地源热泵、太阳能等可再生能源，综合运用屋顶绿化、幕墙绿化、场区复层绿化等全方位立体绿化措施，构建开放共享的工作、休憩空间，各栋建筑装配率均大于 75%，实现装配式体系综合应用。项目将建筑、环境、各类设施设备通过智能化系统有机结合，融入了 BIM 技术建设成智能化集成管理平台，平台具备从感知到判断决策的综合智慧力，为使用者提供高效、安全、舒适、便利的建筑环境。建成后将成为湖南省绿色建筑、装配式建筑、智慧建筑观摩基地，也是新技术应用、展示基地。

5.1.7.2　深圳建科院未来大厦

深圳建科院未来大厦项目位于深圳市龙岗区坪地街道高桥村，以钢框架为主要结构形式，钢结构工程量约 7000t，占地面积 11037.76m²，总建筑面积 62874.09m²，参见图 5-2。项目由 B 栋塔楼、R 栋裙房外加连廊组成，地下 2 层，塔楼地上 24 层，裙房地上 10 层，内设研发、宿舍、商业办公、停车场及食堂等配套设施，是集未来建筑、新技术应用、绿建三星设计加运营等于一体的科研项

图 5-2　未来大厦实景图

目，是市、区重点项目，同时承载着国际合作、国家"十三五"课题及深圳市节能减排财政政策综合示范项目的重要使命。

未来大厦是深圳建科院推出的 2.0 版本的绿色建筑的实验项目，其核心理念是"开放共享、融合共生"，将通过系统的被动技术＋系统的高效设备能源技术＋需求侧的主动能源绿度提升技术，实现了近零碳排的目标。该项目定位为一个研发型项目，打造成为一个建筑行业创新的公共实验平台。

未来大厦规划成一个微型的 24 小时全龄化社区，在里面形成若干空间场景并通过人员活动将其中各个板块串联起来，从而形成紧密有效的未来运营模式。项目在设计阶段采用了绿色设计技术，包括结构可变体系、垂直绿化技术、绿色选材等；在施工阶段采用了装配式内装技术和可拆装饰部件修缮技术；在运营阶段采用了信息化运维、智能家居、绿色运营系统。

5.1.7.3　南京金融城二期工程

南京金融城二期东区项目位于江苏省南京市建邺区河西新城的中轴线上，嘉陵江东街以南、雨润大街以北，东至庐山路、西至江东中路，紧邻南京地铁 1 号线、2 号线，与南京国际博览中心隔街相望，用地面积 2.8 万 m²，总建筑面积 42.9 万 m²。项目由 C1 塔楼，C3 塔楼，C2、C4-C6 等多层商业楼组成，其中 C1、C3 塔楼为框架－核心筒结构，建筑高度和层数分别为 416.6m、88 层，196.6m、50 层；C2、C4 ～ C6 多层商业楼为框架结构。地下室共 5 层，主要由地下商业、车库及设备用房组成。主塔楼结构体系为"框架＋核心筒＋伸臂＋环带桁架"，抗侧力体系由核心筒、外围框架、伸臂桁架连接核心筒和框架形成的结构三部分组成，属超高层商业综合体建筑。参见图 5-3。

图 5-3　南京金融城二期工程效果图

南京金融城二期东区项目的示范目标是全力打造江苏省建筑业绿色建造暨绿色施工示范工程，将项目的建筑能效指标由65%提升至75%。项目全面采用了绿色建造技术，明确了绿色施工中的"四节一环保"目标，建立了绿色建造实施制度；专门组建了常驻现场的BIM团队，实施了BIM的全过程应用；搭建了智慧工地数据集成平台，实现了对工地的可视化和智能化管理。

5.1.7.4　深圳国际酒店项目坝光段

深圳国际酒店项目由深圳市口岸办牵头，深圳市工务署作为代建管理，是深圳市用于对入境人员提供隔离及应急医疗服务的大型防疫项目，未来可转为其他用途。项目总占地面积18.1万 m²，共分为2个施工标段，其中坝光段地块位于大鹏新区排牙山路两侧，占地面积8.1万 m²，总建筑面积25.65万 m²。建设内容包括6栋7层多层酒店、1栋7层宿舍、4栋18层高层酒店、1栋18层宿舍以及医废处置站、污水处理站等独立配套用房。酒店建成后可满足隔离人数约4400人（其中隔离人员3800人、服务人员600人）。参见图5-4。

（a）A区建成图

（b）B区建成图

图5-4　深圳国际酒店项目建成图

该项目在管理层面上，组建了"IPMT+ 监理 +EPC"的高规格管理架构；在技术层面上，采用 1 个智慧工地平台 +N 个模块的应用模式，实现数据互联互通。综合运用人工智能、大数据及物联网等技术，赋能项目安全、质量、环境及防疫等管控。研发了内装式幕墙技术和交叉施工技术，充分应用 MiC 快速建造、C-Smart、DFMA、BIM 等新型建筑技术，赋能项目高效率、高质量建成；在建设过程中，应用了模块化集成建筑技术、标准化机电设计、装配式内装设计、BIM 辅助设计技术、幕墙参数化设计和自动化加工技术、智能交通指挥调度系统、BIM+AR 技术、BIM+VR 技术、无人机专项应用技术、竣工资料数字化交付等多项技术手段。

5.1.7.5 中亿丰未来建筑研发中心项目

中亿丰未来建筑研发中心项目位于苏州相城区澄阳街道澄阳路东、蠡塘河路北，临近地铁 7 号线出口。项目用地为科研用地，用地面积约 22304m²，项目总建筑面积 111992.61m²。地块总体容积率为 3.40，绿地率 30.02%，建筑密度 26.19%。项目由 23 层总部办公楼、14 层研发楼和 6 层联合办公楼组成。总部办公楼为绿色三星建筑、研发楼为绿色二星建筑、联合办公楼为绿色一星建筑。建设项目总投资 100800 万元。参见图 5-5。

该项目定位为绿色、生态、智慧的未来建筑的示范。在建造过程融合了智慧工地、智能建造、工业化建造、智慧楼宇、智慧能源管理、光伏建筑一体化等技术。项目在立项初期把光伏作为可再生能源纳入主要技术体系当中，实现光伏与建筑效果的密切融合，打造光伏建筑一体化的试点项目，建筑技术方面还引入了装配式建筑、健康建筑、绿色建筑等当代先进的建筑理念。项目采用"EPC+ 数字总包"建设模式，以打造数字建造新模式和数字建筑新产品新技术应用场景为使命，打造融合"数字建造、智能建造、低碳建筑、人本建筑和智慧建筑"为一体的未来建筑样板工程，并作为"未来建筑"技术研发和产业孵化科技园区。

项目采用了光伏建筑方案一体化设计、海绵城市、PCF 免外模复合保温外墙、装配式

图 5-5 中亿丰未来建筑研发中心项目效果图

内装、高效节能幕墙等绿色建造技术，并在绿色建造施工过程中自主研发和应用了 BIM 全过程应用、建立能源中心等创新技术。

5.1.7.6　常州高铁新城领航大厦项目

常州高铁新城领航大厦项目位于常州市新北区新桥街道，乐山河以东、秀水河路以南、乐山路以西、龙须路以北。规划总用地面积 9242m²，总建筑面积 46474m²，容积率 3.50，其中地上总建筑面积 32797m²，地下建筑面积 13677m²（地下两层），埋深 8.9m，绿地率 15.0%。功能业态为 5A 甲级办公、独栋商墅。项目为一类高层建筑，地上一栋塔楼，共 18 层，主要为办公以及少量商业配套，裙楼为商业。地下主要为设备用房、机动车库、非机动车库、核 6 级常 6 级甲类二等人员掩蔽所。参见图 5-6。

该项目以"领航"为设计概念，作为"常州高铁新城"的起点，塑张帆远航之意，寓意该项目及区域的蓬勃发展，希冀于建筑本身也能更好地助力高铁新城"一帆风顺，扬帆起航"。用建筑精致设计的情怀将科技与办公、工作与休闲、自然与人文巧妙地融合在一起，打造一个绿色、科技、未来的新型城市客厅，建立人与社会、自然建筑的和谐共生关系。

项目采用"绿色建造全过程咨询 + 施工总承包管理"的建设管理模式，采用精益化生产施工方式，加大新技术应用，整体提升建造方式工业化水平。同时贯彻绿色建造理念，集合绿色建筑、海绵城市和装配式先进设计思路，整体提升建筑品质。

图 5-6　常州高铁新城领航大厦项目建成图

5.2　智能建造发展与建议

建筑和基础设施是民众福祉、经济发展和城市安全运行的载体和基础，其变革对中国社会的绿色、低碳、可持续发展有重要影响。因此，将战略性新兴产业的物联网、大数据、人工智能等与建筑产业相融合，对建筑业摆脱劳动密集型产业窠臼和创新发展极为重要。中国土木工程学会组织院士专家，对智能建造研究的战略意义、科学价值、国内外主要研究进展与趋势等进行深入研讨，提出了《关于推动我国智能建造发展的建议》。参加研讨专家有肖绪文、丁烈云、岳清瑞、尚春明、陈新、方东平、赵宪忠、袁烽、郭彤、孙金颖、马恩成、黎加纯、陈晓明、亓立刚、刘刚、李俊鹏、卢昱杰，由赵宪忠、尚春明、卢昱杰执笔。

5.2.1 智能建造领域的现状和主要进展

智能建造即基于信息物理系统 CPS 的先进建造技术与信息技术的深度融合，在工业化建造和数字化建造的基础上，对构件、部品、体系等物理系统在其全生命周期的立项、设计、制造、运输、装配、运维及服务等环节的建造活动通过赛博空间的孪生模型进行信息感知与分析、数据挖掘与建模、状态评估与预判、智能优化与决策，从而实现建造对象自身以及建造过程、建造装备、建造系统的知识推理、智能传感和精准控制。

智能建造作为新一代信息技术与工程建造融合形成的工程建造创新模式，主要发展面向全产业链一体化的工程软件、面向智能工地的工程物联网、面向人机共融的智能化工程机械以及面向智能决策的工程大数据四类关键领域技术，并着重解决类脑智能优化、结构合成理论、异构数据挖掘、人机协同方法、柔性控制理论、群智决策等一系列基础科学问题。围绕上述科学问题，我国建造行业坚持创新引领，强化科技支撑，取得一系列突破性的进展。

5.2.1.1 标准化设计逐步推广，国产设计软件得到初步应用

装配式建筑是建筑工业化的主要载体，而标准化设计作为装配式建筑的首要特征，与传统设计模式不同，标准化设计考虑了建筑产品模块化、通用化，以期达到全建造流程最优。基于此，以结构构型算法、结构优化算法为主的智能设计算法被提出辅助设计人员进行设计。而工程设计软件作为工程技术和专业知识的程序化封装，贯穿工程项目各阶段，是实现智能建造的基础，其国产化具有战略意义。近年来，我国建造行业加大对国产工程设计软件的

投入，例如广联达聚焦三维图形引擎的研发，推出具备自主知识产权的国产BIM软件。

5.2.1.2　预制装配自动化、流水化、一体化生产成为智能建造发展新高地

2020 年，住房和城乡建设部等 9 部门联合发文《关于加快新型建筑工业化发展的若干意见》中明确预制构件生产应重点提升建造过程智能化程度，解决生产过程的连续性问题。我国众多建筑企业在此方面发展迅猛，如中建科技研发的基于 BIM 的一体化协同设计的模块化钢结构建筑产品体系设计技术被广泛应用于临时应急工程的快速生产。同时，3D 打印等新型构件生产技术同样受到建造行业的重视，上海建工研制的世界最大尺度高精度 3D 打印设备，助力国内首座、最长全尺寸 3D 打印人行景观桥落户上海。

5.2.1.3　机器人、智慧工地等新型施工技术得到示范应用

机器人施工技术是推动建筑业向工业化、数字化全面转型的关键。近年来，以博智林为代表的国内建筑机器人企业针对不同工艺流程的特征，先后研发用于砌筑、焊接等十几种不同作业用途机器人。面对超高层、隧道等复杂施工场景，我国建筑企业通过将机器人等工业技术与传统施工方法相结合，打造高集成度的施工一体化平台，提升建造能力和生产效率，另外，施工现场管理方面，自2019 年起，浙江省、江苏省等近 20 个省级住房城乡建设管理部门相继发文推进智慧工地建设，助力建筑业高质量发展。

5.2.1.4　数据驱动的智慧运维新模式促进建筑产业升级

目前我国既有建筑与基础设施存量巨大，且服役周期长。截至 2020 年年底，我国老旧小区（20 年以上）超过 17 万个，公路总里程已达 528 万 km。传统基于人力的运维模式已无法满足既有建筑与基础设施的运维工作。除此之外，运维阶段碳排放占建筑全生命周期的 43%，庞大体量的建筑与基础设施消耗大量能源，降低城乡建设碳排放量成为亟须解决的问题。因此，以自动化、智能化、无人化为主导的监测技术正取代人工成为主流运维模式。作为行业先行企业，华为与中国建筑科学研究院联合开发"建筑能效云解决方案"，通过云服务模式，实现多园区设施的统一运营，进一步提高设施高效运营和节能减碳效果，践行绿色低碳新使命。

5.2.2 智能建造发展存在的问题和难点

5.2.2.1 当前标准化设计的全局协同性有待提高，高端工程软件研发需进一步加强

（1）当前标准化设计模式是基于传统设计方法进行逆向拆分，这将难以达到预期的标准化程度，无法完全发挥标准化设计优势。

（2）当前标准化设计过程缺少可建造性相关评价标准，缺少可建造性评价标准意味着无法对设计结果进行全面评估。

（3）设计的标准化与项目的个性化之间难以平衡，建筑产品适用性差，复用率低。同时，我国工程软件存在整体实力较弱、核心技术缺失等诸多问题，市场份额较多被国外软件占据。在设计建模软件方面，国产工程软件依然面临着严重的"缺魂少擎"问题；在工程设计分析软件方面，国产软件在复杂工程问题分析方面依然任重道远。

5.2.2.2 自动化生产元件缺乏核心技术，设计生产一体化协同程度低

（1）构件生产元器件"无核"，生产流程"无序"。我国在工程装备自动化生产研究方面起步较晚，构件生产模块的控制器元件缺乏核心技术，同时缺乏系统化的生产标准，生产环节碎片化、协同效率低下。

（2）构件设计与生产相互独立，难以实现一体化协同管控。设计与加工独立工作，在材料选择与加工难易程度等方面缺乏系统性考虑，设计软件和加工设备缺乏兼容性接口，导致构件设计与生产难以实现一体化协同。

5.2.2.3 新型施工技术的协作能力、物联网水平和必要元器件研发力度有待加强

（1）施工机器人智能协同一体化作业研究相对欠缺，难以满足复杂现场条件下施工的需求。

（2）现有智慧工地管理系统尚未具备万物互联的能力，无法有效实现"人、机、料、法、环、品"六大要素间的互联互通以及高效的信息整合。

（3）我国在工程机械智能化技术的研发应用上虽有一定突破，但在打造智能化工程机械所必要的元器件方面仍落后于国际先进水平。可编程逻辑控制器（PLC）、中高端传感器等技术均落后于发达国家，阻碍了我国新型施工技术的发展。

5.2.2.4 智慧运维新模式缺乏数据基础及关键技术，智能、低碳运维水平有待提升

（1）用于建筑及基础设施运维的大数据产业链尚未成熟，缺乏相应的数据标准，导致无法对海量建筑本体数据与监测运维数据进行高效处理。

（2）以数字孪生为核心技术的智能运维尚处于初级阶段，无法对运维过程中的动态变化进行精准的仿真模拟与预测分析，难以满足智能运维对时效性、协同性、准确性的需求。

（3）现有建筑运维能耗监测平台获取多为总运营耗电量，尚未完全建立多源数据驱动的能耗时变管理体系。此外，对于基于能耗分析所得碳排放量的统计核查能力不足，制约碳管理、碳治理的实施。

5.2.3 推进智能建造发展的建议

5.2.3.1 依托 BIM 提升标准化设计水平，进一步加强国产工程软件研发投入

针对标准化设计，一是构建基于 BIM 的标准化设计协同系统，提出施工阶段可建造性相关评估指标，打通设计建造一体化；二是开发智能设计、优化算法提升标准化设计适用性，实现计算机生成合规的标准化设计组合。

针对工程软件，需要大力支持强国产工程软件创新应用，集中攻关"卡脖子"痛点，提升三维图形引擎的自主可控水平；加快制定工程软件标准体系，形成以自主可控 BIM 软件为核心的全产业链一体化软件生态。

5.2.3.2 强化生产软硬件开发，研制柔性制造生产线，实现自动高效生产与一体化协同管控

强化预制构件生产装备与元器件研发，研发具有自主独立产权的自动化生产技术体系。建立预制构件标准化族库与技术规范，设计全流程预制构件柔性制造生产线，提升预制生产的高效性与灵活性。加强构件设计与生产协同控制软件开发，联通设计生产环节的工作流程，兼容模型与数据接口，实现跨阶段一体化监管。

5.2.3.3 加强关键技术和硬件研发，促进智能型施工技术、工程物联网与现有建造工艺工法深度融合

进一步研发施工机器人自主控制算法，提高施工机器人的智能化水平和协作能力。打破核心零部件技术和原材料的壁垒，提高产品的可靠性。加强面向超高层、隧道、大跨度桥梁等复杂作业场景的新型施工技术集成程度，探索施工机器人与工业化、机械化建造平台的协作方式。基于 BIM 建立镜像工地，开展基于工程物联网的智能工地示范，强化工程物联网的应用价值。

5.2.3.4 依托大数据技术与人工智能，加强数据基础与关键技术研究，提升智能、低碳运维水平

（1）以大数据技术为核心，构建多源、非结构化建筑运维数据管理体系，为后续运维关键技术的研发提供数据支撑。

（2）建立集感知、判断、决策为一体的智能化监测机制，满足建筑安全服役的运维核心需求。

（3）建立全面分析能耗时空演化机理，提高针对不同类别建筑物碳排放量及其影响因子的分析能力，同时依据分析结果制定以碳交易、碳税制度为代表的减排方案，实现低碳运维。

5.2.3.5 加强政策倾斜，建立智能建造产业技术创新平台

（1）建议将智能建造企业纳入国家高新技术企业，从税收减免、股权激励、科技计划等方面进一步增强政策支持。

（2）建立智能建造国家创新中心，以顶层设计为抓手促进创新力量优化整合。

（3）重视技术集成，加强技术成果转化，产学研协同推动科技成果转移转化与产业化。

5.2.3.6 注重交叉学科建设与复合型人才培养

强化高校智能建造人才培养，通过专业的课程体系、教学方法、培养模式与师资队伍建设智能建造"新工科"。注重企业人才培训与能力提升，提升管理人员与现场工人的思想意识，营造数字化转型的氛围。发挥学科交叉优势，建设多层次、多类型的智能建造复合型人才团队。

5.3 住宅建设新技术发展

本热点问题的分析根据中国土木工程学会住宅工程指导工作委员会等单位承担的北京詹天佑土木工程科学技术发展基金会研究课题《中国住宅建设新技术发展研究》的研究成果归纳形成。课题负责人：张军，课题组成员：陈昌新、张可文、王琳、梅阳、程莹、李浩、王云燕、梅晓丽、郭建军、薛晶晶、董海军、刘振华、纪振强、周巍、曲江泉、王欣、刘云佳、谭斌、祖巍。

5.3.1 我国住宅技术现状分析

经过新中国成立以来 70 余年的发展，我国住宅建设技术水平不断提高。从开始的"先生产，后生活"，到"住有所居"再到"住有宜居"，住宅建设由数量型增长向高质量发展转变。在居住区规划和住宅设计中，积极推进"以人为本"的设计理念和低碳发展方针，通过规划设计的创新，创造出具有地方特色、设备完善、安全适用、舒适宜居的居住环境，促进了中国住宅建筑技术整体的提高，推动我国住宅技术发展进入新的发展时期。我国住宅技术发展现状可归纳为如下方向：

5.3.1.1 规划设计理念不断创新

居住小区规划理论自 20 世纪 50 年代开始出现，经过居住小区、住宅组团的两级结构，发展到"先成街、后成坊"原则，到统一规划、统一管理的模式。近年来，随着规划设计理念的不断创新，逐渐形成了住宅设计延续城市文脉、保护生态环境、充分重视后续发展、打破固式化的规划理念、智能化安全防卫、完善社会服务系统、塑造宜人景观的七大原则。

5.3.1.2 住宅设计理念不断创新

住宅设计理念的不断创新是我国住宅技术不断发展的源动力。我国住宅设计理念经历了快速建设的装配式大板简易住宅，到受唐山大地震等灾害影响小高层和高层现浇混凝土住宅兴起，但是考虑抗震需要平面结构整齐划一，到现在由粗放型住宅向精品型住宅转变，充分利用技术进步创造现代宜居型住宅的新理念。

具体表现在绿色低碳导向、强调可持续发展、不断提高住宅的舒适性、加强厨卫的整体设计、加大住宅科技应用、注意生态平衡、住宅设计更加注重人文需求七个方面。

5.3.1.3 住宅节能要求逐年提高

（1）住宅建筑形式。随着住房市场的发展，住宅建筑的形式也不断创新，对住宅结构设计也提出了更高的要求。要求住宅设计在保证结构安全、可靠的同时，要满足建筑功能需求，使住宅更加安全、适用、耐久。对住宅防火、避震、防空、突发事件等的安全疏散要求也逐步提高。

（2）住宅节能设计。住宅的设计与建造与地区气候相适应，能够充分利用自然通风和太阳能等可再生能源，充分采用围护结构节能技术、供热和空调系统节能技术和太阳能节能技术，不断发明新能源利用方式。住宅节能设计一般采用规定性指标，或采用直接计算采暖、空气调节能耗的性能化方法。

（3）重视新技术应用。自 2016 年起，政府由上而下推进装配式建筑，装配式建筑的设计、生产、施工、装修等相关产业链公司得到快速成长，也带动了构件运输、部品安装、构配件生产等新型专业化公司的发展。建筑产业化建立在标准化之上，基于模数化的标准化产品体系和设计规范，帮助实现住宅户型模数化设计，确保建筑项目有着适合的成本。一定比例的构件部品的非标准化、多元化，属于建筑多样性和提升品质的需要。

5.3.1.4 绿色建筑材料广泛使用

住宅建设越来越注重选择避免造成环境污染的材料，选用的主要建筑材料除了具有规定的物理、力学性能和耐久性能以外，还选用符合节约资源和保护环境的材料。住宅结构材料的强度标准值应具有不低于 95% 的保证率；住宅结构用混凝土的强度等级不应低于 C20，个别乡镇自有住宅结构用混凝土的强度等级低于 C20；住宅结构用钢材应具有抗拉强度、屈服强度、伸长率和硫、磷含量的合格保证，抗震设防地区的住宅，其结构用钢材还应符合抗震性能要求，有些住宅工程的钢材质量不满足要求，还有采用不合格钢材的项目；住宅应采取防止外窗玻璃、外墙装饰及其他附属设施等坠落或坠落伤人的措施。

5.3.1.5 信息化和智能化技术的逐步推广应用

近年来，基于 BIM 技术的住宅建筑设计和建造信息化平台广泛应用，越来越多的项目采用 BIM 模型进行多专业协同设计，复杂工程通过 BIM 模型，可以提前了解建筑的功能和结构；机电专业采用 BIM 技术较好地解决了机电管道碰撞问题，施工现场通过 BIM 技术能够实时动态进行材料、进度、质量管理。提高了设计水平和管理精细化水平，为住宅建设的全面信息化提供了条件。

随着建筑工业化及相关技术发展，基于物联网和大数据技术的建筑产业互联网平台在建筑全产业链发展中的地位越来越重要，在项目建设、构件生产、现场人机料法环管理等方面发挥了集成管理、信息化管理和优化提质的作用。

此外，智能化技术广泛应用于施工管理和运维，智慧工地建设、智慧社区建设和智慧建筑建设成为住宅建设重要方向。智能安防技术实现了楼宇互联、智能楼控实现了住宅关键设备和设施的集中智能管控；保障了公共设施高效、低耗、智慧运营。另外智能家居也成为智能化技术应用的重要方面，极大提高了居民生活的舒适性和便捷性。

5.3.2 住宅建设新技术

5.3.2.1 绿色住宅

（1）发展现状。近年来我国绿色住宅的发展，呈现出如下特点：一是发展规模不断扩大，发展效益已经显现；二是推动绿色发展的政策框架基本建立；三是支撑绿色建筑发展的标准体系逐步完善；四是绿色建筑技术支持不断夯实，增量成本逐年降低，五是绿色建筑支撑和管理体系逐步完善，人民群众信任度逐渐上升。

（2）关键技术及应用。绿色住宅关键技术及应用总结参见表 5-1。

绿色住宅关键技术及应用 表 5-1

类别	关键技术	关键技术细目
绿色建筑能效提升和能源优化配置技术	保温隔热围护结构	保温装饰一体化板 KF 轻质防火保温装饰干挂板系统 RST 玻璃棉板外墙外保温系统 改性酚醛保温板外墙外保温系统 外墙保温用不燃型岩棉板 有机无机协同阻燃聚氨酯保温材料

类别	关键技术	关键技术细目
绿色建筑能效提升和能源优化配置技术	高效能门窗及遮阳系统	门、窗用铝塑共挤型材及节能门窗 节能型实木窗、铝包木窗、铝木复合窗 构件式木索窗、铝包木窗、铝木复合窗 建筑外窗遮阳技术
	高效能新风及空调系统	毛细管网换热器 地板对流器 健康舒适热回收新风系统 供热系统 PB 管材 与建筑相结合的太阳能采暖热水系统 地源热泵 高效全热回收技术
绿色建筑水资源综合利用技术		智能无负压管网自动增压供水设备
		多孔位通配节水便器
		砂基雨水收集与利用系统
		集约式模块化雨水综合利用技术
		屋顶绿化及表皮绿化技术
绿色建筑节材和材料资源利用技术		低碳水泥
		再生骨料混凝土材料
		高节能指标小砌块建筑体系
		烧结多孔砖
		真空玻璃
		电梯变频器再生能量回馈技术
光伏建筑一体化技术（BIPV）		光伏建筑一体化技术（BIPV）

5.3.2.2 工业化住宅技术

（1）发展现状。工业化住宅是一个包括技术在内的，跨越经济、法律、社会诸多领域的综合问题，也称为"产业化住宅"。近年来我国工业化住宅的发展，呈现出如下特点：一是装配式建筑规模持续扩大；二是装配式体系不断丰富；三是住宅部品供应能力不断增加；四是标准化程度不断提升；五是产业工人培养机制快速建立；六是产业集聚及示范效应显现。

（2）关键技术及应用。工业化住宅关键技术及应用总结参见表5-2。

类别	关键技术	关键技术细目
产业化住宅结构体系	装配式混凝土结构住宅体系	内浇外挂剪力墙体系 装配整体式剪力墙套筒灌浆连接体系 内浇外挂装配式框架体系 叠合墙板剪力墙结构体系 装配整体式剪力墙浆锚搭接连接体系
	装配式钢结构住宅体系	钢结构纯框架体系 钢框架 – 支撑框架体系 钢框架 – 钢板剪力墙体系 钢框架 – 剪力墙（芯筒）体系 交错式桁架体系 钢结构模块化体系
	装配式木结构住宅体系	装配式木结构住宅体系
装配式内装体系	SAR 体系	SAR 体系
	SI 技术体系	SI 技术体系
	KEP 体系	KEP 体系
	灵活可变体系	灵活可变体系
	全装修成品内装体系	全装修成品内装体系
	CSI 内装及新型内装体系	CSI 内装及新型内装体系
装配式墙体及楼板体系	轻质高强墙体材料	轻质高强墙体材料
	新型装配式墙体材料	新型装配式墙体材料
	新型大板墙体	新型大板墙体
	楼板材料	楼板材料
新型连接与构造措施		新型连接与构造措施

5.3.2.3 生态住宅

（1）发展现状。生态住宅是根据当地的自然生态环境，运用生态学、建筑技术科学的基本原理和现代科学技术手段等，合理安排并组织建筑与其他相关因素之间的关系，使建筑和环境之间成为一个有机的结合体，同时具有良好的室内气候条件和较强的生物气候调节能力，以满足人们居住生活的环境舒适，使人、建筑与自然生态环境之间形成良性循环系统。近年来我国生态住宅的发展，呈现出如下特点：一是节能、环保的设计；二是注重建筑物结构体系的生态化；三是建筑物的"表皮"生态设计；四是发展建造更人性化的生态住宅。

（2）关键技术及应用。生态住宅关键技术及应用总结参见表 5-3。

生态住宅关键技术及应用 表 5-3

类别	关键技术	关键技术细目
田园城市	植生混凝土技术	植生混凝土技术
	基于 A/O 生物接触氧化－超滤膜工艺的小型中水处理技术	基于 A/O 生物接触氧化－超滤膜工艺的小型中水处理技术
	太阳能微电脑屋顶绿化灌溉系统	太阳能微电脑屋顶绿化灌溉系统
	电絮凝雨水净化技术	电絮凝雨水净化技术
基于仿生学的生态表皮	活动表皮	活动表皮
	天然材料表皮	天然材料表皮
	新材料表皮	新材料表皮
可持续能源利用	太阳能	太阳能
	风能	风能
	地热能	地热能
	生物质能	生物质能
功能型材料	生物可降解材料	生物可降解材料
	空气自净化功能材料	空气自净化功能材料
	防氡防辐射功能材料	防氡防辐射功能材料
	抗菌材料	抗菌材料
	防噪声功能材料	防噪声功能材料

5.3.2.4 健康住宅

（1）发展现状。健康住宅包括与居住相关联的物理量值，诸如温度、湿度、通风换气、噪声、光和空气质量等，还包括主观性心理因素值，诸如平面空间布局、私密保护、视野景观、感官色彩、材料选择等，提倡回归自然，关注健康、关注社会，防止因住宅而引发的疾病，营造健康。2004 年发布的《健康住宅建设技术要点》提出了建设"健康住宅"的三项原则：一是以人为本，二是确立以大众健康住宅为出发点，把工作的重点放在我国现有的社会、经济、技术条件下能够解决的、广大居住者反映强烈的住宅健康影响因素，明确其性能指标的来源以及采取的措施；三是强调科学性。

（2）关键技术及应用。健康住宅关键技术及应用总结参见表5-4。

健康住宅关键技术及应用

表 5-4

类别	关键技术	关键技术细目
室内空气质量保障技术	室内空气净化技术	室内空气净化技术
	室内空气质量监测技术	室内空气质量监测技术
	室内通风技术	室内通风技术
	防微尘窗纱	防微尘窗纱
室内光环境保障技术	新型 LED 室内照明技术	新型 LED 室内照明技术
	智能照明控制技术	智能照明控制技术
	顶部采光技术	顶部采光技术
	导光管采光技术	导光管采光技术
	变色玻璃	热致变色玻璃
		电致变色玻璃
		光致变色玻璃
		气致变色玻璃
室内声环境保障技术	隔声降噪技术	隔声墙
		隔声吊顶
		减振楼板
		活性炭纤维吸声材料
		白噪声技术
	应用于声学设计的计算机模拟技术	应用于声学设计的计算机模拟技术
	室内热环境保障技术	室内热环境保障技术
水质量保障技术	饮用水末端净水技术	饮用水末端净水技术
	龙头净水器	龙头净水器
	水质在线实时监测系统	水质在线实时监测系统
厨卫空间气味隔离技术	高能离子管气味隔离技术	高能离子管气味隔离技术
	活性炭箱气味隔离技术	活性炭箱气味隔离技术
	卫生间低位强制排风技术	卫生间低位强制排风技术

5.3.2.5 智能住宅及智能建造技术

（1）发展现状。当前广泛意义上的智能住宅是指以拥有一套先进、可靠的网络系统为基础，将住户和公共设施建成网络并实现住户、社区的生活设施、服务设施的计算机化管理的居住场所。我国智能住宅是逐步发展起来的，1990~1995 年为开始发展，1995~2000 年进入系统集成阶段，2000 年后开始进入一体化集成管理系统阶段。当前，中国智能住宅产业正迎来飞速发展时期。2017 年阿里巴巴发布的《智慧建筑白皮书》显示，中国智能建筑工程总量已相当于欧洲智能建筑工程量的总和，中国智能建筑系统集成商已超过 5000 家。据前瞻研究院统计，2021 年，中国智能建筑市场规模达 3800 亿元，住宅建筑领域智能化规模占比达 55%。其主要原因是目前各地智能住宅项目普遍受到市场青睐，北京、上海、广州、深圳等一线城市高端住宅市场项目对国内房地产市场示范作用明显。而新型城镇化建设的国家战略，智慧城市建设的深入铺开，更助推了这一产业的发展进程。

（2）关键技术及应用。智能住宅关键技术及应用总结参见表 5-5。

智能住宅关键技术及应用 表 5-5

类别	关键技术	关键技术细目
基于 BIM 的智能设计及建造技术		基于 BIM 的智能设计及建造技术
物联网技术	设备和人员动态管理	设备和人员动态管理
	现场结构养护及健康检测	现场结构养护及健康检测
	建筑废弃物管理	建筑废弃物管理
	BIM 优化和数字孪生	BIM 优化和数字孪生
5G 智慧技术	实名制双防监管系统	实名制双防监管系统
	可移动建筑职业健康分析系统	可移动建筑职业健康分析系统
	双 360° 空间立体实时多维监控系统	双 360° 空间立体实时多维监控系统
	便携巡检系统及远程协作系统	便携巡检系统及远程协作系统
智慧工地集成系统		智慧工地集成系统
通信自动化系统	计算机网络通信系统	计算机网络通信系统
	可视视频技术	可视视频技术
	数据卫星通信技术	数据卫星通信技术

类别	关键技术	关键技术细目
	智能安防系统	智能安防系统
智能楼宇系统	变配电控制	变配电控制
	照明控制	照明控制
	通风空调控制	通风空调控制
	交通运输	交通运输
	给水排水设备控制	给水排水设备控制
	停车库自动化	停车库自动化
	消防自动化	消防自动化
	智能家居集成技术	智能家居集成技术
	智能停车场技术	智能停车场技术

5.3.2.6 低碳住宅技术

（1）发展现状。低碳住宅是指在住宅的材料生产与运输、施工建造和住宅运维使用的整个生命周期内，减少化石能源的使用，提高能效，降低 CO_2 排放量。在概念涵盖范围上，与绿色住宅相比，低碳住宅可以看作绿色住宅的细化和重要发展方向之一，低碳住宅更偏重于关注 CO_2 的排放量问题，涵盖的范围包括住宅的土地规划、建筑材料生产与运输、建设施工、交付使用等全过程，社区的物业管理也应纳入此范畴，不仅新建住宅可以追求低碳，老社区也可以通过改造实现低碳化。中国建筑节能协会统计数据显示，建筑全过程碳排放总量占全国碳排放总量比重超半数，其中建筑材料占比28.3%，运维阶段占比21.9%，施工阶段占比1%。在"双碳"目标下，我国建设低碳建住宅有其必要性，住房和城乡建设部及地方也非常重视低碳建筑的建设，全国及各地"十四五"相关绿色建筑发展规划，纷纷提出超低能耗和近零能耗建筑面积目标。以被动式建筑、超低能耗建筑、近零能耗建筑、零能耗建筑乃至负能耗建筑为代表的各种低碳建筑已被接受，随着未来建筑技术、材料技术和设备电气等技术的进步，低碳住宅将具有广阔的市场空间。

（2）关键技术及应用。在本报告框架下，低碳住宅是绿色住宅的细分领域，因此关于绿色建筑广泛适用的技术，已在绿色住宅阐述，本部分遴选适用于被动式建筑、超低能耗建筑及零碳建筑的关键技术。低碳住宅关键技术及应用总结参见表5-6。

类别	关键技术	关键技术细目
低碳设计技术	气密性设计	气密性设计
	无热桥节点设计	无热桥节点设计
低碳建材技术	低碳水泥	低碳水泥
	真空绝热板	真空绝热板
	冷屋面	冷屋面
	节能涂料	阻隔型隔热保温涂料
		纳米隔热保温涂料
		辐射型隔热涂料
		反射型隔热涂料
高效用能技术	"光储直柔"综合低碳技术	"光储直柔"综合低碳技术
	壁挂式太阳能空气集热模块	壁挂式太阳能空气集热模块
	太阳能光热制冷系统	太阳能光热制冷系统
	太阳能转轮除湿空调	太阳能转轮除湿空调
	太阳能热电联供技术	太阳能热电联供技术
置换通风系统		置换通风系统
能耗监测系统		能耗监测系统

5.3.3　先进住宅技术应用典型案例

5.3.3.1　当代时光里

　　当代时光里项目是独特的绿色科技建筑＋养老模式是行业内的首次尝试，也是全国首个 LEED for Communities 金级预认证的养老项目。项目位于北京市顺义区国门商务区，为临空经济核心区的一部分。整个社区占地面积约 5 万 m²，容积率 2.5，总建筑面积约 17.7 万 m²。社区以医疗养老为载体，以绿色建筑、科技生活为中心，是配置 4000m² 医疗中心、公寓、餐厅、娱乐、医护、商业齐备的全寿命周期产业家园。参见图 5-7。

图 5-7　当代时光里项目效果图

该项目依托当代置业集团的四恒科技系统（恒温、恒湿、恒氧、恒静），为业主提供健康、舒适、科技的居住体验，并采用十大科技系统保障四恒效果的实现，参见图5-8。项目的智能化科技系统也为长者提供了全球化、高标准的居、养、医、教、原生态链绿色健康运营服务平台。具体包括：人脸识别监控系统、紧急求助报警系统、智慧健康检测系统、作品发布系统、楼宇自控管理系统等。

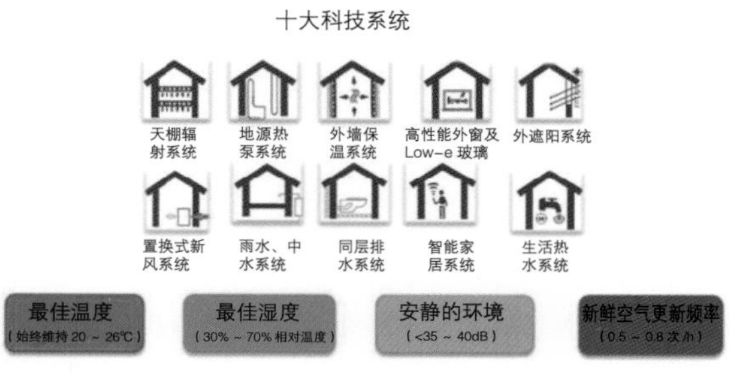

图5-8　十大科技系统保障四恒效果

5.3.3.2　中建绿色产业园"光储直柔"示范项目

中建绿色产业园"光储直柔"示范项目位于深圳市深汕特别合作区，示范范围为中建绿色产业园A区1号综合楼2层与4层，共8个办公区域，建筑面积2500m^2，办公使用净面积1644.96m^2，参见图5-9。该项目通过自主研发、迭代升级核心技术，应用了目前最全面、最深入的"光储直柔"技术体系。作为全球首个"光储直柔"建筑，这一绿色建筑的典型案例登上了央视新闻联播，同时得到了《人民日报》海外版、《科技日报》等央媒集中关注报道。

"光储直柔"中"光"是指在建筑区域内建设分布式太阳能光伏发电系统；"储"是在供电系统中配置储能装置，将富余能量储存，需要时释放；"直"是采用形式简单、易于控制、传输效率高的直流供电系统；"柔"是指建筑具备能够主动调节从市政电网取电功率的能力。通过多项技术相互叠加、整合利用，实现建筑节能低碳运转（参见图5-10）。

图5-9　中建绿色产业园"光储直柔"示范项目实景图

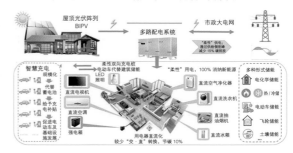

图5-10　"光储直柔"技术示意图

5.3.3.3 临安中天宸锦学府自持公寓

临安中天宸锦学府自持公寓（6号楼）项目位于杭州临安中心城区，建筑面积7864.65m²，地上19层（参见图5-11），由中天控股旗下中天美好集团有限公司开发建设，项目按照《近零能耗建筑技术标准》GB/T 51350-2019进行规划设计，并于2021年12月获得近零能耗建筑设计标识证书，同时，获得了LEED Residential: Multifamily 金级（设计）认证，是浙江省第一个通过近零能耗设计评价认证的高层住宅项目。

图5-11 临安中天宸锦学府自持公寓（6号楼）实景图

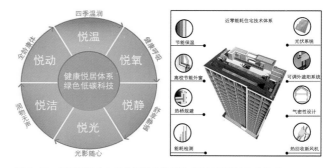

图5-12 项目采用的中天美好健康悦居体系和近零能耗技术体系

该项目采用中天美好健康悦居体系，并综合采用节能保温、光伏系统、高效节能外窗、可调节外遮阳、热桥规避、气密性设计、能耗监测和热回收新风机八大科技体系构成近零能耗住宅技术体系，可以实现比普通建筑更节能、更舒适、更健康的目标。参见图5-12。

5.3.3.4 朝阳区垡头地区焦化厂公租房项目

朝阳区垡头地区焦化厂公租房项目位于北京市东南五环内侧的焦化厂，总建筑面积56.2万 m²，地上最高31层（见图5-13），由北京市保障房中心有限公司开发建设，项目按公租房标准

图5-13 朝阳区垡头地区焦化厂公租房项目实景图

建设，采用装配式建筑技术及全装配式内装技术，其中 17、21、22 号楼为北京首批超低能耗示范项目，也是国内首个一类高层装配式超低能耗建筑，于 2020 年获得住房和城乡建设部被动式低能耗建筑标识。

该项目首次在寒冷地区一类高层住宅上应用装配式建筑超低能耗技术，并针对小户型的公租房，形成包含装配式建筑系统、超低能耗外围护系统、热回收新风系统、地道风系统等一系列设计方法与技术创新。

5.3.3.5　北京金茂府项目

北京金茂府项目位于北京市丰台区南苑乡石榴庄村宋家庄。地处三环中轴，地铁 10 号线、5 号线、亦庄线三条线路交汇于宋家庄地铁站，多轨联动畅达全城。项目总用地面积为 31017.9m²，总建筑面积 168566m²，包括：4 栋 21~23 层高层商品房住宅楼、7 栋 4~6 层多层复式别墅、1 栋 2 层配套商业、2 栋办公楼及地下车库等。基础采用钢筋混凝土筏板基础，住宅楼竖向为钢筋混凝土剪力墙结构、水平结构为预制装配式结构；地下车库和配套为钢筋混凝土框架结构。项目为精装修交付，已于 2020 年 12 月 18 日全部完成竣工备案（见图 5-14、图 5-15）。

该项目从"温度、湿度、空气、阳光、噪声、水"六大基本生命元素出发，在室内温湿度、空气质量、节点做法等进行多方面总结及提升，采用同步国际的十二大科技系统，为居者建造恒温、恒湿、恒氧、恒静、恒净的健康舒居（见图 5-16）。该项目是国内首个获得 BREEAM 四星认证的住宅项目。

图 5-14　项目整体示意

图 5-15　实际完成实景

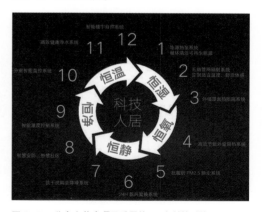

图 5-16　北京金茂府项目采用的 12 大科技系统

5.3.3.6 青岛春江天玺项目

青岛春江天玺项目位于青岛市黄岛区双珠路与凤凰山路交汇处，项目建设用地面积 36694.00m²，总建筑面积 164930.40m²，其中地上建筑面积 123051.40m²，地下总建筑面积 41879.00m²。项目地上共计 19 个子项，主要业态为住宅、人才公寓及配套底商。见图 5-17。

图 5-17　青岛春江天玺项目规划图

该项目为装配式装修典型项目，住宅主体及室内装修装配率达到 70%，并采用三维装配式模型指导现场施工，让工人更直观地了解安装逻辑，提高施工效率 50%。装配式部件主要为装配式墙板、装配式厨房、装配式卫生间、快装柜体等，参见图 5-18。

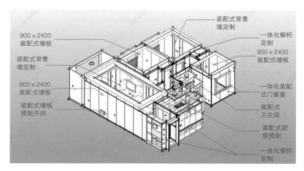

图 5-18　青岛春江天玺项目装配式装修体系

5.3.3.7 西铁营村 0501-634 等地块项目

西铁营村 0501-634 等地块项目位于北京市丰台区南苑乡西铁营村，处于西南二环沿线。工程总建筑面积 33.4 万m²，共 27 个单体，地下 2~4 层，地上 3~27 层，建筑高度 79m，是集高层住宅、叠拼别墅、办公楼、商业、学校和社区服务中心为一体的多业态综合建筑群。参见图 5-19。

图 5-19　西铁营村装配式项目规划图

该项目工程预制率为 20%~40%，装配率为 51%~52%。采用的预制构件有：叠合框架梁及预制柱等 10 余种预制构件，同时包含装配整体式剪力墙结构、装配整体式框架结构、装配整体式框架 - 现浇核心筒结构等多种装配式混凝土结构体系，预制构件种类多样，装配式结构齐全，应用体量大。该项目是北京市首个实际应用的装配式框架结构工程，同时也是目前北京市唯一的预制装配式混凝土结构里的全系列工程，具有示范效应。

5.3.3.8　北京泽信公馆项目

北京泽信公馆项目位于北京市丰台区，选址符合北京市"一核、双城、三轴、四区、多节点"共同发展的城市发展理念。项目总用地 34476.8m²，建设用地 29906.8m²，总建筑面积 80640.1m²，包括：6 栋 10 ~ 11 层商品住宅楼、1 栋 15 层公租房住宅楼及配套设施地下车库等 8 项单体（见图 5-20）。项目为筏板基础，框架剪力墙结构。项目总户数 508 户（其中商品房 378 户，公租房 130 户），另有 1500m² 配套商业用房，并设地下机动车停车位 366 个和非机动车停车位 1066 个，容积率 1.85，绿地率 30%，建筑密度 20.5%。

该项目是国内首批按照使用年限及耐久性"100 年"设计建造的百年住宅、2015 年首个执行新标准后的绿色三星低密住宅、集新一代物联网和传感网等网络通信技术于一体的科技住宅。装修采用 SI 体系装配式装修：轻钢龙骨石膏板 / 水泥压力板隔墙体系、轻钢龙骨石膏板吊顶体系、整体橱柜、SMC 材质整体淋浴房等。施工中应用建筑业十项新技术中的八大项 19 个子项，自主创新技术 15 项。

图 5-20　泽信公馆项目实景图

5.3.3.9　泰兴新城吾悦广场 23、25 号楼模块化建筑项目

泰兴新城吾悦广场 23、25 号楼模块化建筑项目为两栋装配式住宅楼，总建

图 5-21　泰兴新城吾悦广场 23、25 号楼建筑效果图

筑面积约 1.65 万 m²，均为地上 16 层，地下 1 层。地上为模块——钢框架支撑结构，地下室为钢筋混凝土剪力墙结构。地上除核心筒以外均采用模块建筑体系进行建造，核心筒采用钢结构框架 + 加气混凝土墙板，本体系的模块部分在工厂内完成结构主体、室内装修以及大部分部品安装，整体装配率达 98.19%，是国内第一个装配率达到 95% 以上的高层钢结构模块住宅项目。两栋楼均为全精装修交付，模块部分的精装修工作均在工厂完成，所有精装点位一次设计到位，精装与土建同步报审，一体化施工，施工精度高，集美观、实用为一身，为居住者提供了一个舒适、健康、高品质的生活环境。参见图 5-21。

该项目采用模块建筑体系进行建造。这一体系是把建筑物划分成若干尺寸适宜的预制集成建筑模块，加工完成后运往现场装配。模块建筑由结构系统、围护系统、内装系统、设备和管线系统组成，按照通用化、模数化、定型化、标准化的要求，用系统集成的方法统筹设计、生产、运输、施工和运营维护，实现全过程的一体化。

预制集成建筑模块是根据标准化生产流程和严格的质量控制体系，在专业技术人员的指导下由熟练的工人在模块组装工厂车间流水生产线上制作完成，其制作加工精度高，厨房、卫生间可标准化定级生产，管线系统高度标准化，施工精度与质量管理水平远高于我国目前的现场作业。

5.3.3.10　通州老旧小区综合整治项目

通州老旧小区综合整治项目主要包含运河嘉园、运河园以及鑫苑小区的改

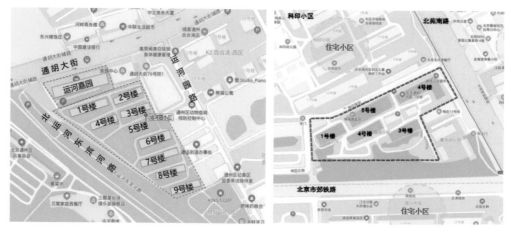

图5-22　运河园、运河嘉园及鑫苑小区位置图

造（参见图5-22）。项目总建设规模77452.01m²。运河园小区位于北京市通州区通运街道办事处，小区北邻运河嘉园，西邻北运河东滨河路，东邻通运街道办事处。该小区改造单体共有9栋，均为多层住宅楼；总建筑面积约41940.37m²，41个单元，437户。运河园小区是2020年首批开工的老旧小区改造工程中面积最大、居民最多的小区之一，被通州区建委评选为标杆项目，项目全过程坚持带户作业，在不影响居民正常生活的情况下，高质量完成小区改造施工；运河嘉园位于北京市通州区通运街道办事处，小区北邻通胡大街，南邻运河园小区，西邻北运河东滨河路。该小区改造单体共有1栋，为多层住宅楼；总建筑面积约9384m²，8个单元，96户；鑫苑小区位于北京市通州区杨庄街道，西侧为杨庄路22号院，东至北苑南路，南侧为北京市郊铁路，有绿化带隔离，北侧为科印小区，楼房建筑面积27520m²，共5栋住宅楼，21个单元门，共204户。

　　三个小区的更新改造包括上下水改造、门窗改造、外墙改造、屋面改造等内容。全套施工完成后，节能效果可达到65%，由改造后的外墙保温层、屋面保温，以及安装的断桥铝平开窗相结合，可有效起到夏季隔热，冬季保温的效果。在冬季同种取暖条件下，可比改造前提高室温2~3℃，从而减少居民相应生活需求用电等，降低能耗。

5.3.4 未来住宅建设技术发展趋势

5.3.4.1 未来住宅设计技术发展方向

（1）规划设计。一是开放街区、围合空间、混合功能；二是秉承低碳理念，通过技术手段改善城市环境；三是考虑人文环境，满足人际沟通、社会交流和生活空间融合的要求；四是考虑适老需求，完善适老化交通体系、适老化社区机构、适老化社区公共设施。

（2）建筑设计。未来的住宅建筑设计过程中，应从人的需求出发，通过不同类型及体量的建筑组合形成多样化的空间形态。

（3）环境设计。景观设计注重生态、多层次绿化空间，打造四季常青、空气清新、视觉丰富的花园式生活环境。景观、绿化、小品进行点、线、面结合设计，将传统景观与现代园艺巧妙融合。景观系统分等级、分层实现住区与城市居民共享。群体组合中要多种围合，进行多变的私密或半私密空间配合，广场、绿地、小品、通透环廊等构成统一景观，做到安全、安静、温馨。

（4）绿色低碳设计。从节约不可再生能源和利用可再生清洁能源这两大方面，立足于节约能源和保护环境，同时还涉及节约资源（建材、水）、减少废弃物污染（空气和水污染）以及采用可降解材料和材料的循环利用等。

（5）智慧设计。注重住宅社区智慧化运营，具备完善的综合信息服务功能，实现智慧社区家庭运维自动化，推动社区配套的集约化发展，实现智慧互联。

5.3.4.2 未来住宅施工技术发展趋势

（1）以新型建筑工业化为核心的新型建造方式。包括部品部件技术体系的创新、生产及运输技术及设备的创新、安装及管理技术的创新和精益化管理技术的创新。

（2）以数字化和信息化技术为核心的智慧建造。包括基于 BIM 技术、云计算技术、AI 技术等的智慧建造平台的创新和配套设备及技术的创新。

（3）基于物联网技术的智慧工地建设。包括现场人、机、料、法、环、测全要素的智慧化高效管理和人性化管理，并应为未来建筑机器人的全面应用预设接口和平台。

（4）以节约资源和保护环境为核心的可持续成套技术创新与应用。包括新型建筑材料、新型模架体系、现场节水及水资源回收再利用技术、减低扬尘及噪声设备及技术等。

（5）施工机具绿色性能评价及选用。包括因地制宜选择性能、型号适宜的施工机具和施工机具性能指标绿色评价技术。

（6）现场废弃物减排及回收再利用。包括建筑垃圾、废水回收处理再利用技术、现场扬尘和噪声控制技术措施等。

（7）建设工程安全事故预警管理水平提升。

5.4 港口工程绿色建设技术发展

本热点问题的分析根据中交水运规划设计院有限公司承担的北京詹天佑土木工程科学技术发展基金会研究课题《港口工程绿色建设关键技术》的研究成果归纳形成。课题负责人：赵颖慧，课题组成员：褚广强、曹凤帅、孟亚好、于悦、付博新、张鹏、陈刚。

5.4.1 港口工程绿色设计

5.4.1.1 港口工程绿色设计的基本理论

（1）基本概念。港口工程基本属性，是指港口发展所应具备的最基础的技术性和经济性，主要包括港口的功能、效率、服务质量、寿命、投入产出等；港口工程绿色属性，是指港口绿色发展所应涵括的基本范畴，包括资源属性、能源属性、生态环境属性、安全与健康属性四大方面；港口工程全生命周期，是指港口工程从规划、设计、采购、建设、运营、功能升级或改造，直至最终退出、处置的全过程；港口工程绿色设计，是指在港口工程规划、设计中，贯彻可持续发展理念，在满足港口功能和投入产出等基本需求的基础上，系统优化各有关设计要素，以期全面实现港口全生命周期资源能源集约高效利用、生态环境影响小且注重人体安全与健康的设计方法与过程。

（2）港口绿色设计原理。港口绿色设计原理主要包括生命周期原理、"3R"原理和 PRED 原理。

（3）港口绿色设计原则。港口绿色设计主要应遵循全生命周期设计原则、综合平衡原则、合规原则、并行设计原则和创新原则。

（4）绿色设计方法。港口工程绿色设计以设计资源和能源利用率高、环境影响小、安全健康危害小的港口工程为目标，为港口绿色建造和绿色运营创造有利条件。设计方法主要有生命周期设计方法和并行设计方法。

5.4.1.2　港口绿色设计的主要技术内容

（1）技术内容组织。港口工程绿色设计技术内容的组织，可以考虑按照专业组织与要素组织相混合的方式，即：对于基本属性具有全局影响的专业，按专业分类组织绿色设计需求的落实，要求在设计中做到基本属性与绿色属性并重考虑，"将绿色要求注入设计、完善设计"；而对于绿色设计需求需要集中关注的资源、能源、生态环境、人员健康与安全等内容，则可以以绿色要素为分类，组织绿色设计需求的落实，要求各专业做到"满足绿色设计要求"。从操作层面，港口工程绿色设计内容与专业结合，大致可以归为总体布置、生产装卸系统、智能化信息化建设、环保、节能、安全健康、材料选择和结构优化七大类，前三类属于优化性内容，后四类属于符合性内容。

（2）主要技术内容。港口工程绿色设计主要技术内容是根据绿色设计技术内容组织结构，将各专业按照绿色属性的特性及要求开展绿色设计工作，以实现各专业内容与绿色属性的有机结合。

5.4.2　绿色港口关键技术

5.4.2.1　港口水循环系统

港口是水资源利用和水污染防治的重点领域。港口水循环系统能够显著降低港口雨污水排放，有效避免其对周边水资源的污染，减少水生植物富养化问题，保护生态环境；能够实现对水资源的低成本回收再利用，节约水资源，解决水资源紧缺问题。因此港口水循环系统能够实现社会、经济以及环境等的综合效益，推动港口的可持续发展。

按照绿色港口要求，港口初期雨水应达到 100% 收集。如何解决大体量初期雨水的收集、处理和回用，是形成港口水循环系统的关键技术。

雨污水蓄存处理应遵循能力平衡原则。雨水作为一种资源，应尽量收集利用；应设定一个较高水准的雨水收集标准，只有遇到超过收集标准的极端天气，才能允许雨水外排。雨水缺乏地区，雨污水处理设施的规模不宜过大，集中降雨所带来的集聚雨水，可以通过设置必要的蓄水设施，先蓄存、后处理，应达到蓄存能力与处理能力的合理平衡。

雨污水收集设施应满足便捷、快速收集堆场雨污水，容积应满足设计雨水重现期和水力停留时间要求，同时应便于清理和维护。我国目前已建或正在建设水循环系统的港口雨污水收集设施，主要分为雨污水蓄水池、生态蓄水池和生态湿地三种类型。

5.4.2.2　港口粉尘防治技术

散货码头的粉尘污染防治是我国港口大气污染物控制的一个关键性问题。尤其干散货码头泊位中非专业化散货泊位数量占比超过85%，而非专业化码头的粉尘控制工艺水平相对较低，其在场内的装卸和倒垛次数也较多，会从源头上大幅增加粉尘产生量。为了抑制粉尘的产生和扩散，需要针对物料的种类，粉尘的特性，港口的地理位置、规模和经济状况等，因地制宜地采用相应的粉尘防治措施，推进绿色港口的建设和发展。

干散货物料粒径较小、质量较轻，物料在各作业流程中受落料高差、风力等影响，容易造成粉尘散落和扩散。同时在堆存期间，散货物料表面日益干燥，而码头地势整体较为平坦，风力较大，容易产生粉尘。按照产生位置，粉尘主要产生于码头作业现场、散货料堆、火车装卸区、道路及裸露地表等区域；按照工艺作业流程，粉尘主要产生于码头装卸作业、堆场堆取料作业、输送作业、火车装卸作业、汽车转运作业以及堆场堆存状态等流程。

粉尘防治技术主要分为湿式抑尘、干式除尘和机械物理除尘三大类。湿式抑尘技术主要指通过喷洒水、雾、抑尘剂和人造雪覆盖等进行抑尘，主要有洒水防尘技术、水喷雾抑尘技术、高压微雾抑尘技术和干雾抑尘技术等，其具有除尘效率高、运转费用低、操作简单、应用广泛等特点。在有防冻要求的地区，湿式抑尘系统宜采取电伴热等保温防冻措施；干式除尘技术有袋式除尘技术、静电除尘技术和微动力除尘技术等。相对湿式抑尘技术而言，干式除尘处理能力较小，设备较复杂，一次性投资也高，但局部除尘效果较好，且不受水源和季节气温限制，在一定程度上能够解决干旱缺水地区和北方港口冰冻期湿式抑尘所面临的一些问题；机械物理除尘是指建立防尘屏障、物理吸附等方法减轻污染。如采用筒仓和条形仓储存、设置防风网、建造密闭运输走廊和密封罩、种植绿化带等。

5.4.2.3 码头岸电技术

码头岸电技术是指由码头岸侧电力系统向停靠码头的船舶提供电能的技术。码头岸电技术能够有效改善水域生态环境、改善船舶及港口工作人员工作和生活环境质量，大幅减少燃油船舶在靠港期间带来的噪声和气体污染，保护水域优质环境资源和珍稀濒危物种。

码头岸电系统通常由岸基供电、岸船接口和船舶受电三部分组成。岸基供电系统将港口变电所电源通过变压、变频等设备转换为与靠港船舶用电相适应的电制，通过船岸接口系统实现船岸连接，将岸上电源输送到船舶受电系统，由此实现向靠港船舶供电功能。

码头岸电系统的关键技术主要包括变频技术、自动不断电船岸电源切换技术、岸电电源并列运行技术、大水位差岸电应用技术、电缆管理系统装设方式（包括电缆管理系统装设于船舶、电缆管理系统装设于码头、电缆管理系统装设于驳船、可移动式电缆管理系统）、岸电连接自动化等。

5.4.2.4 集装箱码头堆场油改电技术

自 2005 年起，为适应节能减排要求以及控制运营成本需要，集装箱码头堆场油改电技术在国内各港研发试用并陆续推广，到目前为止，各主要港口已陆续完成大部分传统柴电 RTG 的油改电；近年来新建项目从设计实施阶段已直接按电驱动 RTG 实施。未来 RTG 油改电技术应用空间主要是国内小部分港口存量 RTG 的改造，以及"一带一路"沿线各港口 RTG 的油改电。

我国港口目前采用的 E-RTG 接电方式主要有电缆卷筒和高、低架滑触线供电 3 种方式。

电缆卷筒上机方式是在 RTG 门架一侧（通常为盲道侧）设置电缆卷筒，电缆缠绕在电缆卷筒上，电缆的一端与 RTG 的整机供电回路连接，另一端沿着地面的拖缆槽，连接至相应的地面接电箱。RTG 行走时，由电缆卷筒的控制系统根据 RTG 行走时上机电缆的张力，通过变频控制来调节电缆卷盘的收放，使之与 RTG 的行走速度相匹配，以保证上机电缆的安全。电缆供电方式通常为交流电上机。为确保人工操作安全，采用低压供电，考虑 RTG 合理的行走距离需要、低压电缆的压降和成本，以及电缆卷筒的体积和重量等因素，确定电压等级。

低架滑触线方式根据供电电流形式主要有交流和直流两种。交流低架滑触线方式供电系统主要由刚性安全滑触线、自动接驳装置（其核心为自动集电小车）等组成。上机电压通常为440V，从箱区滑触线中部接入，通过集电小车连接至RTG的整机供电回路。每组滑触线的最大容量通常为2～3台；直流低架滑触线方式供电系统主要由刚性安全滑触线或固定式裸滑触线、自动接驳装置（其核心为自动取电装置）等组成。上机电压等级通常为690V，从箱区滑触线中部接入，通过自动取电装置连接至RTG的整机供电回路。每组滑触线的最大容量通常为2～3台。

高架滑触线方式是采用高架悬吊滑触线的形式来完成E-RTG接电，在E-RTG顶部装设集电受电弓，与滑触线接通取电。高架滑触线的塔架一般布置在箱区超车道上，塔架跨距相对较大，一般间距可达到150m左右。架高与装卸设备选型有关，一般比E-RTG顶面高出约10m以上，滑线与E-RTG顶部的高差约3m。若是新建项目，塔架顶部还可装置照明灯组，用作照明塔架。

5.4.2.5 海岸带生态修复技术

为了减少海岸带资源破坏，避免生态进一步恶化，除了工程措施防御，利用人工措施对已受到破坏和退化的海岸带进行生态恢复是改善海岸带现状的重要途径之一。

按照修复区域，我国目前海岸带生态修复分为陆域生态修复和潮间带生态修复两大类。

陆域生物修复技术方面，主要是植被覆绿，恢复/重建防风林系统。参照自然规律，通过人工方法，重新创造、引导或加速自然演化过程，达到恢复天然海岸线生态系统。我国对滨海湿地的修复措施主要有建立湿地自然保护区，针对滨海湿地环境污染进行治理，清理淤泥，恢复生态平衡。但由于我国对海洋生态修复工作与研究开始较晚，技术不够成熟，目前的修复工程都是区域性小范围的。如广东南澳岛的修复主要是运用植被修复、群落演替控制与恢复等技术。

潮间带生态修复方面，主要是对生物资源衰退型的泥质、砂质潮间带，采用生物底播技术使原来生物结构单一、生态系统脆弱的滩涂区生物物种多样性和生物资源量得以提高。由于近年来过度的开发活动对沿岸沙滩造成较大影响，目前沿海沙滩修复是一项比较重要的修复工程。我国最早在香港岛南岸开展沙滩修复工作，主要采用远海挖沙填补近海海滩的方式。

海岸带生态修复工程可以分为盐沼植被修复、牡蛎礁生态修复、砂质海岸生态修复和海堤生态化建设四种类型。其建设范围（各建设类型实施的主要空间范围）具体为向海侧延伸到 −20 ～ −15m 水深，向陆侧到适宜海岸防护林种植的边界线。

5.4.2.6　海洋能发电开发利用技术

随着新能源成为人们关注的热点，海洋能发电技术以其独特优势和战略地位吸引了人们的注意。传统的港口水工建筑物与海洋能发电一体化装置的研究具有非常重要的实际意义，利用港口水工建筑物作为海洋能获能装置的安装载体可降低海洋能开发的成本，另外，海洋能发电可为港口水工建筑物等海上设施输送电能，具有良好的综合效益。

海洋能发电主要有波浪能发电、潮汐能发电、潮流能和海流能发电、温差能发电、盐差能发电类型。

波浪能是指海洋表面波浪所具有的动能和势能，具有无污染、分布广、可再生、储量大等优点。波浪发电可为海水养殖场、海上灯船孤岛、海上气象浮标和石油平台等常规能源难以方便利用的场所提供电力，也可并入城市电网向工业和居民生活用电提供支撑，但由于受风向、风速和水深等因素影响，波浪能由离岸、近岸传播至沿岸时其能量变化规律有所不同。波浪能发电的基本工作原理是：通过发电装置，将波浪的势能和动能转换为机械或压力，再通过相应的传动机构来驱动发电机工作。根据能量传递方式，可以将波浪能分为机械式、气动式和液压式；根据固定方式，可将波浪能分为固定式和漂浮式；根据结构，可将波浪能分为振荡浮子式、振荡水柱式等。波浪能的利用装置较多，但一般都需经过三级能量转换后，才可转换为稳定电流。

潮汐能是由月球和太阳等引力作用导致海水周期性涨落而产生的能量。利用潮汐能进行发电，其原理与水力发电类似，技术组成也基本相同，都是利用水的位能驱动水轮机进行发电。潮汐发电技术是目前海洋能发电技术中运用最成熟的技术，主要有单库单向发电、单库双向发电、双库双向发电三种。

潮／海流能发电装置不同于传统的潮汐能发电机组，它是一种开放式的海洋能捕获装置，该装置叶轮转速相对要慢很多，一般来说最大流速在 2m/s 以上的流动能都具有利用价值，潮／海流能发电装置根据其透平机械的轴线与水流方向的空间关系可分为水平轴式和垂直轴式两种结构。

海洋温差能是因为太阳辐射海面，造成海面与深海之间产生温差，这就提供了一个总量巨大且比较稳定的能源。海洋温差能发电主要是利用海洋表面高温海水（26~28℃）加热工质，使之汽化以驱动汽轮机，同时利用深海的低温海水（4~6℃）将做功后的乏气冷凝，使之重新回到液体状态。海洋温差发电技术一般可分为开式循环、闭式循环、混合循环三类。

盐差能发电主要是利用各种河流入海口淡水与海水之间的浓度差，采用半透膜装置，将淡水与盐水分别隔离，使淡水不断渗透到盐水侧，直至两边浓度达到一致，此时盐水侧的水位高于淡水侧，再利用这个势差进行发电。由于这种方法消耗淡水，而海洋热能转换电站却生产淡水，相比较而言，盐差能发电在战略上不可取，目前这项研究仍处在基础理论研究阶段，尚无实际的技术利用。

5.5 深大地下工程技术进展和创新

本热点问题的分析根据中国土木工程学会土力学及岩土工程分会等单位承担的北京詹天佑土木工程科学技术发展基金会研究课题《深大地下工程技术进展和创新》的研究成果归纳形成。课题牵头人：张建民，课题参与人：黄茂松、高文生、杨光华、宋二祥、王卫东、张建红、王睿、汪方。

5.5.1 软土地下工程中的土工问题

5.5.1.1 研究趋势、主要理论创新和技术进展

我国当前面临的城市地下工程施工安全风险越来越高，工程本身稳定问题除了仍然存在的土质软弱和地下水位高等问题以外，还存在着由于穿越易造成漏水漏砂的粉土、粉细砂、细砂层等，以及穿越极易引发坑底和开挖面渗流破坏的高承压水层等所带来的更为复杂的地下工程开挖稳定性安全控制问题，同时深层城市地下空间开发也缺乏足够的科研积累。软土地下工程涉及面广，影响因素多，一直是岩土工程界的研究热点。其中，软土中的深基坑工程是近年来的研究热点。

目前软土地区基坑工程的关注点已经从基坑工程本身的安全转移到基坑开挖对周围环境的影响。而周围环境影响分析的关键问题之一是基坑开挖引起的土体变形预测。基坑工程引起的周围土体变形显然可以通过严格的三维弹塑性

有限元分析得到，但由于土体参数和本构模型选择的限制，往往得不到与实际情况相符合的预测结果。因此对于基坑开挖对周围构筑物的影响分析主要是在区域内规模化数量的工程案例实测数据基础上进行规律统计和理论分析，探讨研究区域基坑开挖应力自由边界面的变形形态与基坑有关物理力学参数之间的关系，如围护墙体的侧向变形以及坑外地表的沉降等，采用数学函数进行变形曲线的拟合。鉴于实测数据的稀少，目前对基坑工程的变形研究还是停留在开挖应力自由面上，针对基坑外整个自由土体位移场变形分布规律的实测和统计研究则很少见。

随着软土地区深基坑工程规模和复杂程度的增加，数值方法逐渐成为深基坑变形分析最为有效的方法之一，而土体本构模型和计算参数的选取对于数值分析结果的合理性非常重要。监测数据表明，大多数软土地下工程问题中的土体在工作荷载状态下实际上处于小应变状态。因此，在分析软土地区变形控制要求严格的深基坑问题时，有必要采用考虑土体小应变刚度特性的本构模型。HSS 模型可以考虑小应变范围内土体剪切模量随应变增大而衰减的特点，同时可以考虑软黏土的压硬性与剪胀性，区分加卸载刚度，因而更适用于模拟复杂环境深基坑开挖。

5.5.1.2 软土基坑工程的新技术

（1）超深水泥土搅拌墙技术。随着地下空间开发向超深方向发展，承压水处理成为一个棘手的问题。对于环境条件苛刻的基坑工程，有时需采用水泥土搅拌墙截断或部分截断深部承压水层与深基坑的水力联系，控制由于基坑降水而引起的地面沉降，确保深基坑和周边环境的安全。由于成桩深度大，下层往往进入标贯高达 40 击以上的砂土层。常规三轴水泥土搅拌桩施工设备仅适用于标贯击数不大于 30 击的土层，且最大成桩深度仅为 30m，无法满足这种隔水帷幕的成桩要求。这就需采用超深水泥土搅拌桩工艺。目前国内已从日本引入预钻孔结合连续加接长钻杆法三轴搅拌桩新型施工工艺，其施工设备采用大功率动力头，并采用可以连续接长的钻杆和适用于标贯击数大于 50 的密实砂土层钻进的镶齿螺旋钻头，搅拌桩的深度可达到 50m。该工艺在上海、天津等多个项目中得到了成功应用，取得了良好的技术效果。铣削深层搅拌技术（CSM）是另一种创新性深层搅拌施工工法，它通过钻具底端的两组铣轮以水平轴向旋转切削搅拌土体，同时注入水泥固化剂与土体进行充分搅拌混合，形成矩形槽段改良土体。CSM 工法铣轮的切削扭矩大，可以用于较坚硬的地层如粉砂、砂层、卵砾石层等，可以切削强度 35MPa 以内的岩石或混凝土。CSM 施工深度可达 50m；形成的水泥土墙体均匀、强度高，超过 5MPa；垂直度控制精度高（小于 1/400）。在天津等地多个基坑支护工程中成功地采用了该工艺。TRD 工法也是一种新型水泥土搅拌墙施工技术，采用链锯型切削刀具插入土中横向掘削，注入固化剂与原位土体混合搅拌，形成水泥土搅拌墙。TRD 工法可以适用于 N 值在 100 以内的软、硬质土层及 $q_u \leq 5MPa$ 的软岩中施工。TRD 工法施工深度可达 60m，在墙体深度方向上可保证均匀的水泥土质量，因此强度高（水泥土无侧限抗压强度在 0.5 ~ 2.5MPa 范围之内），离散性小，截水性能好。TRD 工法已在天津、南昌等多个工程中得到成功应用。

（2）软土大直径可回收式锚杆支护技术。近年来，工程界提出了一种旋喷搅拌大直径锚杆支护结构，该技术是采用搅拌机械在软土中形成直径达到为 500~1000mm 的水泥土锚固体，通过在锚固体内加筋，并对锚杆体预先施加应力，从而形成一种大直径预应力锚杆，该技术对软土基坑的变形控制产生了较好效果。同时，通过对可回收式锚杆技术的开发与应用，实现了锚杆体的再利用，减少或消除地下建筑垃圾的产生。旋喷搅拌大直径可回收式锚杆克服了普通锚杆在软土基坑支护中存在的锚固力不高、变形控制效果不好及不可回收的问题，通过在上海、天津、武汉等地多个软土基坑工程的应用，掌握了其设计和施工方法，可控锚固力与锚固装置、脱阻装置和回收装置系统等达到应用水平，且积累了一定的工程经验，取得了良好的经济效益和技术效果。

（3）预应力装配式鱼腹梁支撑技术。当基坑采用传统钢支撑时，杆件一般较密集，挖土空间较小，在一定程度上降低了挖土效率。预应力鱼腹梁装配式钢支撑系统（IPS）是一种以钢绞线、千斤顶和支杆来替代传统支撑的临时支撑系统。该技术在韩国、日本、美国等国家已得到广泛运用，近年来也已被引进国内。预应力鱼腹梁装配式钢支撑系统采用现场装配螺栓连接、不需焊接，且大大增大了基坑的挖土空间，可显著缩短基坑工程的施工工期，材料全部回收重复使用，彻底避免混凝土等建筑材料的使用，降低了造价。预应力鱼腹梁可随时调节预应力，便于周围土体位移控制和由温度变化引起的支撑伸缩量控制，从而可以较好地控制深基坑的变形，有效地保护基坑周边的环境。此外 IPS 支护结构的破坏模式为延性破坏，因此针对可能发生的较大水土压力或突发载荷采取有效而及时的应急措施。IPS 技术已在上海轨道交通 5 号线西渡站配套工程等多个工程中成功应用。

（4）紧邻地铁隧道的变形控制技术。对于紧邻轨道交通地铁隧道的基坑工程，在实践中形成了紧邻暗埋地铁隧道的超大、超深基坑工程保护性施工技术。基坑对称、分块开挖策略通过设置分隔墙的方式，将基坑"化整为零"分为远离浅埋地铁隧道的大基坑以及紧邻地铁隧道的小基坑。小基坑采用间隔、跳仓、非对称的方式开挖，有效控制对地铁隧道的影响。靠近地铁隧道的基坑采用超深搅拌桩和旋喷桩相结合的加固方式，可有效减少基坑开挖对隧道的水平位移。由地铁隧道向大基坑方向依次采用超深搅拌桩满堂加固，搅拌桩与围护之间采用旋喷加固填充。紧邻地铁隧道的小基坑第一道支撑采用钢筋混凝土支撑形式，余下可采用钢支撑，采用轴力自动补偿的液压支撑系统，对支撑轴力进行全天候不间断监测，并根据高精度传感器所测参数值对支撑轴力进行适时地自动或手动补偿，达到控制基坑和地铁隧道变形的目的。

（5）回灌主动控制变形技术。近年来，回灌被作为控制降水引起变形的重要方法之一。瞿成松等（2011）在上海为了保护基坑旁既有的隧道，在隧道和基坑间设置了回灌井进行地下水回灌，通过回灌，基坑开挖及降水引起的坑外土体变形被很好地限制，沉降速率显著减小。在紧邻地铁隧道的深基坑工程中，采用"承压水抽灌"控沉降技术，在地铁隧道两侧每个小基坑内设置降水井，除了维持基坑开挖时常规的承压水抽降功能外，在暗埋隧道出现隆沉时，降水井可兼作回灌井或降压井的作用，通过抽降或回灌的地下水处理措施，平衡暗埋地铁隧道的竖向位移。郑刚等（2013）首次在天津市基坑工程中开展基于沉降控制的承压含水层回灌的成功案例，试验表明承压含水层水位升降与被保护建筑物隆沉之间呈现出很强相关性和同步性。

（6）隔离桩控制变形技术。隔离桩是控制基坑或隧道施工对邻近建（构）筑物影响的被动控制技术，用于隔离软土地基大面积荷载下的应力传播从而减小对周边的影响。在基坑围护结构和隧道间合理设置隔离桩，能有效地减小基坑开挖引起的坑外土体变形传递，进而有效控制基坑开挖对邻近既有隧道的变形影响。应宏伟等（2011）采用三维有限元分析了有无隔离桩条件下坑外土体水平位移。郑刚等（2013）指出，地表以下一定深度范围内，由于隔离桩的水平"牵引作用"，土体水平位移反而增大。可以推测，若基坑外此深度范围内存在既有隧道，隔离桩的"牵引作用"不利于隧道变形控制。

5.5.2 桩基工程

5.5.2.1 研究趋势、主要理论创新和技术进展

桩基础工程的技术前景既需要在传统地基基础与岩土工程专业领域进行深耕和提炼，又需要将本专业与其他专业领域相互融合、集成和借鉴，从岩土工程技术方面来共同推动和提升地基基础领域效能、绿色、节材、环保、安全、防灾、统筹协调。该领域近年来的主要理论创新和技术进展包括以下几个方面：

（1）桩基变刚度调平概念设计的提出。地基土的强度和模量是自然形成的，场地确定后不能人为选择。而桩基础设计中单桩承载力、桩的竖向刚度、桩的布置可以调整，给桩基设计优化提供了很大空间。现代高层建筑有两个发展趋势：一是采用主裙连体建筑联合利用地下和地面空间；二是采用框筒和框剪结构适应大空间和空间分割。由于建筑体量大，荷载与刚度分布不均，基础的差异变形成为关键控制因素。如框筒结构下天然地基和均匀布桩桩基，两者差异沉降导致框架梁开裂。差异变形使得承台和上部结构附加内力增加。变刚度调平设计，是通过调整基桩的刚度分布使沉降趋于均匀，基础反力由内小外大转变为内大外小。对于天然地基，其初始刚度分布均匀，为适应荷载分布不均和相互作用的影响，可采用局部桩基或刚性桩复合地基增强核心筒的竖向支承刚度；对于桩筏基础，可通过调整桩长、桩径、桩距增强荷载集度高的核心区，相对弱化外围区（按复合桩基设计）；对于主裙连体建筑则应强化主体，弱化裙房。通过变刚度设计，可实现核心区冲切力与抗力平衡，承台外缘反力减小，从而使基础整体弯矩减小，减小差异沉降，避免桩基变形引发上部结构次应力，提高建筑物使用寿命。

（2）关于桩基承载力理论研究。单桩承载力机理研究仍需加强。经典理论认为单桩极限承载力是总侧阻力与总端阻力之和，忽略二者的相互影响。近年来的研究表明，桩端支承刚度不仅影响端阻力，而且影响侧阻力发挥。建议即使是超长桩，不能因端阻力所占比例小而放宽桩端沉渣的控制标准或者降低对桩端持力层的要求，也不能忽视超长灌注桩的桩端注浆的作用。群桩在不同性质土层中的桩土相互作用是不同的。就桩侧阻力而言，对于非密实的摩擦性土（凝聚力小，内摩擦角大）存在"沉降硬化"效应。对于黏性土（凝聚力大，内摩擦角小）则存在应力叠加削弱效应。就端阻力而言，存在由于相邻桩端土侧向变形互逆的增强效应。承台既有限制桩土相对位移对侧阻力的削弱效应，又有产生竖向土抗力的增强效应，其综合效果是以增强效应为主，并随桩距增大而显著增大；当承台／

桩长比小于 1 时，承台土抗力还对桩端阻力起增强效应。通过大比例模型试验对桩—土—承台相互作用随土性、桩基几何参数而变化的规律进行了探讨并取得一定成果，仍有待深入研究。

（3）关于桩基沉降计算理论研究。群桩基础的沉降计算主要是采用半理论半经验的方法。按现行规范桩基沉降计算值一般为实测值 2~4 倍。近年来，采用 Mindlin 解计算附加应力的合理性逐渐被认同，然而很少采用实际侧阻分布曲线来计算传至桩端平面的附加应力和端阻应力。如果将侧阻简化为矩形、三角形和梯形分布，计算的附加应力与实际分布差别很大。《建筑桩基技术规范》JGJ 94—2008 中的 Mindlin 应力系数叠加计算沉降的方法，计算繁琐，各点计算值差异偏大。中国建筑科学研究院地基所建议将侧阻分布模式概化为若干折线后再分解为沿全桩长分布的矩形、三角形基本单元，以便查表计算。将规范方法改进为桩端平面以下均化附加应力法，以期平衡差异沉降，据此计算群桩沉降。

（4）关于桩土—承台—上部结构的共同作用。桩土—承台—上部结构的共同作用分析中的关键是刚度凝聚，其中上部结构和承台中厚板的刚度凝聚问题已基本解决，问题的核心是桩土刚度的凝聚。而后者是由柔度矩阵求逆而得。因此，问题归结为柔度系数的确定，也就是桩—桩、桩—土、土—桩、土—土相互作用影响系数的计算。目前，按 Mindlin 解计算的相互影响系数比试验实测结果大，导致计算的桩土刚度偏小，计算沉降偏大。根据测试，实际影响范围与理论值的差异随土体模量降低而增大。作为一种近似，采用以土压缩模量和单元距离的自然对数模型对影响系数进行修正。桩土相互作用机理及其对柔度系数的影响仍有待深入研究。

（5）新桩型、新工艺、新技术。近十余年来新桩型、新工艺、新技术不断涌现，其主要特点：一是提高成桩效率，实现钻灌合一；二是扩大桩土接触面积，提高承载力、材耗比；三是与增强土体形成复合桩；四是变泥浆循环排渣为机械直接钻孔取土成孔；五是通过后注浆加固沉渣、泥皮和桩周土体，以提高桩的承载力和减小沉降；六是从引进借鉴到自主创新的桩工机械，成功研制了适合我国地质环境的成桩机具；七是桩基设计中重视结构与地基基础共同作用的理念，因地制宜、因工程制宜，推广了一系列新的设计方法和设计理念。

5.5.2.2　桩基相关技术发展

（1）大吨位桩基承载力测试。静载荷试验被公认为确定单桩承载力的最可靠方法，但存在费时费钱费力等缺点。单桩承载力达到数十兆牛以上、水下试桩或在基坑底试桩时，传统的静载试桩法遇到更大的挑战。近10年来，采用了最早由美国西北大学教授Osterberg提出的试桩法，即Osterberg法。它是制桩过程中，在桩底部或中部预埋千斤顶，通过千斤顶对桩进行分级加压而取得向上和向下两条荷载–位移曲线。但如何从两条荷载–位移曲线，转换为一条"荷载–沉降"曲线，并合理地求取单桩极限承载力（或容许承载力）以及相应的沉降量，仍有待继续探讨研究完善。港珠澳跨海大桥等项目采取了在同一根桩或同类型的桩上搭建试桩平台，采用传统试桩法进行平行对比试验。也有项目则进行高应变动测试验作为参考对比。我国台湾高铁等项目的桩基也曾进行此类对比试验。正在建设中的上海中心大厦，设计要求单桩极限承载力不小于24 MN，仍采用传统的静载荷试验锚桩法进行了4组 ϕ 1 m × 88 m 长桩的试验，测得最大单桩极限荷载达30 MN。

（2）拔桩工程。建构筑物下的废弃桩通常需要拔除或就地原位破碎。这些废弃桩不仅包括木桩、小截面桩，还有可能是强度高、直径大的混凝土或钢管桩。对旧桩及各种障碍物采用了振动拔除法、全套管回转清障法、全回转切割钻进法等多种新技术，且整体拔除了埋深52～55m的钻孔灌注桩。此类工程经过多年的历练，已形成了一个新专业，如今从施工机械设备到施工工艺均已较为成熟，上海等城市已组建了专业施工队伍。

（3）浅层地下热能利用。地源热泵系统，是在基桩桩身中预埋管道与钢筋笼相绑扎而打入地基，以汲取和交换地表以下60～120 m左右水和土体的热能，在地质学上称为利用"浅层"地下热能，来满足建筑物室内供暖和降温的需要。地源热泵的应用国际上从20世纪90年代后期开始发展。我国从21世纪初开始推广，多数集中在京津沪冀辽等地，均取得了良好节能效果。我国应用地源热泵系统供暖制冷的建筑项目包括北京奥运村、上海世博会世博轴、上海虹桥交通枢纽站。上海世博轴工程是该市迄今已投入使用地源热泵系统的最大项目，单项建筑面积超过20万 m^2。运行能耗较传统空调系统节约20%，且减少了二氧化碳排放量，环保效果明显。2017年9月12日，由北京中岩大地科技股份有限公司和清华大学共同负责主编的建设工程行业标准《桩基地热能利用技术标准》在北京顺利通过审查。

5.5.3　深基坑支护技术

我国深基坑工程的迅速发展始于 20 世纪 80 年代，是近年来世界上深基坑工程最多、规模最大的国家。历经 30 多年的发展，发展了较为系统有效的深基坑支护设计理论和方法，在不少方面具有创新性。同时结合我国各地的地质特点，发展了形式多样的支护技术，处于国际领先水平，是我国岩土工程很值得自豪的成就之一。

5.5.3.1　深基坑支护计算方法的发展

我国第一本行业深基坑规范是《建筑基坑支护技术规程》JGJ 120–1999，几乎同时颁布的基坑规范有《深圳地区建筑深基坑支护技术规范》SJG 05–1996，冶金部《建筑基坑工程技术规范》YB 9258–1997，广州市标准《广州地区建筑基坑支护技术规定》GJB 02–1998。在这些规范颁布前，深基坑支护设计采用如 Terghazi–Peck 法、等值梁法、弹性法或弹塑性法等，这些方法计算简单，但不能合理计算支护位移。有限单元法等数值方法在复杂三维基坑设计中扮演了重要的角色，然而其分析结果强烈依赖于描述土以及土与结构界面的本构模型的准确性，依赖于本构模型参数的合理确定。我国从 20 世纪 80 年代以后，在工程设计中多采用荷载结构法，如增量法和弹性支点法。

5.5.3.2　基坑支护工程实践

（1）基坑支护工法。除传统的地下连续墙、排桩、钢板桩等方法外，还发展了 SMW 工法，搅拌桩重力式支护，土钉及复合土钉支护，双排桩支护，圆形支护，逆作法，中心岛法，支护墙与地下室墙合一的方法，岩石中的吊脚桩，锚索柔性支护等。排桩有人工挖孔桩、钻孔灌注桩、旋挖桩、咬合桩、预制桩等多种形式。结合工法发展了多种止水措施，如桩间旋喷、定喷墙，咬合搅拌桩墙等。支撑体系中有预应力锚索（杆）、混凝土内支撑、钢管内支撑、混凝土圆环支撑、鱼腹梁体系等。软土地基采用坑内被动区格构型搅拌桩加固也成为软土基坑支护常用的方法。每一种工法应针对地质、周边环境、基坑深度等合理选用。

（2）超大深基坑。我国近 20 年开展了超大超深特殊基坑工程建设，其中一些超大深基坑采用地下连续墙加混凝土圆环支撑以获得较好的受力条件。21 世纪初武汉阳逻长江大桥锚锭基坑内直径 70m，基坑深度达 42m，采用 1.5m 厚地下连续墙，1.5~2.5m 厚内衬墙；上海世博会 500kV 地下变电站直径 130m，基坑深 34m，采用 1.2m 厚地下连续墙；润扬长江大桥北锚锭基坑采用平面尺寸为 69m×51m 的矩形结构，基坑深度达 48m， 1.2m 厚的地下连续墙支护，12 层钢筋混凝土内支撑。港珠澳大桥的人工岛采用直径 22m，深近 50m 的大型钢护筒震插入海底形成海上深基坑。

5.5.4 典型深大地下工程的技术创新

我国沿海、沿江发达地区普遍位于软土地区。近 10 年软土地区涌现了一大批重大工程，无论规模还是技术难度都不断地刷新纪录，这些工程的顺利完成反映了我国工程技术水平的快速提高。本报告介绍 4 个典型深大地下工程中的技术创新。

5.5.4.1 上海 500kV 静安输变电工程

（1）工程简介。上海 500kV 静安输变电工程位于上海市中心城区，是 2010 年上海世博会的重要配套工程，确保世博会电力供应，同时缓解上海中心城区的供电压力。该工程为国内首座大容量全地下变电站，建设规模列亚洲同类工程之首，是世界上最大、最先进的全地下变电站。变电站为全地下四层筒型结构（图 5-23），地下建筑外径 130m，埋置深度约 34m。与日本东京新丰洲地下变电站（直径 140m，深度 29m）相比，本工程埋置更深，体量更大，且土层更加软弱，所处中心城区环境更为复杂，其设计和施工都无先例可循。静安输变电基坑东侧距成都路南北高架约 30m，北侧距山海关路约 10m，南侧距北京西路约 76m，西侧距大田路约 46m，周边存在大量的建筑物和地下管

图 5-23　上海 500kV 静安输变电工程效果图

线等，环境保护要求较高。工程场地为典型上海软土地层，浅层 30 m 深度范围主要为压缩性较高、强度较低的软黏土层，30 m 以下为土性相对较好的粉砂层和黏土层互层。承压水分布于砂质粉土（含粉砂）、粉砂层、灰色粉质黏土与粉砂互层和层砂性土中，基底进入砂质粉土层，需妥善处理承压水问题。

（2）技术创新。工程总体设计采用主体结构与支护结构全面结合、地下结构由上往下逆作施工，即"地下连续墙两墙合一 + 结构梁板替代水平支撑 + 临时环形支撑"的"逆作法"总体方案。其技术创新主要体现在：一是两墙合一地下连续墙。地下连续墙既作为基坑开挖阶段的挡土和止水围护结构，又与钢筋混凝土内衬结构墙相结合作为正常使用阶段的结构外墙；二是水平结构梁板替代支撑。基坑采用逆作法施工，利用四层地下水平结构梁板作为水平支撑系统，四层结构均采用双向受力的交叉梁板结构体系；三是一柱一桩竖向支承系统。逆作阶段需设置大量的一柱一桩作为各层地下结构、临时支撑以及施工荷载的竖向支承系统；四是工程实施全程采用信息化施工，布设的 35 类 3400 多个监测测点涵盖了地下结构建设过程中的主要结构与周边环境。

5.5.4.2　天津 117 大厦

（1）工程简介。天津 117 大厦（图 5-24）位于天津市高新区的中央商务区，建筑高度约为 597m（至顶部停机坪），共 117 层（包括避难层、设备层、地上总结构层为 126 层），地下 3 层，基坑开挖深度约为 26m，总建筑面积约 37 万 m²。大厦是华北第一高楼，以写字楼为主、附有酒店及相关设施，是中国在建的屋顶高度最高的建筑物。其塔楼平面为正方形，外形随高度变化，各层周边建筑轮廓随着斜外立面逐渐变小，塔楼首层建筑平面尺寸约 65m×65m，渐变至顶层

图 5-24　天津 117 大厦效果图

时平面尺寸约 45m×45m。中央混凝土核心筒为矩形，平面尺寸约 37m×37m，主要用作高速电梯、设备用房和服务用房。大厦采用了多重抗侧力结构体系，承担风和地震产生的水平作用。该体系由钢筋混凝土核心筒（内含钢柱）、带有巨型支撑和腰桁架的外框架、构成核心筒与外框架之间相互作用的伸臂桁架组成了多道设防的结构系统。楼板系统采用钢梁、压型钢板和混凝土组成的组合楼板系统。大厦传递至基础的重力荷载为 6300MN，活载为 1030MN，总荷载为 7330MN，核心筒荷载所占比例为 45%。基础底板厚 6.5m，面积约 7430m²，基底平均压力约 1000kPa，核心筒下投影面积内的基底压力约为 2600kPa，传递至基础的荷载大。场地埋深 100m 范围内为粉土与粉质黏土互层，缺乏深厚、密实的砂层作为持力层。对地基基础承载力和沉降要求高。桩基础的设计面临较大的挑战。

（2）工程实施。该工程通过持力层选择与试桩设计、大直径超长灌注桩后注浆方案选型、群桩基础设计后进入实施阶段。大厦工程桩共 941 根，桩端埋深约 100m，钻孔垂直度要求高，施工难度大，涉及深厚砂土超深钻孔泥浆控制、超长桩垂直度控制、超重钢筋笼制作与吊装、超深水下混凝土灌注质量控制等。工程桩施工采用了 ZSD2000 型钻机，气举反循环工艺。泥浆采用膨润土人工造浆，并在新浆中加入 PHP 胶体。在钻进过程中，根据不同的地层泥浆比重、黏度、含砂率宜控制在 1.1～1.2、18～22s、4% 以确保泥渣正常悬浮。采用机械除砂、静力沉淀等多手段结合，控制泥浆含砂量，防止泥浆内悬浮砂、砾的沉淀。钢筋笼采取现场整体制作，预拼装后分节吊装，分节长度约 25m。工程桩 2010年 3 月开工，2010 年 10 月完成，2011 年 9 月基坑开挖至基底，2012 年 7 月地下结构完成，2015 年 9 月完成结构封顶，封顶时基础底板沉降呈盆式形态，核心筒区域沉降大，周边沉降小；底板最大沉降量大约为 72mm，最小沉降大约为 20mm。大直径超长桩为天津软土地区 600m 超高层建筑提供了有力的基础支撑，创造了建筑领域工程桩长的中国之最。

5.5.4.3　中国博览会会展综合体

（1）工程简介。中国博览会会展综合体项目位于上海市西部虹桥商务区范围内。建设用地面积约 85.6 万 m²，总建筑面积 147 万 m²，地上建筑面积 127万 m²。项目以展览、商贸、酒店及配套功能为主，是目前世界上面积最大的建筑单体和会展综合体。建成后的建筑外观如图 5-25 所示。工程地基处理的面积约 35 万 m²，包括室内展厅和室外展场。室内展厅由 A、B、C、D 共 4 个展厅组成，每个展厅占地面积约 6 万 m²，其中 A 展厅为单、双层展厅、B 展厅为单层展厅，地坪使用荷载皆为 50kPa；C、D 展厅为双层展厅，地坪使用荷载为 35kPa。展厅为大跨度结构，双层展厅柱距为 27m×36m，单层展

图 5-25　中国博览会会展综合体建筑外观

厅跨距为 108m。展厅北侧为室外展场，地基处理面积约为 11 万 m²，其中约 3 万 m² 为 50kPa 荷载区域，8 万 m² 为 35kPa 荷载区域。场地环境条件复杂、敏感，周边有嘉闵高架和崧泽高架两条高架道路，内部有两条河道，地铁 2 号线隧道横穿整个室内展厅，地铁徐泾东站位于展厅中央。在上海软土地区开展如此大规模、复杂敏感环境条件的大跨度展厅与室外展场地基处理，技术难度高，面临一系列问题，国内尚无类似工程先例。

（2）技术创新。一是超大面积大跨度室内展厅地基处理设计。受工期要求室内展厅地基处理和主体结构桩基础同时施工，且地铁 2 号线从场地中间穿过，有对振动和变形影响敏感的限制，使得大面积地基处理通常采用的预压法、强夯法难以采用，而全部采用桩基础造价昂贵。工程在国内大型展览建筑中首次采用大桩距刚性桩复合地基设计方案；二是复杂条件下大面积室外展场地基处理。室外展场位于室内展厅的北侧，面积约 11 万 m²，分为 35kPa、50kPa 两种使用荷载区域。场地条件比较复杂，分布有河道、民居、厂房及耕作农地。浅层为杂填土和素填土，并分布有明浜、暗浜等不良地质。对于 50kPa 使用荷载区域，换填法和强夯法对深层土体处理效果有限，复合地基方案有成本相对较高的问题，选用了更为经济的堆载预压方案。对于 35kPa 使用荷载区域，天然地基沉降量亦不能满足控制要求，若同样进行深厚软土地基处理，必然大幅增加造价。基于民居、厂房区域普遍存在 2 层建筑，开展了考虑先期应力历史作用的沉降计算，其结果能满足要求，该区域仅作清表回填处理。农地区域仍需控制使用阶段的荷载布置形式，即要求荷载呈条状布置，宽度不宜大于 20 m，荷载之间距离不宜小于 20 m，

以尽量利用硬壳层的扩散作用，并减少荷载之间的叠加效应，从而减小沉降，在此控制荷载下，不进行深层土体处理，仅进行清表换填。为了解决大量回填土源，采用了粉质黏土。考虑到含水量较高，施工工期紧，通过掺入石灰来控制最优含水量，并提高压实系数。通过石灰掺量分别为 4%，6% 和 8% 不同掺比的回填压实试验，根据实际效果，选用石灰掺量为 6% 的二灰土进行分层碾压回填，在增加造价不多的前提下，较好解决了回填压实质量和工期问题。

5.5.4.4　上海光源工程

（1）工程简介。上海光源是由我国自行研究设计的特殊精密装置，具有高性能第三代同步辐射装置，共具有建设 60 多条光束线的能力，可用于从事生命科学、材料科学、环境科学、信息科学、凝聚态物理等学科的前沿基础研究，以及微电子、医药、石油、生物工程和微加工等高技术开发应用的实验研究。工程鸟瞰图如图 5-26 所示。上海光源工程的束流轨道稳定性要求达到微米级控制标准，装置设备方对其基础提出了极高的微变形和微振动控制要求，也是国际上首例建造在软土地基上的第三代同步辐射光源。

图 5-26　上海光源工程鸟瞰图

（2）技术创新。上海光源工程设计控制要求极其严格，且面临软弱的地基条件和复杂的周边环境。基于这种情况，工程进行了基于现场试验与模拟分析的微变形与微振动控制设计。在首选桩基的前提下，提出一种改进的桩基形式——

桩端后注浆灌注桩，以提高单桩承载力和改变其变形性能。基于现场试验和数值模拟分析，并结合上海地区桩基工程经验，提出了一种微变形控制桩基设计方法，现场试验测得桩侧摩阻力的分布形式，为模拟计算提供依据。根据上海光源工程基础微变形控制特点和要求，对现有的工程实用桩基变形计算方法进行改进研究，为桩基微变形控制设计提供实用可操作的方法。鉴于上海地区有关变形控制的工程经验比微振动控制要多的实际现状，微振动控制设计是在其基础微变形控制设计要求已基本满足的基础上进行的。

上海光源同步辐射装置基础设计与研究工作，为国家大科学装置上海光源工程正常运行奠定了良好基础，同时也为我国在精密装置基础微变形和微振动控制技术领域积累了宝贵的经验和资料，对发展相似的各类高端技术必需的精密装置有迫切要求的上海地区的进一步建设也具有重要实际工程应用价值。

5.6　地下空间资源开发

本热点问题的分析根据中国土木工程学会隧道及地下工程分会、同济大学承担的北京詹天佑土木工程科学技术发展基金会研究课题《全面科学综合规划开发地下空间资源研究》的研究成果归纳形成。课题组成员：朱合华、郭陕云、彭芳乐、闫治国、张洁、张君、孙志勇、李冰、唐忠、常翔、乔永康、张予馨。

5.6.1　地下空间开发利用的现状与问题

5.6.1.1　地下空间开发利用的现状与成效

（1）发展历程。我国城市地下空间资源的开发利用较世界发达国家起步较晚，大致经历了"深挖洞"时期（1977 年前）、"平战结合"时期（1978 ~ 1986 年）、"与城市建设相结合"时期（1987 ~ 1997 年）和有序快速发展时期（1998 年以来）4 个发展阶段。"十三五"期间，城市地下空间累计建设 24 亿 m²（不包括香港、澳门和台湾）。2020 年城市地下空间新增建筑面积约 2.59 亿 m²，同比增长 0.78%，新增地下空间建筑面积（含轨道交通）占同期城市建筑竣工面积约 22%，而长三角城市群以及粤港澳大湾区中的珠三角城市群，该比值达到 24%，共同构成主导我国城市地下空间发展的增长极。

（2）开发现状与成效。总体而言，我国城市地下空间发展需求强、开发速度快、建设规模大，总规模已居世界第一，整体呈现出集约化与综合化、网络化与分层化、生态化与人性化、数字化与智能化的发展趋势。就开发功能而言，我国城市地下空间开发以地下交通为主，大型地下综合体是利用的重点。城市轨道交通建设速度已居世界首位；许多城市地下综合体的设计手法、建设施工水平已达到了国际先进水平，城市地下道路建设已从起步期转为加速发展期。

（3）近年来的科研创新成果及进展。2015 ~ 2020 年有关地下空间的项目数量整体呈上升趋势，并在 2020 年达到峰值，地下空间的开发利用逐步受到重视。每年项目金额整体呈上升趋势，设计方面项目金额变化较为平缓，在 120 ~ 530 万元区间内浮动，均值约为 242 万元，在各类项目中最低，但在 2021 年后依旧保持平稳，并未呈现下降趋势，而其他方面的项目金额都在 2021 年出现了断崖式下降。施工方面的项目金额波动较大，但均值约为 564 万元，处于较高水平。运维方面项目金额呈现稳步上升，均值约为 453 万元，并在 2020 年达到峰值 1213 万元。规划方面项目在 2015 年到 2020 年期间呈大幅上升，在 2020 年超过 3000 万元，其金额均值在各类项目中最高，达到约 647 万元。无论从项目数量的变化，还是项目金额的起伏，都可以看出地下空间的开发越来越注重前期的规划和后期的运营维护。

（4）未来发展趋势研判。地下空间资源开发未来发展趋势主要集中在以下方面：集约化与综合化开发建设；网络化与深层化规划布局；地质调查先行支撑；地下资源协同开发利用；环境生态化、人性化；管理数字化、智能化。

5.6.1.2　地下空间开发利用存在的问题

（1）缺少国家层面的基础立法保障，管理体系不够明确。

（2）城市地下空间基本状况不明，难以满足其规划建设及管理的需求。

（3）城市地下空间规划定位不清、有效性不足，理论方法尚不成熟，资源配给不均衡、不系统。

（4）城市地下空间开发利用缺乏统一的环境保护标准，关键设计施工技术有待进一步发展。

（5）城市地下空间运维安全隐患类型多样，全民安全意识相对薄弱。

（6）空间人因品质有待提高，缺乏绿色建筑和人本理论的科学支撑。

5.6.2　城市地下空间信息化与智慧化

5.6.2.1　地下空间资源信息化管理

　　城市地下空间的信息化管理，其目标是整合城市地下空间开发利用数据资源，掌握地质条件和地下空间资源利用现状，为城市地下空间规划、建设和决策提供依据，规范、监管地下空间资源的开发和使用，减少和防止地下设施突发事故发生，提高城市应急处置和抗灾能力。

　　（1）城市地下空间信息化管理体系构建。各城市应首先结合自身的地下空间利用现状和特点，制订相应的信息化目标，据此构建信息化管理体系。一般来说，大城市应以整合现有子系统与建设综合管理平台、地下空间合理规划、保障地下工程建设安全、提高地

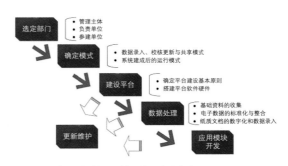

图 5-27　地下空间信息化管理体系的构建流程

下空间防灾与应急管理等为主要目标；中型城市应以信息管理平台规划与分步实施、收集整理数据、数据库建设、地下空间规划、保障重点工程建设为主要目标；小城市应以积累数据、数据库建设为主要目标。城市地下空间信息化管理体系的构建流程如图 5-27 所示。

　　（2）城市地下空间信息化平台建设。城市地下空间开发利用信息化平台是城市地理信息系统的一个组成部分，其建设应遵循城市地理信息系统的一些基本原则。除此之外，建立城市地下空间开发利用信息化平台是一个渐进和不断完善的过程，还应当根据城市自身的实际情况，制定有针对性的建设基本原则，其中主要应包括分期分阶段建设原则、安全性原则、开放性原则、可扩展性原则、实用性原则等。城市地下空间开发利用信息化平台一般应由城市地下空间基础数据管理、业务管理（数据加工、分析与处理）和应用管理（专业应用、成果展现）三个层次组成，参见图 5-28。

　　（3）城市地下空间基础资料信息化。城市地下空间开发利用涉及大量的基础资料，可分为基础

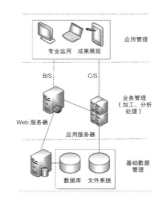

图 5-28　城市地下空间信息化平台组成

地理数据、基础地质数据、地下管线数据和地下建（构）筑物数据四大类。在对城市地下空间基础资料信息化时，首先应确定数据标准，指导具体应该收集哪些数据内容，如何对数据进行分类、编码和电子化。基础数据信息化基本流程是数据收集方案的制订、数据收集、数据电子化、数据入库与校核。在城市地下空间开发利用的信息化管理模式中，应当明确系统建成以后的基础数据怎样分工维护，维护的基本原则是要维持数据的准确性与权威性，即原则上应由数据生产单位负责其数据的维护工作。

（4）城市地下空间信息化应用。在制订城市地下空间开发利用信息化平台实施方案时，应结合城市规划和建设中的实际需求或遇到的实际问题，开展城市地下空间开发利用信息化管理的应用模块开发与实践，对实际应用的需求、应用的流程、所需的成果形式等问题予以细致的考虑，并以此为目标来指导和检验信息化平台的有效性。城市地下空间开发利用信息化平台能够应用的领域十分广阔，包括在城市地下空间规划中的应用、城市地下工程建设与管理中的应用以及城市地下空间安全与防灾中的应用等多个方面。

5.6.2.2　基础设施智慧服务系统（iS3）

（1）概念与内涵。基于在基础设施数字化、建养一体化等方面的研究工作，该课题从信息流的角度，提出基础设施智慧服务系统（infrastructure Smart Service System，iS3）的概念：基础设施全寿命数据采集、处理、表达、分析的一体化决策服务系统。iS3 主要服务于道路、桥梁、隧道、综合管廊、基坑等基础设施对象，涵盖从规划、勘察、设计、施工到运营维护各阶段不同信息流节点的全寿命周期。广义上讲，iS3 适用于任何领域的信息化应用。iS3 主要全寿命过程数据的采集、处理、表达、分析和一体化决策服务几个部分组成，如图 5-29 所示。

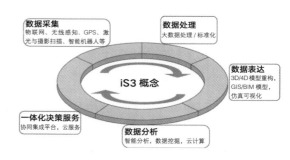

图 5-29　基础设施智慧服务系统（iS3）概念图

（2）框架系统。iS3 可分为五个层次：基础层、数据层、服务层、应用层和用户层，如图 5-30 所示。基础层是整个系统的硬件设备集合，为其他层提供硬件层次的保障；数据层为服务层提供其所需的访问、计算和存储等资源；服务层

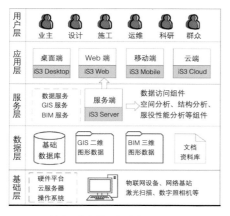

图 5-30　基础设施智慧服务系统（iS3）组成

为应用层提供数据访问接口；应用层是面向用户的客户端程序，提供用户与系统的友好访问；用户层是使用基础设施智慧服务系统的群体，包括业主、设计、施工、运维、科研人员等。

5.6.3　城市地下空间全面科学综合规划

5.6.3.1　意义及目的

（1）地下空间开发利用的意义。城市地下空间是国土空间资源的重要组成部分，是实现可持续城镇化的基础资源保障。科学利用地下空间资源可以有效提升城市发展空间承载力，推进韧性城市、宜居城市和低碳城市建设。研究表明，城市地下空间包含地下设施空间、地热能、地下水、地质材料、历史遗产、地下连续介质体、地下生物群落等地下空间资产，可以为 9 个联合国 2030 可持续发展目标（SDGs）提供地下空间服务价值，参见图 5-31。

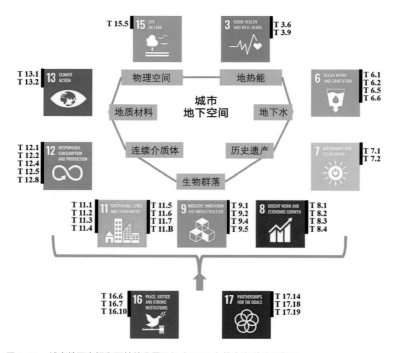

图 5-31　城市地下空间和可持续发展目标（SDGs）的内在联系示意图

（2）地下空间开发利用的目的。贯彻落实国土空间规划体系下城市地上地下共同体的理念，着眼"中国特色、世界领先"的发展目标，科学和合理地推进城市地下空间开发利用，大力提高地下空间资源利用效率，充分发挥城市地下空间在解决城市病、改善城市生态环境、优化城市空间结构、提高城市韧性等方面的资源潜力，切实提高行政管理效能，提高城市地下空间规划建设管理水平，实现城市地下空间的立法为本、规划引领、建设有序、管理智慧，形成平战结合、相互连接、四通八达的城市地下空间，促进城市绿色、健康、韧性、可持续发展。

5.6.3.2　地下空间开发利用的基本原则

要对地下空间资源进行全面的、整体的、统筹的规划。要研究制定地下空间资源规划开发建设的原则，要坚持7个原则：

（1）全面性。把各行业、各专业、各部门、各单位（包括人防工程）所有的地下空间资源开发的需求，全部、全面地纳入统一的城市地下资源开发规划。

（2）整体性。彻底摒弃原来线状、点状的、分散的、孤立的、零星的局部的区域的开发模式，把城市全部的、所有的地下空间资源，作为一个整体的城市地下空间资源统一规划。

（3）统筹性。把各行业、各部门、各专业、各单位地下空间资源开发需求，按照其特点进行统筹研究、统盘考虑、统一规划。

（4）先规划后开发。把整个城市地下空间资源作为一个整体进行全面、系统的统筹的规划，在开发建设时可以根据项目特点、需求，分步、分阶段开发建设，但规划要适当超前，先开发的必须为后开发的留有互联互通、相互衔接的空间和余地。

（5）统一标准规范。认真研究各种各类地下工程项目的不同特点，分门别类地制定统一的标准规范，特别是要认真研究制定深层开发的各项技术标准规范。

（6）高标准高质量。地下工程与地上工程相比，安全管理、维修管理、日常管理相对困难程度都要大很多，因此地下工程项目必须坚持高标准、高质量，要适当提高工程的设计寿命的时间标准，建议把地下工程的设计寿命标准统一提高到150年。

（7）立法先行。认真学习借鉴其他国家地下空间规划开发的先进理念，认真分析研究我国城市地下空间资源规划开发的经验、存在的问题，统筹研究制定城市地下空间资源全面、系统、整体规划、开发、建设、管理的法律。

5.6.3.3　我国城市地下空间资源全面科学综合规划的主要发展任务

（1）全面开展城市地下空间资源调查评估，推动全要素、全周期、全方位智慧化管理。

（2）尽快完善城市地下空间规划体系，深化其规划理论和方法研究。

（3）重构存量建成地区地下空间结构，推进"实施城市更新行动"。

（4）统筹规划建设城市新区的地上地下空间，打造宜居宜业的立体化新城。

（5）加强地铁站域地下空间的规划控制，提高空间系统性和整合性。

（6）构建大数据驱动的地下空间规划新范式，实现精细化、动态化科学决策。

（7）积极探索深层地下空间，提升城市韧性和空间承载力。

5.6.3.4　地下空间开发利用规划的实施框架

（1）城市地下空间开发总体规划。地下空间规划是以促进地下空间资源科学利用为目标的空间布局规划，是城乡规划的重要组成部分。一般而言，地下空间规划分为两个层次，即地下空间总体规划（或城市总体规划中的地下空间专项规划）和地下空间详细规划（又可细分为地下空间控制性详细规划和地下空间修建性详细规划）。现阶段，我国将地下空间规划作为专项规划纳入城市总体规划的强制性内容，并将地下空间控制性详细规划作为发展重点，用以明确地下空间利用的要求。地下空间总体规划需提出城市地下空间资源开发利用的基本原则和建设方针，研究确定地下空间资源开发利用的功能、规模、总体布局和分层规划，统筹安排近期地下空间资源开发利用的建设项目，研究提出地下空间资源开发利用的远景发展规划，并制定各阶段地下空间资源开发利用的发展目标和保障措施。

（2）城市重点地区地下空间开发控制性详细规划。地下空间控制性详细规划以城市地下空间总体规划、地区地面控制性详细规划为依据，确定建设地区地下空间使用性质、开发强度、开发深度、连通要求等控制指标、步行通道与市政管线等控制性位置以及空间环境控制引导的规划；是以城市重点地区为主要开发对象，通过地下空间开发多方案比较，对开发范围内的地下空间形态、功能、交通组织、生态保护、空间环境等做出合理规划控制。地下空间控制性详细规划控制要素的具体内容包括：确定地下空间开发功能、边界、适建性、地块划分、使用兼容性等，预测并确定开发深度、开发规模、开发强度等；确定地下空间层高、层数、标高、空间退界、地面出入口、通道参数、节点、标识系统、照明、环境小品、绿化等；确定地下机动车与非机动车停车库、地下市政设施、地下人防设施等；确定地下步行系统、地下街、地下综合体、轨道交通、地下交通换乘等空间布局；确定地下空间开发建设的开发步骤与管理方式、运营模式等。

（3）城市地上地下空间一体化协同规划安全策略。主要策略有：轨道交通设施与周边建筑协同规划建设；轨道交通与人防设施的协同规划；人防设施与防灾设施的协同规划；地下通道的协同规划安全策略。

（4）城市深层地下空间开发利用规划。城市的地下拥有巨大的空间资源，而深层地下空间提供了更加丰富的开发内容。对迅速崛起的国家中心城市及特大城市而言，地面空间以及中浅层地下空间已被广泛利用，城市发展在不超出边界的前提下，向更深的地下拓展是解决空间问题的良方。深层地下空间适宜布置市政基础设施，如地下快速交通、地下物流系统、深层防洪排水系统、垃圾处理系统、电力设施、热力设施、天然气设施、通信设施等。这些设施的入地可以缓解地面交通的拥堵，降低大气污染，所腾出的空间可以用于植被绿化，使城市展现出焕然一新的面貌。

5.6.4 城市地下空间工程微扰动及深层开发成套技术体系

5.6.4.1 复杂环境下地下空间设计施工微扰动控制体系

地下空间开发利用具有不可逆性，必须遵循开发与保护相结合的原则。在地下空间建设过程中，应选用工法可行、对周边扰动程度小的施工工艺，采用结构安全度高的结构形式，确保地下空间开发自身的安全以及对周边地下空间和环境的保护，实现地下空间的开发利用和周边环境的安全的双重目标。

朱合华等（2014）基于多个地下穿越近接施工工程，构建了软土地区盾构隧道微扰动施工控制技术体系，成功控制了盾构隧道施工对周边建（构）筑物（群）的扰动影响（地表沉降控制在毫米等级），确保施工沿线的建（构）筑物（群）处于良好的服务状态。该技术体系可为地下空间开发利用与周边环境的和谐统一提供借鉴，但是上述技术体系是基于盾构施工工法，在其他地下施工工法中的适用性还有待进一步研究。同时，随着城市的发展，城市地表环境（含建构筑物）、浅层地下空间越来越复杂，对后续地下空间的开发建设要求越来越苛刻，建设难度也逐渐增大，上述微扰动施工体系的各项内容和指标均需进一步提升。

5.6.4.2 深层地下空间开发利用设计施工成套技术体系

深层地下空间是一个崭新的课题，其理论基础、设计方法、施工工艺、运维措施等均不同于浅层地下空间，需要开展针对性的研究和攻关，解决存在的诸多问题和挑战。

（1）由于缺乏深层地下空间开发利用的类似工程和经验，需要通过建设深层地下空间开发利用实验室来解决深层地下空间开发利用所面临的问题。深层地下空间实验室的建设面临着以下难题：深层地下空间开发利用实验室的选址问题，必须同时满足实验室自身安全的要求和能够研究足够多地质问题、环境问题、岩土力学和施工工法的要求；深层地下空间开发利用实验室的功能定位，长期规划和分阶段实施问题；深层地下空间开发利用实验室与实际工程的结合问题；深层地下空间开发利用实验室的长期运营机制和管理问题。

（2）由于深层地下空间其独特的特点，在使用功能划分时必须同时考虑经济、安全、逃生、建设等问题。在对整体城市地下空间资源评价的基础上，开展城市地下空间功能分层的研究，依据功能需求、逃生救援和建设难度，实现深层地下空间的功能最佳划分，是开发利用深层地下空间的重要前提。但目前城市地下空间资源的评估系统、空间功能的层次划分以及各种功能在深部地下空间的适用性等方面的研究均不足以支撑深层地下空间的开发利用，均需要进一步的完善和提升。

（3）确定其基本力学参数、加卸载响应，构建适合的力学本构模型，从而确定深层地下结构的设计荷载模式、环境影响分析的数值模型等。深层岩土体力学的研究方面存在着以下挑战：深层岩土体的原位取样难题，在取样过程中势必会产生卸荷，土样的赋存环境不再同于真实环境，其实验结果的代表性和准确性存在质疑；深层岩土体赋存在温度场、渗流场、化学场等多场环境中，其力学特性研究必须基于热—水—力—化学等多场耦合的基本理论开展，目前多场耦合的理论和计算模型均需进一步提高和完善；深层岩土体开挖卸荷后，面临着较大地应力、较大超固结系数、应力诱发各向异性等问题；深层岩土体与结构的相互作用机理尚不清晰。

（4）深层地下空间开发利用势必对地下水系统产生影响，同时深层承压水的存在对深层地下结构的施工和运营期安全也存在威胁。因此必须对承压水的问题开展专项研究，寻求地下空间结构体与地下水系统的和谐统一，确保地下水环境和结构体的共同安全。同时，由于承压水突涌具有瞬时爆发的特性，其治理和应对工作的要求较高，一旦处置不当，轻者造成基坑报废、围护结构倒塌，重者还会危及周边环境的安全并造成人民生命财产的损失，酿成重大工程灾难。

（5）深层地下空间的设计方法和施工工艺尚不完善，需要结合深层岩土体力学的研究，同时综合机械、管理等行业的发展，开展针对性研究。深层地下空间的设计方法方面主要存在以下问题：深层地下结构的设计计算机理不明确，包括荷载的大小，地层的作用模式，施工期和运营期的转变模式等；深层地下结构的各类不确定荷载的组合比例有待进一步确定；缺少多种灾害（水灾、火灾、地震等）作用下的地下结构设计计算方法；基于全生命周期的深层地下结构设计分析理论和措施缺失；深层地下空间的设计标准体系尚未建设。深层地下空间的施工方面存在以下挑战：施工工艺的创新和施工装备的研发；施工过程中的环境扰动控制措施；施工过程的监测预警体系构建；施工相关的标准和指南体系建设。

5.6.4.3　既有地下基础设计维护与更新成套技术体系

地下基础设施修复问题的分析对象主要包括地层岩土介质、基础设施结构、加固材料以及彼此之间的接触连接。地层尺寸往往超过几十米，而接触面允许的最大滑移变形通常小于 1mm。要想准确分析此类问题，需要建立能够同时考虑地层尺度和接触面尺度的计算模型。但如何建立包含加固材料、隧道衬砌、岩土介质以及相互之间接触面的多尺度分析模型对目前的理论基础和技术手段仍是极大的挑战。

地下结构通常作为重要的城市基础设施，其设计服役寿命通常为一百年，材料本身的劣化和周围环境的扰动会导致结构性能随服役时间增加而逐渐衰退。如何对既有城市地下结构的服役状态进行监测和评估是亟须解决的问题，这需要探索新的理论，研发新的设备。

地下基础设施的维护和更新成本一般较高，需要选择合理的时机实施，实现经济和安全的最佳化。合理利用工程系统的易损性评价理论、可恢复性分析原理，对地下基础设施维护与更新的时机选择、方法比选、加固成本进行分析，形成最优化决策分析方法至关重要。目前，这方面的研究刚刚起步，建立基于经济与安全平衡化的既有地下基础设计维护与更新成套技术体系尚需多年的努力和攻关。

5.6.5　城市地下空间开发利用的安全保障与韧性城市建设

城市地下空间存在的公共安全问题主要包括：火灾、水灾、震灾、恐怖袭击、犯罪、拥挤踩踏、公共卫生事故等。按照影响因素来源的不同，可将城市地下空间运营安全的影响因素分为系统内因素和系统外因素。其中，系统内因素主要指地下空间设备是否处于安全状态、地下空间环境是否符合安全要求、地下空间人员是否履行安全责任等。系统外因素主要包括地下空间系统外人员的不安全行为以及相邻系统的不安全状态等。

5.6.5.1 基本要求

地下工程的建设及其日常运营管理与地上工程相比，如果发生应急情况及事故，人员疏散、救灾救援困难程度要大很多，因此，地下空间资源开发、地下工程项目的建设及其日常运营管理要特别重视安全管理。要做到这点，则必须保障城市地下空间的防火、防水、抗震等方面的安全，尽可能地在建设过程中为城市地下空间预留足够的多灾害防护能力，充分发挥其自身的韧性。

5.6.5.2 地下空间防火安全

地下空间在给人们的日常生活和交通出行带来便利的同时，也存在着诸如防火安全等隐患。地下空间因其自身结构上的一些特点，如对外出口少、空间相对封闭、通风口面积小、自然排烟困难等，使其一旦发生火灾，将极有可能严重威胁到人们的生命财产安全，酿成重大事故。除了火灾自身带来的破坏外，地下空间内还可能会发生如爆炸、浓烟等次生灾害。

（1）防火研究的重点。城市地下空间中的火灾之所以能够引起如此之大的破坏，是由其以下几个特点所决定的，而这些也是地下空间防火设计时需要考虑的重点与难点：一是起火点的隐蔽性，导致火灾初期较难发现；二是地下空间的封闭性，导致大气热不易扩散；三是复杂环境中方向性模糊，导致疏散逃生困难；四是地下建筑火灾的特殊性，导致扑救难度大；五是建筑功能的复杂性，增加了消防管理的难度。

（2）相关举措。针对地下空间中火灾的以上特点，目前地下空间防火主要有如下的几方面的举措：一是结构防火，通过一定的措施提高地下空间自身的防火能力，有效降低地下火灾发生的可能；二是预警与消防，合理使用预警与消防设施是火灾发生时最为直接和有效的控制手段；三是通风排烟，地下空间的使用在平时就需要考虑通风与排烟，以保持空气的新鲜和疏通，但是通风又是在地下空间火灾蔓延时所应避免的，应优先采用自动控制的通风排烟系统；四是疏散救援，一个完整的疏散救援系统需要具备紧急救援站、疏散门、疏散楼梯、疏散通道等一系列基础设施，并有为人员安全离开预留的应急路线以及合格的疏散救援系统。

5.6.5.3 地下空间防水安全

洪涝灾害一直是很多城市地下空间需要重点防御的自然灾害之一，因为一旦发生洪涝，将首先殃及地下空间。在地面建筑尚属安全的情况下，洪水会由地下建筑物入口处灌入，波及整个相连通的空间，甚至直达多层地下空间的最深层，造成人员伤亡以及地下的设备和储存物质的损坏。由于周围地下水位上升，即使入口处没有进水，长期被饱和土所包围的防水质量不高的工程衬砌同样会渗入地下水，使地下空间异常潮湿，不得不长期开启除湿机抽湿防潮；严重时甚至会引起结构破坏，造成地面沉陷，影响到邻近地面建筑物的安全。

（1）防水研究难点。一是地下空间建设缺乏统筹规划与协调机制；二是地下空间防汛工程功能欠缺，无法满足城市防汛体系建设要求。

（2）防水相关举措。一是完善城市地下空间防洪排涝规章制度；二是完善城市地下空间防洪排涝设计规范；三是提升已建地下空间的防洪排涝能力；四是建立地下空间防洪排涝应急管理机制。

5.6.5.4 地下空间抗震安全

近年来全球各地强震频发，随着城市地下空间开发利用和地下空间结构建设规模的不断加大，地下空间结构的抗震设计及其安全性评价的重要性、迫切性愈来愈明显。

（1）抗震举措。针对地下空间结构地震反应和破坏形式的特点，可以从多个方面入手提高其抗震承载力：一是减轻地下空间结构的整体质量，避免在不利场地建设；二是调整地下空间结构的刚度；三是设置减隔震装置。

（2）抗震研究展望。我国目前地下空间结构的抗震设计主要采用地震系数法，规范当中对抗震设计并无具体规定，国内外现有的各种抗震分析设计仍旧存在不同程度上的不足，可从以下多个方面展开工作：一是加强理论以及地震动观测技术的研究和资金投入，并建立详细的数据库；二是完善规范条文，制定统一的地下空间结构抗震设计标准；三是加强减震、隔震技术的研究。

5.6.5.5 地下空间的多灾害防护

城市地下空间具备发生灾害链的基本条件。在致灾因子和承灾体之间的相互作用下，可能由一种灾害引发另外一种灾害，通过不断地发展演化最终形成灾害链。

（1）多灾害研究重点。一是城市地下空间灾害评估。城市地下空间具有跨度大、结构复杂、受周围环境介质影响显著、通风条件差、修复难度大等特点，在运营过程中容易出现各种类型的灾害，然而目前对城市地下空间灾害评估的研究仍不充分，需要更进一步的探索；二是多灾害风险评估。多灾害之间耦合关系复杂，两种灾害叠加造成的后果要远远大于两种独立灾害后果的线性相加，所以多灾害风险评估问题成为我国乃至全世界关注的重要问题。

（2）研究概况与未来展望。综合国内外的研究发现，当前对城市地下空间风险安全的评估方法大致可以分三类：一是基于知识的分析方法，如专家调查问卷、现场调研、安全检查表等；二是定性的分析方法，如故障树分析、专家评估、失效模式分析等；三是半定量/定量的分析方法。总体来说，传统的方法大部分是基于历史数据的灾害发生率去预测未来灾害数据的波动变化，如回归模型预测法、人工神经网络、灰色预测法等。这些方法都属于确定性预测方法，即预测未来某一时刻灾害发生率为一个确定值，这只是研究在灾害发生率层面上的时空特征，而没有深入探讨与其他各种影响因素之间的关系，若有一段历史数据缺失未查或误差很大时，就很难继续进行预测。当下来看，有关地下空间多灾害防护的研究资料相较于地上建筑或是桥梁而言可谓少之又少，因此，目前急需寻找全新的方法来更加精准地评估地下空间的多灾害风险安全，而这也是未来地下空间多灾害防护的研究焦点之一。

5.6.5.6 地下空间的韧性

（1）地下空间韧性概况。近年来，韧性城市建设越来越成为城市可持续发展的焦点问题之一，其主要内涵就是要有效应对城市发展过程中面临的各种不确定性，降低城市发展过程中的风险，减轻城市发展脆弱性。地下空间是城市物质空间的一部分，同时也是城市防灾体系中的空间要素之一，对于韧性城市建设具有重大意义。通过特定情景下的转换，地下空间可有效地成为城市的防灾空间。从应对灾害的功能和能力来看，地下空间对城市韧性的贡献主要体现在如下几个方面：一是承灾和应灾能力。相对于对地面上难以抵御的外部灾害，地下空间具有较强的抗爆、抗震、防火、防毒、防风等防灾特性。其作为城市人防的重要空间，发挥着重要的承灾和应灾能力；二是恢复性。城市韧性的要求之一就是城市要有灾后快速恢复的能力，城市能在灾后较短的时间恢复到一定的功能水平。而将市政基础设施地下化，减少暴露，提高其防灾能力和抗灾功能，是保证城市安全运行的重要手段；三是冗余性和多样性。利用地下交通系统优化城市交通结构，增加交通多样性，有利于保障城市交通的高效运转。

（2）韧性研究重点。对于地下空间防灾而言，韧性包含以下两个维度，一是地下空间具备应对多种外部灾害的抗灾性，使其对城市防灾减灾具有强大的支撑能力；二是地下空间自身存在的易灾性，使其构成城市防灾韧性的一部分。从这个角度考虑，目前城市地下空间的韧性建设主要存在以下两个方面的问题：一是抗灾性发挥不足，其防灾功能仍主要集中在人防层面，没有被纳入城市综合防灾体系，对城市防灾减灾的支撑作用并未充分发挥；二是易灾性重视不够。从当前我国地下空间的开发建设情况来看，地下空间的安全需求并未得到充分重视，包括在地下空间抗震、防火、防洪、疏散等方面缺乏特定的设施建设标准，相关的法律法规体系建设较为滞后，在地下空间事故应对方面缺乏相应的应急预案研究，对地下空间的防灾教育和疏散演练十分缺乏，地下空间的安全监管机制不完善等。

（3）韧性研究未来展望。随着未来地下空间的大规模、深层次开发，地下空间所面临的各类灾害风险也在不断上升，因此，必须充分重视地下空间的风险防范，全面开展相关灾害的研究、防治工作，建立系统完善的地下空间防灾减灾体系，提升地下空间自身的防灾韧性。针对现阶段我国地下空间开发存在的问题，可以从以下四个方面提升地下空间的韧性：一是提升指标体系冗余度，给地下空间的开发预留更多的冗余发展空间，以适应城市的动态变化；二是强化功能复合开发，集交通、市政、公共服务于一体的功能复合开发模式是地下空间系统化开发的一个主要方向；三是加强空间连通。地下空间是地上空间的向下延伸，横向空间涉及多个地块的连通，纵向空间涉及地下空间与地上空间的衔接，因此控制地下空间各地块的系统连接，以及与地上空间的衔接，形成连续性的地下空间体系，理应成为地下空间控规工作的重点；四是适应性动态管控。城市的相关利益主体是动态变化的，管理手段和方式也应该能够适应城市的变化，需要制定与城市动态发展相匹配的地下空间韧性管控措施，应对在地下空间开发建设过程中面临的各种冲击，维持地下空间开发的动态平衡。

5.6.6 绿色低碳人本地下空间

5.6.6.1 绿色地下空间

我国大部分大中城市都已经进入地下空间开发利用的快速提升阶段，其主要特征就是随着地铁建设的铺开，地下空间规模迅速增加到较大规模。在这样的新形势下，我国地下空间的发展应该遵循绿色地下空间发展战略，从粗放型发展模式转换为绿色发展模式，坚持节约资源和保护环境的基本国策，坚持节约优先、保护优先、减少污染为主的方针，着力推进绿色发展、循环发展、低碳发展，为城市提供安全、健康、舒适、性能良好的城市空间环境。

（1）绿色地下空间发展的应用价值。一是确保城市地下空间资源的开发利用效益最大化；二是促进城市环境最优化；三是打造生态宜人的地下空间内部环境。

（2）绿色地下空间的发展规律和特点。推行地下空间的绿色化，也即绿色地下空间，将是未来城市化进程中极其重要的一部分，但是不同于地上空间，地下空间处于水土体介质中，而不是空气。一方面，较之地面建筑，其规划建设、管理运行方法均与地面建筑有所不同，另一方面，地下空间的通风、采光、温度、湿度等均与地面空间有所不同，导致地下空间给人们所营造的环境与地面空间大相径庭，所以十分有必要对绿色地下空间相关的设计理论、方法、评估体系、技术手段做单独的研究。而到目前为止，国内外的绿色建筑相关理论的研究主要针对的都是地面建筑，很少有专门针对地下空间的研究成果，随着国内地下空间的迅猛发展和建筑绿色化要求的不断加强，如何规划、建设、评估绿色地下空间就成了摆在我们面前的一个难题。绿色地下空间应具备效益投入比最大化，空间利用集约化、规模效益最大化，能为人类提供良好的室内环境，对环境的索求小，对环境的影响小等基本特征。

（3）绿色地下空间的发展策略、发展思路。一是明确现有地下空间开发利用过程中存在的问题以及绿色地下空间的特性，确立绿色地下空间的评价体系和评价标准；二是对绿色地下空间的开发效益进行评价，使决策者能够对绿色地下空间所带来的城市效益有更加直观的认识；三是确定绿色地下空间的发展模式，从规划设计上对地下空间的开发利用进行指导；四是对于地下空间的内部环境，依然遵循绿色地下空间的原则，确定绿色地下空间内部环境的评价体系和评价标准；五是确定绿色地下空间发展所需要的技术集成的规则与工艺、技术，以及相应的绿色地下空间内部环境的计算机辅助设计方法，将绿色地下空间发展的理念落到实处。上述发展策略和发展思路，也是确定绿色地下空间发展的重点任务、绿色地下空间发展的重点领域和难点问题的基础。

（4）绿色地下空间发展的模式及政策支持。绿色地下空间发展作为城市绿色、可持续发展的重要支撑，应从四个层次——空间布局、建筑设计、交通组织、能源利用展开。一是改善地下空间的空间布局。绿色地下空间发展应地上地下立体、分层开发，促进城市高密度、紧凑型发展，地下空间功能布局与地面空间功能布局协调互补，实现城市土地资源的最大化利用；二是打造绿色生态的地下空间内部环境。充分利用地下空间的恒温、恒湿等特点，又规避地下空间本身的限制因素，将地下空间打造为绿色的、生态的、吸引人的城市空间；三是构建绿色城市交通系统。发展以轨道交通系统为主的城市公共交通系统，构建地下步行系统，构建地下道路和停车系统；四是促进新能源的利用。利用地下空间开发能源管桩、地源热泵等新能源形式，在城市商务区建设能源中心、分布式供能系统，建设雨水收集与再利用系统。

5.6.6.2　人本地下空间

从人本视角开发利用地下空间，应基于地下行为学建立地下宜居理论体系和营造技术，开展地下空间资源的承载力评价与科学区划，制定差异化的地下空间治理与人因品质提升策略，确保地下空间资源的高质量可持续开发与利用。为了更好满足人民日益增长的美好精神文化需求，需要关注地下空间使用主体的需求，即以人为本，多维度多视角地为地下空间提质增效，首先实现以人为本的人因环境改善，打造舒适宜居、高效便捷的地下公共空间；其次，进一步实现人本地下空间的人文品质提升，打造具有人文底蕴、艺术价值、科技赋能的人本地下空间。

具体而言，人本地下空间开发利用的对策包括：

（1）通过工程学、社会学和心理学等多学科融合交叉，形成地下空间人体行为学与感知理论，从而为人本地下空间的规划设计奠定科学的理论基础。

（2）理清地下空间人因环境的提质策略，从视觉、听觉、嗅觉、触觉和味觉五个感知维度，探讨提升地下空间人因品质、改善驻留和通行体验的技术措施。

（3）通过地下空间人因环境的改善和文化内涵的提升，促进地下空间的艺术、人文与精神交流，逐步形成有人文特质和地域特色的地下空间。

（4）充分运用数字化技术，实现地下空间资源的数字资产管理和人因环境智能感控，集成多功能人本地下空间数字技术和产品，打造丰富多彩的数字化应用场景。

5.7 混凝土及预应力混凝土学科研究现状和发展规划

本热点问题的分析根据中建研科技股份有限公司承担的北京詹天佑土木工程科学技术发展基金会研究课题《混凝土及预应力混凝土学科研究现状和发展规划》的研究成果归纳形成。课题负责人：冯大斌、徐福泉，主要研究人员包括耿相日、刘璐、韦庆东、高丹盈、冯健、简斌、刘英利、王震宇、熊朝晖、闫东明、谭军、李智斌、林红威等。

5.7.1 混凝土发展特点及行业现状

从新中国成立开始，经过 70 多年的发展，围绕混凝土材料及其结构技术，我国的材料、设计、施工、理论、教学和标准等领域的工程技术人员，组建了世界上最大、最全面的混凝土工程技术研发和应用队伍，积聚了极其宝贵的专业人才，产业规模全球第一，取得了举世瞩目的工程技术成就。

随着我国混凝土年产量触及峰值回落和应用方式升级转变，混凝土及其结构研究热点必然也将发生变化。通过混凝土理论研究、技术创新来提升混凝土工程应用技术水平，对于建设世界一流的混凝土强国，实现行业的低碳绿色和可持续发展，具有重要意义。

5.7.1.1 混凝土发展特点

近几十年以来，随着原材料生产和制备、新型外加剂技术、混凝土施工工艺及设备、结构设计新形式、基础理论和质量管理等各个方面的发展，混凝土应用领域得到进一步扩大，混凝土发展体现出新的特点。

（1）混凝土技术进步催生品种日益繁多，涵盖了大坝碾压混凝土、普通塑性混凝土、流态混凝土、自密实混凝土、高强混凝土、轻骨料混凝土、重混凝土、清水混凝土、纤维混凝土、装饰混凝土和 UHPC 等类别。

（2）随着建筑工业化和装配式建筑的发展，混凝土的主要生产方式从预拌混凝土企业生产转变为预拌混凝土企业和 PC 构件工厂生产并重，工厂化生产成为主要生产方式，生产方式的转换促进了混凝土质量的全面提高，并推动了混凝土行业的全面进步。

（3）混凝土综合利用工业废弃物的水平逐年提高，建筑垃圾、工业废渣、粉煤灰、矿渣、硅灰等广泛消纳于混凝土生产，有利于保护环境和可持续发展。

（4）混凝土耐久性成为设计、施工等方面首要关注的问题。混凝土材料研究热点集中到提高耐久性、研究并应用特种混凝土、抗碱骨料反应、扩展混凝土应用领域等方面。

（5）混凝土结构设计领域的不断发展对混凝土材料提出更多性能要求。

5.7.1.2　混凝土行业现状

（1）混凝土生产进入稳定发展阶段。近 10 余年来，我国混凝土年用量处于快速增长阶段，这归因于我国快速完成了人类历史上最大规模的城市化运动，并完成了巨量的高铁、高速公路、港口等基础设施建设。与之相对应，我国生产并消费了全球一半以上的水泥和混凝土，成为全球性的混凝土研究中心和工程应用中心。考虑到我国已处于工业化和城市化的中后期，预判我国预拌混凝土年产量已达到高峰，预期未来混凝土用量将表现为缓慢平稳增长或降低。

（2）混凝土用原材料出现新变化。一是混凝土用骨料以机制骨料为主；二是混凝土用外加剂以聚羧酸减水剂为主；三是装配式建筑行业发展进入平台期；四是混凝土进入"十四五""双碳"发展新阶段。

5.7.2　基于科技论文的判断分析

5.7.2.1　各主要门类中文期刊论文发表现状

按混凝土结构全寿命周期的不同阶段将混凝土行业分为以下七大门类，即：混凝土材料及工艺，配筋和其他材料及工艺，混凝土制品及构件，混凝土结构分析、设计，混凝土结构建造，混凝土结构使用维护，混凝土结构拆除及再生。基于中国知网在 1990~2021 年范围内以"混凝土"为主题的期刊论文检索结果，通过对各门类进行主题内容规定和限制，进行专业检索可将期刊论文进行门类划分，如表 5-7 所示。

混凝土主要门类的期刊论文数量　　　　　　　表 5-7

序号	主要门类	专业检索范围	论文数量
1	混凝土材料及工艺	SU%= 混凝土 not（SU%= 梁 + 板 + 柱 + 墙 + 节点 + 基础 + 地基 + 结构设计 + 抗震 + 预应力混凝土 + 建造 + 施工 + 验收 + 质量 + 鉴定 + 检测 + 加固 + 维修 + 修复 + 改造）not（SU%= 纤维 + 钢绞线 + 预应力筋 + 钢筋 +FRP）	101097（截至 2022 年 8 月 10 日）
2	配筋和其他材料及工艺	SU%= 混凝土 not（SU%= 梁 + 板 + 柱 + 墙 + 节点 + 基础 + 地基 + 结构设计 + 抗震 + 预应力混凝土 + 建造 + 施工 + 验收 + 质量 + 鉴定 + 检测 + 加固 + 维修 + 修复 + 改造）and（SU%= 纤维 + 钢绞线 + 预应力筋 + 钢筋 +FRP）	28175（截至 2022 年 7 月 29 日）
3	混凝土制品及构件	SU%= 混凝土 and（SU%= 装配 + 预制）	22635（截至 2022 年 7 月 21 日）
4	混凝土结构分析、设计	SU%= 混凝土 and（SU%= 梁 + 板 + 柱 + 墙 + 节点 + 基础 + 地基 + 结构设计 + 抗震 + 预应力混凝土 + 建造 + 施工 + 验收 + 质量 + 鉴定 + 检测 + 加固 + 维修 + 修复 + 改造）not（SU%= 建造 + 施工 + 验收 + 质量 + 鉴定 + 检测 + 加固 + 维修 + 修复 + 改造）	68158（截至 2022 年 8 月 1 日）
5	混凝土结构建造	SU%= 混凝土 and（SU%= 建造 + 施工 + 验收 + 质量）	285775（截至 2022 年 8 月 15 日）
6	混凝土结构使用维护	SU%= 混凝土 and（SU%= 检测 + 鉴定 + 加固 + 维修 + 修复 + 改造）	68249（截至 2022 年 8 月 6 日）
7	混凝土结构拆除及再生	SU%= 混凝土 and（SU%= 拆除 + 再生）	14201（截至 2022 年 7 月 11 日）

5.7.2.2　基于科技论文的判断分析

（1）混凝土材料及工艺。针对近五年的中文核心期刊论文进行细化分析，出现的高频关键词及其对应的文章数量如图 5-32 所示。可以看出，在混凝土材料及工艺研究领域，近五年的研究主要关注相关混凝土材料的力学性能，尤其是针对再生混凝土的研究，以此也顺应了我国绿色建材、节能减排的政策方针；此外，针对泡沫混凝土、透水混凝土和自密实混凝土等特色混凝土的研究也占有一定比例；另一方面混凝土材料性能的研究除利用试验手段外，更有效利用了数值模拟手段，以补充试验数量有限、考察参数不全面的原始缺陷。

（2）配筋和其他材料及工艺。针对近五年的核心期刊论文进行细化分析，出现的高频关键词及其对应的文章数量如图 5-33 所示。可以看出，在配筋和其

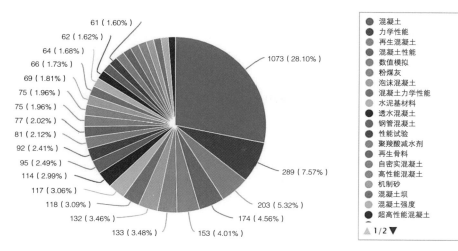

图 5-32　2017~2021 年中文核心期刊混凝土材料及工艺重点关键词对应文章数量

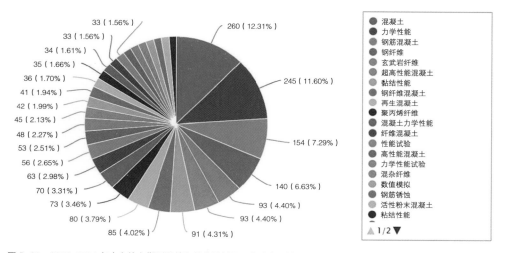

图 5-33　2017~2021 年中文核心期刊配筋和其他材料及工艺重点关键词对应文章数量

他材料及工艺研究领域，近五年的研究主要关注相关配筋混凝土的力学性能，尤其是纤维混凝土的研究，例如玄武岩纤维混凝土、钢纤维混凝土和混杂纤维混凝土；此外，针对传统钢筋混凝土结构的力学性能研究也占有一定比例，并着重关注了配筋混凝土的耐久性以及其中钢筋的腐蚀特征；另一方面如今多开展结合模型试验和数值模拟手段的配筋混凝土力学性能研究。

　　（3）混凝土制品及构件。针对近五年的核心期刊论文进行细化分析，出现的高频关键词及其对应的文章数量如图 5-34 所示。可以看出，在混凝土制品及构件研究领域，近五年的研究主要关注相关装配式构件和预制构件的受力性能，

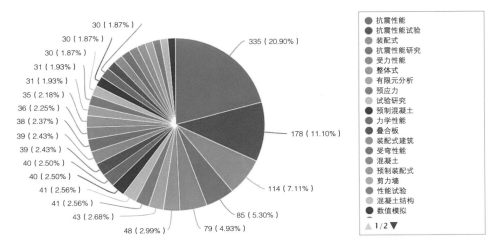

图 5-34　2017~2021 年中文核心期刊混凝土制品及构件重点关键词对应文章数量

尤其是抗震性能和受弯性能；此外，针对一些常规构件的研究，目前多关注于叠合板、剪力墙和其他预应力构件的性能研究；另一方面如今多开展结合模型试验和数值模拟手段的装配式构件甚至装配式结构的性能研究。

　　（4）混凝土结构分析、设计。针对近五年的核心期刊论文进行细化分析，出现的高频关键词及其对应的文章数量如图 5-35 所示。可以看出，在混凝土结构分析、设计研究领域，近五年的研究主要关注相关结构及构件的受力性能，尤其是抗震性能和受弯性能；此外，针对一些常规构件的性能研究，目前多关注于钢筋混凝土梁、钢筋混凝土柱的性能研究；另一方面如今多开展结合模型试验和

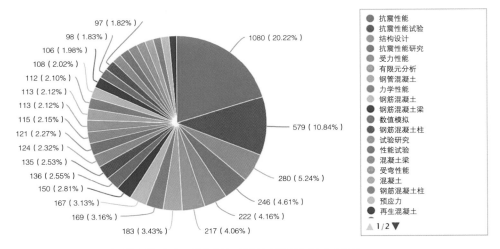

图 5-35　2017~2021 年中文核心期刊混凝土结构分析、设计重点关键词对应文章数量

数值模拟手段进行关于混凝土结构分析和设计的性能研究。

（5）混凝土结构建造。针对近五年的核心期刊论文进行细化分析，出现的高频关键词及其对应的文章数量如图5-36所示。可以看出，在混凝土结构建造研究领域，近五年的研究主要关注相关结构及建筑的施工技术，尤其是针对桥梁结构和大体积混凝土；此外，针对一些常规基础设施建设的研究内容，如高速铁路、地铁车站等内容方面的研究；另一方面如今多开展结合 BIM 技术，开展结合数字化的新型结构设计—施工—养护的全过程性能分析。

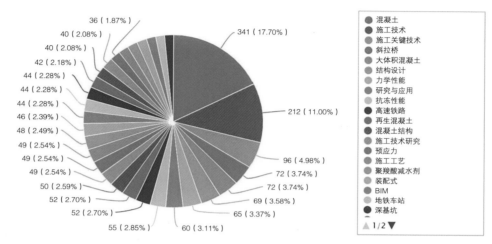

图 5-36　2017~2021 年中文核心期刊混凝土结构建造重点关键词对应文章数量

（6）混凝土结构使用维护。针对近五年的核心期刊论文进行细化分析，出现的高频关键词及其对应的文章数量如图5-37所示。可以看出，在混凝土结构

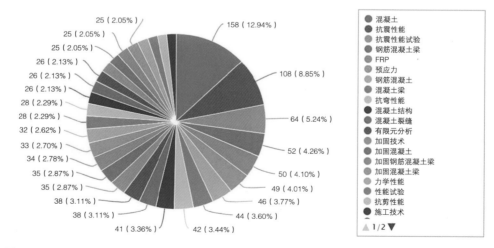

图 5-37　2017~2021 年中文核心期刊混凝土结构使用维护重点关键词对应文章数量

使用维护研究领域，近五年的研究主要关注采用相关的技术手段进行结构的加固改造，例如采用 FRP 加固、预应力加固等手段；此外，针对一些加固修复后的构件，常对构件的抗震性能和抗剪性能等方面进行研究；另一方面如今多开展结合模型试验和数值模拟的相关研究工作，以全面展开相关构件性能的研究分析。

（7）混凝土结构拆除及再生。针对近五年的核心期刊论文进行细化分析，出现的高频关键词及其对应的文章数量如图 5-38 所示。可以看出，在混凝土结构拆除及再生研究领域，近五年的研究主要关注采用再生混凝土的相关研究，一方面关注于混凝土构件的性能，如测试其抗震性能、力学性能，另一方面主要关注于再生混凝土本身，以提升材料的基本性能为主要目标。此外，相关研究还针对采用再生骨料制作的相关功能性混凝土研究，如透水混凝土等。

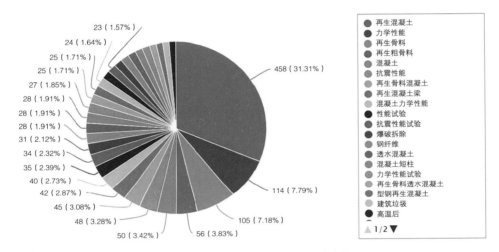

图 5-38　2017~2021 年中文核心期刊混凝土结构拆除及再生重点关键词对应文章数量

5.7.3　基于科研项目的判断分析

5.7.3.1　科研项目研究内容现状分析

开展基础科研项目是推动基础科研进步、促进学科发展的首要方式。在全面提升科研水平的背景下，分析科研项目的主要内容是了解我国科研现状的前提。为此，本项目以"混凝土"为主要搜索关键词，不完全统计了近三年（2019~2021 年），国家自然科学基金项目和省部级科学基金项目，共计 860 项。

根据各项目的关键词信息，将各项目分别划分至七大主要研究门类（混凝土材料及工艺；配筋和其他材料及工艺；混凝土制品及构件；混凝土结构分析、设计；混凝土结构建造；混凝土结构使用维护；混凝土结构拆除及再生），并对归属于各门类的项目信息进行分别统计分析，确定了各门类项目的重点研究内容和各重点内容的分布情况。需要注意的是，单一科研项目可能对应于多个研究门类。经划分后，各门类的项目数和关键词数量如表 5-8 所示。

各门类科研项目的分类统计信息 表 5-8

门类划分	项目总数	相异关键词总数
全部门类	860	2220
混凝土材料及工艺	90	323
配筋和其他材料及工艺	157	536
混凝土制品及构件	93	300
混凝土结构分析、设计	514	1411
混凝土结构建造	42	182
混凝土结构使用维护	177	625
混凝土结构拆除及再生	57	197

5.7.3.2 各主要门类科研项目研究内容现状分析

各主要门类科研项目研究内容现状分析采用如下方法：首先确定各主要门类项目包含 的不同关键词，再基于这些关键词两两间的共现频次，计算出全部项目总体关键词关系矩阵，从而建立全部项目关键词总体研究网络图。最后通过计算不同节点的特征向量中心度（Eigenvector Centrality，EC），对不同研究内容的相对重要性进行量化。具体分析结果如下：

（1）混凝土材料及工艺。现有项目主要分成了 2 个部分，"超高性能混凝土""混凝土"等是核心的研究内容。此外，"海洋环境""性能""碳化"等也是较为重要的研究内容。

（2）配筋和其他材料及工艺。现有项目主要分成了 2 个部分，"FRP""混凝土"是核心的研究内容。此外，"力学性能""设计方法""CFRP"等也是较为重要的研究内容。

（3）混凝土制品及构件。现有项目主要分成了 1 个部分，"装配式"是核心的研究内容。此外，"抗震性能""设计方法""预制"等也是较为重要的研究内容。

（4）混凝土结构分析、设计。现有项目主要分成了 2 个部分，"设计方法""抗震性能"是核心的研究内容。此外，"钢管混凝土""力学性能""FRP"等也是较为重要的研究内容。

（5）混凝土结构建造。现有项目主要分成了 4 个部分，"地聚物""超高性能混凝土"等是核心的研究内容。此外，"试验""模拟""抗爆"等也是较为重要的研究内容。

（6）混凝土结构使用维护。现有项目主要分成了 2 个部分，"混凝土""加固"等是核心的研究内容。此外，"耐久性""FRP""寿命预测"等也是较为重要的研究内容。

（7）混凝土结构拆除及再生。现有项目主要分成了 1 个部分，"再生混凝土"等是核心的研究内容。此外，"再生骨料""钢管混凝土""力学性能"等也是较为重要的研究内容。

5.7.4　发展规划和策略建议

针对混凝土及预应力混凝土学科发展情况，基于对科技论文、科研项目的汇总分析，通过行业专家宏观研判，最终汇总各研究门类的现存问题，提出相应发展规划和建议。

5.7.4.1　混凝土材料及工艺

1. 发展存在的问题

（1）研究偏重于混凝土材料的工程应用方面，研究领域主要集中在粉煤灰等掺合料、配合比优化以及力学性能等特性研究上，虽然近年来在耐久性、固废利用等方面有所延伸，但并未在非水泥基胶凝材料体系、特种（或专用水泥）、特种混凝土等方面形成足够多的创新性研究成果，而且在混凝土的防护与修复方面的研究深度还有不足，原创性的创新成果偏少。

（2）研究基本还是以单一学科为主，交叉学科之间的综合研究内容相对较少，包括与有机材料体系的复合应用，或使用新型的微观测试方法在理论研究上进行突破等。

（3）混凝土材料及工艺作为一门应用型学科，当前研究也更偏向于性能表现等实际应用方面，而对于特种外加剂作用机理、混凝土性能影响机制等基础性研究尚有不足。

（4）在当前工程用砂、石骨料品质难以保证的情况下，混凝土工作性能大都依靠外加剂厂家的复配技术。

（5）在实际施工中，由于各种因素的影响，造成一定的混凝土收缩、开裂问题，精益化生产和质量控制有待开发。

（6）机制砂在混凝土工程中应用取得显著进展，但由于材料本体微观形状、级配均衡及含粉量等因素，其微观咬合性能较天然砂骨料加强，但一定程度上影响混凝土拌合料工作性能和施工工艺，这些问题影响的都是工程可靠性和耐久性，需要提升认知和系统解决。

（7）混凝土生产的绿色化尚未完成，以智能化和信息化为特征的混凝土智慧工厂/绿色工厂处于探索阶段，与之相关的成套数字化生产制备、质量控制技术和标准规范有待完善。

2. 发展规划和建议

（1）以低碳混凝土、再生混凝土等为代表的固废利用和低碳化发展的研究、开发和应用。

（2）低碳胶凝材料体系，即大掺量矿物掺合料的复合胶凝材料，碱激发胶凝材料，各种低硅酸盐水泥熟料含量的新型胶凝材料。

（3）先进的骨料制备技术，即优质、低能耗的机制砂制备技术，再生骨料制备技术，优质、低能耗的人造骨料制备技术。

（4）多功能、复合化的新型化学外加剂的研发和推广应用，以满足 UHPC、低碳混凝土等制备要求。

（5）从材料向高精度发展的角度，以高性能、超高性能混凝土为代表的特种混凝土的研究、开发和特殊应用。

（6）耐久性的表征与检测技术，跨学科的混凝土耐久性提升、防护与缺陷修复技术研究。

（7）以微观结构为基础，运用先进的微观测试方法和检测技术，在基础研究上进行突破和创新。

（8）混凝土智能化生产、可视化管控、3D 打印成型工艺、喷射成型等相关工艺研究、质量控制与特殊应用。

5.7.4.2 配筋和其他材料及工艺

1. 发展存在的问题

（1）混凝土抗拉强度低、抗裂和延性差，用钢纤维、聚丙烯纤维等单独增强增韧混凝土难以实现混凝土强度、抗裂和延性协同提升的问题。

（2）500MPa级以上高强度钢筋应用少；耐腐蚀性钢筋等功能性钢筋应用少，钢筋锈蚀引起混凝土耐久性降低。

（3）纤维复合材料筋存在弹性模量低、无屈服点等问题，导致FRP筋增强混凝土结构呈现明显的脆性破坏特征；同时FRP筋不能进行弯折，无法满足复杂现场条件对受力筋材多样化的需求；针对FRP筋混凝土结构的长期服役性能研究还较为有限，FRP筋混凝土结构的长寿命设计方法还未建立；FRP筋高效锚固技术尚待研究。

（4）在海洋工程、地下工程、桥梁工程等环境相对恶劣的工程建设中耐腐蚀筋材的研究与应用不够深入。

2. 发展规划和建议

（1）用钢纤维、聚丙烯纤维等混杂和复合的方法增强混凝土，实现混凝土强度、抗裂和延性的协同提升。

（2）用碳纤维与玻璃纤维等不同纤维混杂，再与热塑性树脂结合形成热塑性复合材料筋，实现纤维复合材料筋耐腐蚀，并具有较高的弹性模量、明显的屈服台阶以及可现场弯折。

（3）与智能传感技术结合形成具备自监测能力的智能FRP筋，满足重大工程结构安全监测与风险控制需求。

（4）高性能长寿命复材筋混凝土结构的设计、制备、应用、评价、全寿命维护等综合技术水平进一步发展，充分发挥FRP材料性能优势，使应用场景和应用规模不断拓展和提升。

（5）在深化机制砂等骨料品质提升和工程应用的基础上，进一步研究推进以玄武岩纤维等复合材料应用，通过纤维提升混凝土韧性功能、局部筋材应用提升结构抗碳化性能。

（6）功能性钢筋（耐腐蚀性能钢筋、抗震钢筋、耐火钢筋、耐低温钢筋等）材料及应用技术研究。

（7）600MPa级及以上高强钢筋的材料及应用技术研究；1860MPa级以上高强度高延性预应力钢筋的材料及应用技术研究。

5.7.4.3 混凝土制品及构件

1. 发展存在的问题

（1）从行业现状看，受制于现行标准、设计水平、建设管理模式和水平、经济发展水平等，预制构件标准化程度偏低；高强混凝土和高强钢筋的应用不足；预制预应力混凝土构件偏少；机械化、自动化的预制构件制作比例不高；预制构件结合面质量较差；预制混凝土构件的外观质量良莠不齐；公差和偏差控制不严。

（2）从研究的角度，对于生产施工工艺与设计方法和构件形式进行结合的一体化技术研究不够，导致设计和生产施工脱节；生产和施工技术及设备研究不够；部分学术研究仅有理论意义，实际应用效果较差。

2. 发展规划和建议

（1）研究新型材料（高强混凝土、UHPC、泡沫混凝土、高强钢筋、再生材料等）在预制构件及其连接节点中的应用。

（2）研究新型连接方式，发展大型预制构件及预制预应力技术。

（3）研究高度机械化、自动化、智能化的预制构件制作技术，实现"设计—制作—施工"一体化。

（4）研究基于机器视觉的预制构件制作质量控制技术。

（5）多功能一体化预制构件的应用，例如装饰保温防火结构一体化预制外墙板。

5.7.4.4 混凝土结构分析、设计

1. 发展存在问题

（1）高强混凝土、高强钢筋混凝土结构受力机理和设计方法研究不足。

（2）预应力混凝土梁抗剪性能尚需要系统深入研究，其中最为关键的是（主）拉应力抗疲劳可靠性和裂后性能评估的问题。

（3）混凝土结构抗偶然灾害的能力研究偏弱。

（4）混凝土工程的环境影响研究尚未开展。

2. 发展规划和建议

（1）混凝土应向高强、高密实方向发展，高层和超高层的竖向构件应突破C80 的限制，重视约束混凝土，特别是箍筋约束混凝土在高层和超高层竖向构件中的研究与应用。

（2）混凝土结构的多尺度、精细化分析。

（3）各类高性能与先进材料的应用，相关本构模型的研究与应用是今后混凝土结构分析与设计的基础。

（4）各类新型高性能结构的全寿命周期性能分析。

（5）混凝土结构整体稳固性能及抗灾设计，包括：偶然灾害（自然、人为）作用下结构性能；整体稳固性设计；部分构件失效或部分结构区域倒塌工况下，残余结构承载的分析及设计。

（6）混凝土结构全寿命周期的环境影响研究。

5.7.4.5 混凝土结构建造

1. 发展存在的问题

（1）由于机制砂、海砂的不合理利用，混凝土质量问题依然高发。

（2）再生混凝土的研究多但工程应用难。

（3）混凝土裂缝控制技术未能较好解决。

（4）装配式混凝土结构节点做法较为复杂，施工效率低。

（5）混凝土结构建造工业化、智能化程度偏低。

2. 发展规划和建议

（1）在房屋结构中，针对框架、框剪结构研究应用高效的预制装配式结构；在剪力墙高层住宅中研究应用现浇混凝土结构的智能建造技术。

（2）在市政桥梁中，研究装配式混凝土高架桥的智能安装装备一体化安装技术和构件智能制造技术。

（3）研究预应力混凝土高强耐腐蚀预应力筋材料和高耐久灌浆材料及工艺。

（4）研究现浇结构中智能模架一体化技术。

（5）结合智能化钢筋加工机械，研究钢筋骨架成型装备及应用技术。

（6）研究推广应用活性粉末混凝土（RPC）作永久性梁壳和柱模技术，以满足高侵蚀环境下的耐久性的要求。

5.7.4.6 混凝土结构使用维护

1. 发展存在的问题

（1）混凝土结构检测技术及方法多年没有重大突破，缺少跨学科技术的应用。

（2）结构安全鉴定模式多年未有改变，未对不同年代建造的既有建筑建立相应的结构性能鉴定方法。

（3）加固手段没有重大突破，湿作业、高粉尘的情况比较普遍，给业主方带来很多不便，也阻碍了加固工作的实施。

（4）对氯盐腐蚀混凝土结构（俗称"海砂楼"）的检测与评定，还没有形成有一定理论和实践依据的可操作的系统性方法。

（5）混凝土结构运营阶段缺少行之有效的维护管理法规保障，造成混凝土结构过早地老化损伤，大大缩短了混凝土结构的使用寿命。

2. 发展规划和建议

（1）在跨行业跨领域技术交流的基础上，研究跨行业跨领域的检测技术。

（2）基于可靠度理论，研究实际建造质量、实际使用情况和不同后续使用年限的结构性能化评价方法。

（3）加快结合 BIM 的基于监测数据的结构感知技术研究，为混凝土结构全寿命周期管理提供保障。

（4）结合建设领域的新材料新工艺发展，积极研究混凝土结构加固新技术，推动体系性加固、装配式加固等技术发展。

（5）研究各种掺合料外加剂对混凝土短期和长期性能的影响，研究相应的质量保障措施、检测方法和维护要求。

（6）研究绿色加固材料和加固施工方法的运用；综合考虑提升结构安全性、抗震性能、建筑舒适性以及节能降碳等因素，研究既有建筑的一体化改造技术。

（7）开展不影响房屋正常使用的广义加固技术。

5.7.4.7　混凝土结构拆除及再生

1. 发展存在的问题

（1）由于规划的改变、施工质量缺陷及烂尾楼，混凝土结构建造后拆除量偏大。

（2）目前再生混凝土研究主要集中在材料领域，工程应用较少。

（3）再生混凝土结构的设计，设计人员不熟悉；施工监理和质监站验收有障碍。

（4）再生混凝土的碳排放因子研究缺失。

2. 发展规划和建议

（1）全再生混凝土的研究及应用。

（2）功能再生混凝土的研究及应用。

（3）基于循环再生的混凝土配合比设计方法。

（4）临时性可重复拆装结构体系研究。

（5）高层及超高层结构的拆除技术研究。

Civil Engineering

第 6 章

2021 年土木工程建设
相关政策、文件汇编与
发展大事记

本章汇编了土木工程建设年度颁布的相关政
策、文件，总结了土木工程建设年度发展大事
记和中国土木工程学会年度大事记。

6.1 工程建设相关政策、文件汇编

本节从国务院、国家发展改革委、住房和城乡建设部、交通运输部、水利部和财政部的官方网站搜集 2021 年各政府部门颁发的土木工程建设领域的相关政策文件，并对政策文件进行筛选，筛除一般性企业处罚通告、资格考试通过名单、资质评定等非重要性政策文件。同时，为避免和第 4 章内容重复，筛除发布国家标准和行业标准的相关文件。

6.1.1 中共中央、国务院发布的相关政策、文件

2021 年国务院颁发的土木工程建设相关政策、文件如表 6-1 所示。

2021 年国务院颁发的土木工程建设相关政策、文件汇编 表 6-1

发文时间	政策与文件名称	文号	发文部门
2021 年 3 月 15 日	转发国家发展改革委等单位关于进一步做好铁路规划建设工作意见的通知	国办函〔2021〕27 号	国务院办公厅
2021 年 5 月 7 日	转发国家发展改革委等部门关于推动城市停车设施发展意见的通知	国办函〔2021〕46 号	国务院办公厅
2021 年 6 月 3 日	关于深化"证照分离"改革进一步激发市场主体发展活力的通知	国发〔2021〕7 号	国务院
2021 年 9 月 3 日	关于在城乡建设中加强历史文化保护传承的意见	—	中共中央办公厅、国务院办公厅
2021 年 10 月 21 日	关于推动城乡建设绿色发展的意见	—	国务院

6.1.2 国家发展改革委颁发的相关政策、文件

2021 年国家发展改革委颁发的土木工程建设相关政策、文件如表 6-2 所示。

2021 年国家发展改革委颁发的土木工程建设相关政策、文件汇编 表 6-2

发文时间	政策与文件名称	文号	发文部门
2021 年 5 月 17 日	灾后恢复重建和综合防灾减灾能力建设中央预算内投资专项管理办法	发改投资规〔2021〕675 号	国家发展改革委

发文时间	政策与文件名称	文号	发文部门
2021 年 6 月 19 日	关于加强基础设施建设项目管理,确保工程安全质量的通知	发改投资规〔2021〕910 号	国家发展改革委
2021 年 8 月 17 日	关于印发《"十四五"推进西部陆海新通道高质量建设实施方案》的通知	发改基础〔2021〕1197 号	国家发展改革委
2021 年 8 月 30 日	关于近期推动城市停车设施发展重点工作的通知	发改办基础〔2021〕676 号	国家发展改革委办公厅等 4 部门
2021 年 9 月 2 日	关于加强城镇老旧小区改造配套设施建设的通知	发改投资〔2021〕1275 号	国家发展改革委、住房和城乡建设部
2021 年 9 月 30 日	关于推进儿童友好城市建设的指导意见	发改社会〔2021〕1380 号	国家发展改革委等 23 部门
2021 年 10 月 23 日	关于推进体育公园建设的指导意见	发改社会〔2021〕1497 号	国家发展改革委等 7 部门
2021 年 12 月 15 日	关于进一步推进投资项目审批制度改革的若干意见	发改投资〔2021〕1813 号	国家发展改革委

6.1.3　住房和城乡建设部颁发的相关政策、文件

2021 年住房和城乡建设部颁发的土木工程建设相关政策、文件如表6-3所示。

2021 年住房和城乡建设部颁发的土木工程建设相关政策、文件汇编　　　表 6-3

发文时间	政策与文件名称	文号	发文部门
2021 年 5 月 25 日	关于加强县城绿色低碳建设的意见	建村〔2021〕45 号	住房和城乡建设部、科技部、工业和信息化部、民政部、生态环境部、交通运输部、水利部、文化和旅游部、应急部、市场监管总局、体育总局、能源局、林草局、文物局、乡村振兴局
2021 年 6 月 8 日	关于加快农房和村庄建设现代化的指导意见	建村〔2021〕47 号	住房和城乡建设部、农业农村部、国家乡村振兴局
2021 年 6 月 28 日	关于取消工程造价咨询企业资质审批加强事中事后监管的通知	建办标〔2021〕26 号	住房和城乡建设部办公厅

发文时间	政策与文件名称	文号	发文部门
2021年6月29日	关于做好建筑业"证照分离"改革衔接有关工作的通知	建办市〔2021〕30号	住房和城乡建设部办公厅
2021年8月17日	工程建设领域农民工工资保证金规定	人社部发〔2021〕65号	人力资源社会保障部、住房和城乡建设部、交通运输部、水利部、银保监会、铁路局、民航局
2021年8月31日	关于全面加强房屋市政工程施工工地新冠肺炎疫情防控工作的通知	建办质电〔2021〕45号	住房和城乡建设部办公厅
2021年8月31日	关于开展工程建设领域整治工作的通知	建办市〔2021〕38号	住房和城乡建设部办公厅
2021年10月22日	关于加强超高层建筑规划建设管理的通知	建科〔2021〕76号	住房和城乡建设部、应急管理部
2021年12月14日	关于进一步明确城镇老旧小区改造工作要求的通知	建办城〔2021〕50号	住房和城乡建设部办公厅、国家发展改革委办公厅、财政部办公厅

6.1.4 交通运输部颁发的相关政策、文件

2021年交通运输部颁发的土木工程建设相关政策、文件如表6-4所示。

2021年交通运输部颁发的土木工程建设相关政策、文件汇编 表6-4

发文时间	政策与文件名称	文号	发文部门
2021年5月8日	水运工程建设项目环境影响评价指南	交通运输部公告2021年第20号	交通运输部
2021年5月28日	内河航道绿色建设技术指南	交通运输部公告2021年第22号	交通运输部
2021年6月30日	自动化集装箱码头建设指南	交通运输部公告2021年第36号	交通运输部
2021年9月23日	交通运输领域新型基础设施建设行动方案（2021—2025年）	交规划发〔2021〕82号	交通运输部
2021年12月21日	公路建设监督管理办法	交通运输部令2021年第11号	交通运输部
	水运工程建设项目招标投标管理办法	交通运输部令2021年第14号	交通运输部

6.1.5　水利部颁发的相关政策、文件

2021 年水利部颁发的土木工程建设相关政策、文件如表 6-5 所示。

2021 年水利部颁发的土木工程建设相关政策、文件汇编　　　　表 6-5

发文时间	政策与文件名称	文号	发文部门
2021 年 5 月 10 日	关于加强水利建设项目水土保持工作的通知	办水保〔2021〕143 号	水利部办公厅
2021 年 5 月 31 日	关于切实做好水利工程管理与保护范围划定工作的通知	水运管〔2021〕164 号	水利部
2021 年 6 月 25 日	关于印发水利工程建设项目档案管理规定的通知	水办〔2021〕200 号	水利部
2021 年 10 月 19 日	关于印发《小型病险水库除险加固项目管理办法》和《小型水库雨水情测报和大坝安全监测设施建设与运行管理办法》的通知	水运管〔2021〕313 号	水利部
2021 年 11 月 8 日	关于印发《注册造价工程师（水利工程）管理办法》的通知	水建设〔2021〕334 号	水利部
2021 年 11 月 8 日	关于印发《水利工程责任单位责任人质量终身责任追究管理办法（试行）》的通知	水监督〔2021〕335 号	水利部
2021 年 11 月 11 日	关于印发《中型灌区续建配套与节水改造项目建设管理办法（试行）》的通知	办农水〔2021〕340 号	水利部办公厅
2021 年 11 月 29 日	关于大力推进智慧水利建设的指导意见	—	水利部

6.2　土木工程建设发展大事记

6.2.1　土木工程建设领域重要奖励

2021 年 11 月 3 日上午中共中央、国务院在北京隆重举行国家科学技术奖励大会。习近平等党和国家领导人同两位最高奖获得者一道，为获得国家自然科学奖、国家技术发明奖、国家科学技术进步奖的代表颁发证书。2020 年度国家科学技术奖共评选出 264 个项目、10 名科技专家和 1 个国际组织。其中国家最高科学技术奖 2 人；国家自然科学奖 46 项，包括一等奖 2 项、二等奖 44 项；国家技术发明奖 61 项，包括一等奖 3 项、二等奖 58 项；国家科学技术进步奖 157 项，包括特

等奖 2 项、一等奖 18 项、二等奖 137 项；授予 8 名外籍专家和 1 个国际组织中华人民共和国国际科学技术合作奖。土木工程建设领域取得多项重要奖项。由教育部提名，华中科技大学金海等人完成的"面向多租户资源竞争的云计算基础理论与核心方法"；由教育部提名，清华大学方红卫等人完成的"河流动力学及江河工程泥沙调控新机制"；由香港特别行政区提名，香港科技大学吴宏伟等人完成的"状态相关非饱和土本构关系及应用"获得国家自然科学奖二等奖。由中国海洋工程咨询协会提名，中国石油大学杨进等人完成的"海洋深水浅层钻井关键技术及工业化应用"；由中国煤炭工业协会提名，天地科技股份有限公司等人完成的"煤矿巷道抗冲击预应力支护关键技术"；由陕西省提名，西北工业大学张卫红等人完成的"大型复杂薄壁结构的多柔性匹配切削制造技术及应用"；由中国冶金科工集团有限公司提名，中冶建筑研究总院有限公司曾滨等人完成的"预应力结构服役效能提升关键技术与应用"获得国家技术发明奖二等奖。由中国钢结构协会提名，浙江大学等单位共同完成的"现代空间结构体系创新、关键技术与工程应用"；由教育部提名以及东南大学等单位共同完成的"中国城镇建筑遗产多尺度保护理论、关键技术及应用"获得国家科学技术进步奖一等奖。由中华全国总工会提名，上海隧道有限公司完成的"超大直径盾构掘进新技术及应用"；由中国建筑材料联合会提名，武汉理工大学等单位共同完成的"深水大断面盾构隧道结构 / 功能材料制备与工程应用成套技术"；由卢锡城等人提名，北京航空航天大学等单位共同完成的"国家超级计算基础设施支撑软件系统"；由中国公路学会提名，中交第一公路勘察设计研究院有限公司等单位共同完成的"青藏高海拔多年冻土高速公路建养关键技术及工程应用"获得国家科学进步奖二等奖。

2021 年 12 月 14 日，2020~2021 年度中国建设工程鲁班奖（国家优质工程）获奖名单发布，北京新机场工程（航站楼及换乘中心、停车楼）、浙江省台州湾大桥及接线工程等 246 项工程获奖。2022 年 7 月 1 日，关于开展 2022~2023 年度第一批中国建设工程鲁班奖（国家优质工程）评选工作的通知发布。中国建设工程鲁班奖（国家优质工程）是中国建设工程质量的最高奖，工程质量达到国内领先水平。自 2010~2011 年度开始，该奖项每年评审一次，每两年颁奖一次，每次获奖工程不超过 200 项。为鼓励获奖单位，树立争创工程建设精品的优秀典型，住房和城乡建设部对获奖工程的承建单位和参与单位给予通报表彰。

2021 年 9 月 26 日，中国土木工程学会 2021 年学术年会暨第十八届中国土木工程詹天佑奖颁奖大会在湖南长沙召开，学术会议的主题为"城市更新与土木工程高质量发展"。共有 9 项建筑工程、3 项桥梁工程、4 项交通轨道工程、3 项铁道工程、2 项市政工程、2 项水运工程，隧道工程、公路工程、水利水电工程、水工业工程、公共交通工程、燃气工程、住宅小区工程各 1 项入选第十八届中国土木工程詹天佑奖。

6.2.2　土木工程建设领域重要政策、文件

2021 年 1 月 4 日，国家发展改革委、科技部、工业和信息化部、财政部、自然资源部、生态环境部、住房和城乡建设部、水利部、农业农村部、市场监管总局联合发布《关于推进污水资源化利用的指导意见》（发改环资〔2021〕13 号）。意见指出，要本着节水优先、统筹推进，因地制宜、分类实施，政府引导、市场驱动，科技引领、试点示范的原则。通过着力推进重点领域污水资源化利用，实施污水资源化利用的重点工程，健全污水资源化利用体制机制，采取加强组织协调、强化监督管理、加大宣传力度的保障措施，实现总体目标，即到 2025 年，全国污水收集效能显著提升，县城及城市污水处理能力基本满足当地经济社会发展需要，水环境敏感地区污水处理基本实现提标升级；全国地级及以上缺水城市再生水利用率达到 25% 以上，京津冀地区达到 35% 以上；工业用水重复利用、畜禽粪污和渔业养殖尾水资源化利用水平显著提升；污水资源化利用政策体系和市场机制基本建立。到 2035 年，形成系统、安全、环保、经济的污水资源化利用格局。

2021 年 1 月 8 日，住房和城乡建设部印发《关于加强城市地下市政基础设施建设的指导意见》。意见指出，要坚持系统治理、精准施策、依法推进、创新方法的工作原则，严格落实城市地下市政基础设施建设管理中的权属单位主体责任和政府属地责任、有关行业部门监管责任，建立健全责任考核和责任追究制度以实现到 2023 年年底前，基本完成设施普查，摸清底数，掌握存在的隐患风险点并限期消除，地级及以上城市建立和完善综合管理信息平台。到 2025 年年底前，基本实现综合管理信息平台全覆盖，城市地下市政基础设施建设协调机制更加健全，城市地下市政基础设施建设效率明显提高，安全隐患及事故明显减少，城市安全韧性显著提升的目标。

2021 年 2 月 9 日，住房和城乡建设部办公厅、工业和信息化部办公厅、公安部办公厅、交通运输部办公厅、广电总局办公厅、能源局综合司联合发布《于加强窨井盖安全管理的指导意见》（建办督〔2021〕7 号）。意见指出，要坚持

以人为本。树立"小井盖、大民生"理念，始终把群众利益作为推动窨井盖安全管理工作的出发点和落脚点，保障群众出行安全，不断提升群众获得感、幸福感、安全感。坚持统筹推进，依法治理，创新引领。通过全面普查建档。治理安全隐患、规范建设施工、加强巡查维护和应急处置、推动信息化智能化建设，实现到2023年底前，基本完成各类窨井盖普查工作，摸清底数，健全管理档案，完成窨井盖治理专项行动，窨井盖安全隐患得到有效治理；到2025年年底前，窨井盖安全管理机制进一步完善，信息化、智能化管理水平明显加强，事故风险监测预警能力和应急处置水平显著提升，窨井盖安全事故明显减少的目标。

2021年4月6日，住房和城乡建设部、中央网信办、教育部、科技部、工业和信息化部、公安部、民政部、人力资源社会保障部、交通运输部、商务部、文化和旅游部、卫生健康委、应急部、市场监管总局、广电总局、体育总局联合发布《关于加快发展数字家庭提高居住品质的指导意见》（建标〔2021〕28号）。意见指出，要明确数字家庭服务功能，即满足居民获得家居产品智能化服务的需求，满足居民线上获得社会化服务的需求，满足居民线上申办政务服务的需求。通过加强智能信息综合布线，强化智能产品在住宅中的设置，强化智能产品在社区配套设施中的设置来强化数字家庭工程建设。实现到2022年年底，数字家庭相关政策制度和标准基本健全，基础条件较好的省（区、市）至少有一个城市或市辖区开展数字家庭建设，基本形成可复制可推广的经验和生活服务模式。到2025年年底，构建比较完备的数字家庭标准体系；新建全装修住宅和社区配套设施，全面具备通信连接能力，拥有必要的智能产品；既有住宅和社区配套设施，拥有一定的智能产品，数字化改造初见成效；初步形成房地产开发、产品研发生产、运营服务等有序发展的数字家庭产业生态；健康、教育、娱乐、医疗、健身、智慧广电及其他数字家庭生活服务系统较为完善的发展目标。

2021年6月8日，住房和城乡建设部、农业农村部、国家乡村振兴局联合发布了《关于加快农房和村庄建设现代化的指导意见》。意见指出，在共同的目标和底线要求下，我国各地区的农房和村庄因自然环境而有着明显的差异性。落实农房和村庄建设现代化要做到坚持"避害"的选址原则，坚持生态友好、环境友好与邻里友好、提升农房设计建造水平、营造留住"乡愁"的环境、提升村容村貌、推进供水入农房、因地制宜推进农村生活污水处理、倡导农村生活垃圾分类处理、推动农村用能革新、完善公共服务设施、加强农房与村庄建设管理、深入开展美好环境与幸福生活共同缔造活动，以实现完善农房功能，提高农房品质，加强农村基础设施和公共服务设施建设，整体提升乡村建设水平，改善农民生产生活条件，建设美丽宜居乡村，不断增强农民群众获得感、幸福感、安全感的目标。

2021年7月2日，国务院办公厅发布《关于加快发展保障性租赁住房的意见》（国办发〔2021〕22号）。意见认为新市民、青年人等群体住房困难问题仍然比较突出，需加快完善以公租房、保障性租赁住房和共有产权住房为主体的住房保障体系。意见指出了明确对象标准、引导多方参与、坚持供需匹配、严格监督管理、落实地方责任的基本制度。明确了进一步完善土地支持政策、简化审批流程、给予中央补助资金支持、降低税费负担、执行民用水电价格、进一步加强金融支持的政策。指出要做好政策衔接，强化部门协作组织实施。

2021年7月30日，国务院发布《中华人民共和国土地管理法实施条例》（国令第743号），并指明该条例于2021年9月1日起施行。条例对建设用地（第四章）做出了明确管理。要求建设项目需要使用土地的，应当符合国土空间规划、土地利用年度计划和用途管制以及节约资源、保护生态环境的要求，并严格执行建设用地标准，优先使用存量建设用地，提高建设用地使用效率。引导城镇低效用地再开发，落实建设用地标准控制制度，开展节约集约用地评价，推广应用节地技术和节地模式。强调保护耕地，建设项目确需占用国土空间规划确定的城市和村庄、集镇建设用地范围外的农用地，涉及占用永久基本农田的需由国务院批准。对宅基地的管理强调应当统筹考虑农村村民生产、生活需求，突出节约集约用地导向，科学划定宅基地范围。

2021年8月4日，国务院发布《建设工程抗震管理条例》，并说明于2021年9月1日起实施。条例明确新建、扩建、改建建设工程抗震设防达标要求及措施，规范已建成建设工程的抗震鉴定、加固和维护，对既有建筑抗震安全提出了更明确的保障措施。条例规定，国家实行建设工程抗震性能鉴定制度，依法应当进行抗震性能鉴定的建设工程，由所有权人委托具有相应技术条件和技术能力的机构进行鉴定。对于部分重要建筑，位于高烈度设防地区、地震重点监视防御区的学校、幼儿园、医院、养老机构、儿童福利机构、应急指挥中心、应急避难场所、广播电视等已经建成的建筑进行抗震加固时，应当经充分论证后采用隔震减震等技术。条例对违反本条例规定的行为设定了严格的法律责任，明确了住房和城乡建设主管部门或者其他有关监督管理部门工作人员的法律责任，强化对建设单位、设计单位、施工单位、工程质量检测机构和抗震性能鉴定机构等的责任追究，特别是加大了对建设单位及相关责任人等的处罚力度，并对工程质量检测机构出具虚假的检测数据或者检测报告、抗震性能鉴定机构出具虚假鉴定结果等行为，情节严重的，依法设定了吊销资质证书、执业资格证书以及限制从业等行政处罚。

2021年9月3日，中共中央办公厅、国务院办公厅印发了《关于在城乡建设中加强历史文化保护传承的意见》。指出要始终把保护放在第一位，以系统完整保护传承城乡历史文化遗产和全面真实讲好中国故事、中国共产党故事为目标，本着对历史负责、对人民负责的态度，加强制度顶层设计，建立分类科学、保护有力、管理有效的城乡历史文化保护传承体系；完善制度机制政策、统筹保护利用传承，做到空间全覆盖、要素全囊括，既要保护单体建筑，也要保护街巷街区、城镇格局，还要保护好历史地段、自然景观、人文环境和非物质文化遗产，着力解决城乡建设中历史文化遗产屡遭破坏、拆除等突出问题，确保各时期重要城乡历史文化遗产得到系统性保护，为建设社会主义文化强国提供有力保障。指出主要目标为，到2025年，多层级多要素的城乡历史文化保护传承体系初步构建，城乡历史文化遗产基本做到应保尽保，形成一批可复制可推广的活化利用经验，建设性破坏行为得到明显遏制，历史文化保护传承工作融入城乡建设的格局基本形成。到2035年，系统完整的城乡历史文化保护传承体系全面建成，城乡历史文化遗产得到有效保护、充分利用，不敢破坏、不能破坏、不想破坏的体制机制全面建成，历史文化保护传承工作全面融入城乡建设和经济社会发展大局，人民群众文化自觉和文化自信进一步提升。

2021年10月21日，中共中央办公厅、国务院办公厅印发了《关于推动城乡建设绿色发展的意见》。意见指出要通过建设高品质绿色建筑、提高城乡基础设施体系化水平、加强城乡历史文化保护传承、实现工程建设全过程绿色建造、推动形成绿色生活方式实现转变城乡建设发展方式；通过统筹城乡规划建设管理、建立城市体检评估制度、加大科技创新力度、推动城市智慧化建设、推动美好环境共建共治共享实现工作方法的创新；通过加强党的全面领导、完善工作机制、健全支撑体系、加强培训宣传实现加强组织的实施。设定到2025年，城乡建设绿色发展体制机制和政策体系基本建立，建设方式绿色转型成效显著，碳减排扎实推进，城市整体性、系统性、生长性增强，"城市病"问题缓解，城乡生态环境质量整体改善，城乡发展质量和资源环境承载能力明显提升，综合治理能力显著提高，绿色生活方式普遍推广的总体目标。

2021年10月24日，国务院印发《2030年前碳达峰行动方案》（国发〔2021〕23号）。方案第四章给出城乡建设碳达峰行动说明，指出要通过推进城乡建设绿色低碳转型、加快提升建筑能效水平、加快优化建筑用能结构、推进农村建设和用能低碳转型、交通运输绿色低碳行动，加快推进城乡建设绿色低碳发展，城市更新和乡村振兴都要落实绿色低碳要求。

2021 年 11 月 4 日，住房和城乡建设部办公厅发布《关于开展第一批城市更新试点工作的通知》（建办科函〔2021〕443 号），决定自 2021 年 11 月开始，在北京市、河北省唐山市、内蒙古自治区呼和浩特市、辽宁省沈阳市、江苏省南京市、江苏省苏州市、浙江省宁波市、安徽省滁州市、安徽省铜陵市、福建省厦门市、江西省南昌市、江西省景德镇市、山东省烟台市、山东省潍坊市、湖北省黄石市、湖南省长沙市、重庆市渝中区、重庆市九龙坡区、四川省成都市、陕西省西安市 21 个城市（区）开展第一批城市更新试点工作。通过编制实施方案。强化组织领导，总结推广经验来探索城市更新统筹谋划机制，城市更新可持续模式，建立城市更新配套制度政策。针对我国城市发展进入城市更新重要时期所面临的突出问题和短板，严格落实城市更新底线要求，转变城市开发建设方式，结合各地实际，因地制宜探索城市更新的工作机制、实施模式、支持政策、技术方法和管理制度，推动城市结构优化、功能完善和品质提升，形成可复制、可推广的经验做法，引导各地互学互鉴，科学有序实施城市更新行动。

2021 年 12 月 17 日，住房和城乡建设部办公厅、国家发展改革委办公厅、水利部办公厅、工业和信息化部办公厅联合发布《关于加强城市节水工作的指导意见》。意见指出深入贯彻习近平生态文明思想，突出新发展理念对城市节水的引领作用，坚持以水定城、以水定地、以水定人、以水定产，全面、系统加强城市节水工作，深入推进节水型城市建设，实现节水、治污、减排相互促进，推动城市高质量发展。通过构建城市健康水循环系统，加强节水型城市建设，完善城市节水机制，实现到 2025 年，全国城市用水效率进一步提升，海绵城市建设理念深入人心，城市节水制度进一步健全，全国城市公共供水管网漏损率力争控制在 9% 以内，全国地级及以上缺水城市再生水利用率达到 25% 以上，京津冀地区达到 35% 以上，黄河流域中下游力争达到 30%。到 2035 年，城市发展基本适配水资源承载能力的目标。

6.2.3 重大项目获批立项

2021 年 1 月 7 日，国家发展改革委批复了广东省佛山市城市轨道交通第二期建设规划（2021—2026 年），同意建设该工程。建设内容包括 2 号线二期、4 号线一期、11 号线 3 个项目，总长度 115km，其中佛山市境内 110.8km、广州市境内 5.0km。项目建成后，形成 6 条运营线路、全长 252.4km 的轨道交通网络。建设项目总投资为 772.13 亿元，其中佛山市境内 736.18 亿元、广州市境内 35.95 亿元。

2021 年 3 月 3 日，国家发展改革委批复了故宫博物院北院区项目的可行性研究报告，同意建设该工程。项目建设地点为北京市海淀区西北旺镇西玉河村，项目法人单位为故宫博物院，项目责任人为故宫博物院院长王旭东同志。该项目总建筑面积按照 102000 m^2 控制，项目总投资按照 197795 万元控制，所需资金由中央预算内投资解决。

2021 年 8 月 17 日，国家发展改革委批复了成渝中线铁路（含十陵南站）的可行性研究报告，同意建设该工程。项目起自重庆枢纽重庆北站，经重庆科学城、铜梁、大足、安岳、乐至、简州新城，至成都枢纽成都站。线路正线全长 292km，全线设 8 座车站，其中新建车站 6 座。项目重庆、四川段分别由长江沿岸铁路公司重庆子公司、四川子公司负责项目建设和经营管理。新建的十陵南站、十陵客机整备所、客车车辆技术整备所、石板滩联络线等资产建成后移交成都局集团公司。项目建设工期 5 年。

2021 年 8 月 19 日，国家发展改革委批复了青岛市城市轨道交通第三期建设规划（2021—2026 年），同意建设该工程。青岛市轨道交通远景年线网包括 9 条普线和 10 条快线，全长约 872km。规划建设 2 号线二期、5 号线、6 号线二期、7 号线二期、8 号线支线、9 号线一期、15 号线一期等共 7 个项目，线路规模 139km，估算总投资 980.7 亿元。项目建成后，将形成共 10 条线路、总里程 370.7km 的城市轨道交通网络。

2021 年 11 月 8 日，国家发展改革委批复了无锡市城市轨道交通第三期建设规划（2021—2026 年），同意建设该工程。无锡市城市轨道交通远期线网规划由 8 条线路和 1 条支线组成，总长 297km。建设项目总投资 480.68 亿元，资本金占 40%，计 192.3 亿元，分别由无锡市、区两级财政资金承担，资本金以外资金以银行贷款为主。

2021 年 11 月 17 日，国家发展改革委批复了上海至南京至合肥高速铁路的可行性研究报告，同意建设该工程。项目起自上海市新建上海宝山站，经江苏省苏州市、南通市、泰州市、扬州市、南京市及安徽省滁州市、合肥市，接入既有合肥南站。线路全长 554.6km，其中新建铁路 519.9km、利用既有铁路 34.7km。全线设 16 座车站，其中新建车站 10 座。项目由出资各方共同组建合资公司负责项目建设和经营管理。建设工期上海宝山站（含）至启东西站（不含）段 7 年，启东西站（含）至合肥南站段 5 年。

2021 年 11 月 17 日，国家发展改革委批复了瑞金至梅州铁路的可行性研究报告，同意建设该工程。新建瑞金至梅州铁路起自赣龙铁路瑞金站，经江西省瑞金市、会昌县、安远县、寻乌县，广东省平远县、梅州市，接入漳龙铁路梅州站，正线全长 239km，全线设 20 个车站（含 13 个预留车站），同步实施相关车站改建工程。项目江西段由江西省铁路发展有限公司负责实施，广东段由梅汕铁路公司负责实施，建设工期 4.5 年。

6.2.4 重要会议

6.2.4.1 重要政府会议

2021 年 3 月 4 ~ 11 日，中华人民共和国第十三届全国人民代表大会第四次会议和中国人民政治协商会议第十三届全国委员会第四次会议在北京召开。会议提出发展绿色建筑，促进行业低碳转型：一是要鼓励有实力的大型基建企业加强绿色建造技术前瞻性、基础性研究。二是要加大生态环境、水利水务、固废处理、城市河道等环保工程建设投入规模。三是以生态文明建设推动乡村振兴。全国人大代表戴雅萍在会议中建议将《中华人民共和国建筑法》扩容升级为《工程建设法》，新的《工程建设法》对象要从建筑工程扩大到建设工程，包括建筑、市政、工业、交通、水利水电等，作为根本大法打通市场。内容涵盖从工程建设实施开始到工程生命期结束，包括工程勘察、工程设计、工程施工、使用维护、更新改造、拆除利用等阶段。

2021 年 6 月 18 日，李克强主持国务院常务会议，提出加快发展保障性租赁住房的政策，缓解新市民青年人等群体住房困难。为保障城镇化进程中进城务工人员、新就业大学生等新市民、青年人基本住房需求，会议确定，一是落实城市政府主体责任，鼓励市场力量参与，加强金融支持，增加租金低于市场水平的小户型保障性租赁住房供给。二是人口净流入的大城市等，可利用集体经营性建设用地、企事业单位自有土地建设保障性租赁住房，允许将闲置和低效利用的商业办公用房、厂房等改建为保障性租赁住房。三是从 10 月 1 日起，住房租赁企业向个人出租住房适用简易计税方法，按照 5% 征收率减按 1.5% 缴纳增值税；对企事业单位等向个人、专业化规模化住房租赁企业出租住房，减按 4% 税率征收房产税。

2021 年 7 月 22 日，国务院常务会议召开，提出要部署加强新型城镇化建设，补短板扩内需提升群众生活品质。会议指出，推进以人为核心的新型城镇化，是党中央、国务院的决策部署，是内需最大潜力所在和"两新一重"建设的重要内容，对做好"六稳"工作、落实"六保"任务、稳住经济基本盘具有重要意义。要按照政府工作报告提出的重点，加强城市短板领域建设，围绕农民进城就业安家需求提升县城公共设施和服务水平。一要针对防疫和防汛防灾减灾中暴露出的问题，着力加强公共卫生体系和相关设施建设，提高城市预防和应对重大疫病的综合能力。科学规划和改造完善城市河道、堤防、水库、排水管网等防洪排涝设施，加强台风、地震、火灾等各种灾害防御能力建设。二要着眼满足群众改善生活品质需求，加快推进老旧小区改造，加大环保设施、社区公共服务、智能化改造、公共停车场等薄弱环节建设，提高城市发展质量。三要针对大量农民到县城居住发展的需求，加大以县城为载体的城镇化建设，完善县城交通、垃圾污水处理等公共设施，建设适应进城农民刚性需求的住房，提高县城承载能力。四要引导促进多元化投入支持新型城镇化建设。完善公益性项目财政资金保障机制，地方政府专项债资金对有一定收益、确需建设的公共设施项目予以倾斜。发挥财政资金撬动作用，建立公用事业项目合理回报机制，吸引社会资本投入，积极引导开发性政策性和商业性金融机构加大中长期信贷支持。各地要加强项目储备和开发，逐步解决城市发展历史欠账。坚决防止搞脱离实际的形象工程。五要发展劳动密集型产业，为进城农民就近打工就业提供机会。

2021 年 12 月 10 日，中央经济工作会议在北京举行。会议指出，结构政策要着力畅通国民经济循环。要深化供给侧结构性改革，重在畅通国内大循环，重在突破供给约束堵点，重在打通生产、分配、流通、消费各环节。要提升制造业核心竞争力，启动一批产业基础再造工程项目，激发涌现一大批"专精特新"企业。加快形成内外联通、安全高效的物流网络。加快数字化改造，促进传统产业升级。要坚持房子是用来住的、不是用来炒的定位，加强预期引导，探索新的发展模式，坚持租购并举，加快发展长租房市场，推进保障性住房建设，支持商品房市场更好满足购房者的合理住房需求，因城施策促进房地产业良性循环和健康发展。

6.2.4.2 重要学术会议

2021 年 4 月 22 ~ 24 日，由中国土木工程学会防震减灾工程分会和郑州大学共同主办，河南工业大学土木工程学院等单位联合承办的"第十一届全国防震减灾工程学术研讨会"在郑州举行。来自清华大学、东南大学、同济大学、中国地震局工程力学研究所等高校和科研院所的 800 余名专家学者参加了此次会议。

2021 年 5 月 18 日，第十七届国际绿色建筑与建筑节能大会暨新技术与产品博览会在成都召开，开幕式由中国城市科学研究会秘书长、清华大学环境学院教授余刚主持。大会以"聚焦建筑碳中和，构建绿色生产生活新体系"为主题，数千人共同探讨绿色建筑的未来发展。会议聚集了有 400 多位专家，召开了 2 场全体大会和 49 场专题会，德国弗莱建筑集团合伙人兼中国区总裁王甲坤女士受邀参加了本次会议并在专题研讨会上发表演讲。

2021 年 5 月 20 ~ 22 日，由中国建筑学会建筑经济分会、中国建设科技集团主办，建筑经济杂志社、亚太建设科技信息研究院有限公司承办的中国建筑学会建筑经济分会 2021 年学术年会暨第十四届中国建筑经济高峰论坛在海口召开，建筑经济分会理事以及来自全国从事建设投资、工程项目管理、工程招标投标、工程造价、工程法律、工程咨询、房地产投资与开发等领域的代表参加会议。本届论坛以"建筑业：高质量引领下的持续创新"为主题。

2021 年 6 月 2 ~ 3 日，"中国土木工程学会隧道及地下工程分会地下空间科技论坛年会"暨"2021 地下空间科技论坛——城市更新与地下空间"在上海召开。主办单位为中国土木工程学会隧道及地下工程分会，承办单位包括中国土木工程学会隧道及地下工程分会地下空间科技论坛、同济大学地下空间研究中心、国际期刊《Underground Space》编辑部、上海市市政公路行业协会和上海中壹展览有限公司。

2021 年 9 月 27 ~ 29 日，由中国土木工程学会和长沙市人民政府主办、中国建筑集团有限公司、中国建筑第五工程局有限公司、北京詹天佑土木工程科学技术发展基金会承办的"中国土木工程学会 2021 年学术年会暨第十八届中国土木工程詹天佑奖颁奖大会"在湖南长沙隆重召开。本届年会的主题是"城市更新与土木工程高质量发展"，来自住房和城乡建设部、交通运输部、水利部、中国工程院、中国国家铁路集团有限公司（原铁道部）等单位的领导以及全国建筑、交通、铁路、道桥、隧道、市政等土木工程各个领域的院士、专家学者、学会会员和新闻媒体的代表到会，会议现场参会人数限定为 1200 余人，通过视频直播在线观看的浏览量为 150 多万。大会开幕式由中国土木工程学会副理事长尚春明主持。

2021 年 10 月 16 日，2021 年建设与房地产管理国际学术研讨会（ICCREM 2021）在北京建筑大学大兴校区开幕。来自中国、美国、瑞典等多个国家和地区的百余名专家学者及企业界人士通过"线上 + 线下"的方式参加会议。中国工程院院士徐建，中国建筑集团有限公司首席专家叶浩文，会议主席、哈尔滨工业大学教授王要武，会议执行主席、北京建筑大学党委副书记、校长张大玉出席会议。开幕式由北京建筑大学城市经济与管理学院院长孙成双主持。会议主题为"疫情下建筑业面临的挑战"，共同探讨全球疫情常态化背景下，建筑工程领域如何应对未来发展的新机遇与新挑战。

2021 年 10 月 31 日 ~ 11 月 2 日，中国建筑学会学术年会暨上海国际建筑文化周在上海市奉贤区召开。会议主题为"人民情怀，时代担当"，以习近平新时代中国特色社会主义思想为指导，贯彻"创新、协调、绿色、开放、共享"的发展理念，坚持"适用、经济、绿色、美观"的建筑方针，牢记一切为人民的宗旨，围绕城乡建设高质量发展，就宜居城市、绿色城市、安全城市、韧性城市、智慧城市、人文城市和美丽乡村等内容进行学术交流研讨。围绕城市更新行动，引导城市历史文化保护传承，推动中国建筑文化事业繁荣发展。助力长三角建设城市群和上海市"十四五"规划建设五个新城，以及"厚植城市精神，彰显城市品格"新时代要求。

2021 年 11 月 14 日，2021 绿色建筑与低碳技术国际学术会议在西安召开，会议以"线上 + 线下"的形式召开。来自 6 个国家和地区的 32 所高校、科研院所及企事业单位共 60 名专家学者做大会主旨及特邀报告，近百位相关专业人士在西安建筑科技大学建筑学院四楼报告厅现场参会，超过一万人次在线参会。会议深度透视"双碳"目标给绿色建筑带来的挑战与机遇，共同交流在绿色建筑相关领域的研究成果与实践经验。

2021 年 11 月 20 ~ 21 日，第二十六届建设管理与房地产发展国际学术研讨会（CRIOCM 2021）暨第七届海峡两岸可持续城市发展论坛在线举行。会议由清华大学、中华建设管理研究会和香港理工大学联合主办，清华大学土木水利学院、清华大学未来城镇与基础设施研究院和香港理工大学可持续城市发展研究院联合承办。来自中国内地、中国香港、中国台湾、澳大利亚、美国、英国等国家和地区的建设管理与房地产领域的专家及学者，共计 200 余人，共同探讨了当代建设管理和房地产创新、城市可持续发展等热点问题，在线听众累计 1200 余人。

2021 年 12 月 25 日，第七届全国 BIM 学术会议在重庆悦来国际会议中心举行。会议采取线上＋线下的方式，聚集了来自全国建设单位、设计院、施工企业、高校、软件企业的院士、专家、学者积极参与。会议聚焦"创新引领 数字赋能"主题，围绕 BIM 技术在勘察分析、协同设计、智能建造、全生命期项目管理、城市建设与运营管理等方面的研究应用展开了深入探讨交流。

6.3　2021 年中国土木工程学会大事记

（1）3 月，学会完成中国科学院院士、中国工程院院士候选人推荐工作，向中国科协推荐 2 名中国科学院院士候选人、4 名中国工程院候选人。

（2）6 月，学会向中国科协推荐"2021 年最美科技工作者候选人"2 名。

（3）7 月 16 日，住房和城乡建设部召开直属机关"两优一先"表彰大会，中国土木工程学会党支部获得"住房和城乡建设部直属机关先进基层党组织" 和 1 名优秀党员表彰。

（4）7 月 26~30 日，学会和东南大学联合主办的 2021 年土木工程院士知名专家系列讲座暨第十二届全国研究生暑期学校在南京举办，邀请包括 2 位院士在内的 60 位知名专家学者开设线上系列学术报告会。学会李明安秘书长通过视频出席开幕式并讲话。来自全国各地 80 多所高校的优秀学生和工程师 550 人参加。

（5）7 月 28 日，学会十届四次理事会议在北京召开，审议通过了《关于中国土木工，程学会变动理事长、副理事长的报告》《关于中国土木工程学会2020 年工作总结和 2021 年工作安排的报告》等七项议案；以无记名投票方式等额选举易军担任中国土木工程学会第十届理事会理事长，尚春明和马泽平担任中国土木工程学会第十届理事会副理事长；以无记名投票方式等额表决变更中国土木工程学会法定代表人，同意尚春明担任中国土木工程学会法定代表人。同期以视频会议方式召开一届五次监事会议，审议通过了《关于变更中国土木工程学会法定代表人的报告》《中国土木工程学会"十四五"规划》《关于设立中国土木工程学会科技进步奖等奖项的提议》。

（6）7月28日，《中国土木工程学会标准体系》编制启动会议在北京召开。

（7）9月27~29日，由中国土木工程学会和长沙市人民政府主办，中国建筑集团有限公司、中国建筑第五工程局有限公司、北京詹天佑土木工程科学技术发展基金会承办的中国土木工程学会2021年学术年会暨第十八届中国土木工程詹天佑奖颁奖大会在湖南长沙隆重召开。本届年会的主题是"城市更新与土木工程高质量发展"，来自住房和城乡建设部、交通运输部、水利部、中国工程院、中国国家铁路集团有限公司等单位的领导，以及全国建筑、交通、铁路、道桥、隧道、市政等土木工程各个领域的院士、专家学者、学会会员和新闻媒体的代表到会，会议现场参会人数限定为1200余人，通过视频直播在线观看的浏览量为150多万。大会开幕式由中国土木工程学会副理事长尚春明主持。本届年会共有13位院士出席，其中9位院士专家作了大会学术报告，年会采取"1+6"模式，设置6个分会场邀请到50余位专家作了分论坛的学术报告。本次年会收到投稿304篇，收录论文185篇，出版了论文集。会上，与会领导向第十八届中国土木工程詹天佑奖的30项获奖工程颁奖。

（8）10月，学会印发《城市轨道交通技术发展纲要建议（2021—2025）》。

（9）10月16~17日，第二届全国基础设施智慧建造与运维学术论坛在南京举行。本次论坛由中国科学技术协会科学技术创新部作为指导单位，由中国土木工程学会等10个学会与东南大学共同主办，中国土木工程学会秘书长李明安同志出席会议并致辞。

（10）11月，学会向中国科协推荐光华工程科技奖候选人3名。

（11）11月12日，中国科协学科发展项目"桥梁工程学科发展研究"成果验收会（视频会议）召开。中国土木工程学会尚春明副理事长、李明安秘书长出席会议。

（12）12月8日，第十九届中国土木工程詹天佑奖终审会议在北京召开。经与会专家共同评议，确定42项工程获奖。

（13）12月21日，为落实《中国土木工程学会"十四五"规划》要求、强化学会标准立项管理、确保标准质量水平，中国土木工程学会学术与标准工作委员会组织召开了中国土木工程学会2021年度标准立项评估会议（视频会议）。

（14）12月22日，中国土木工程学会与英国土木工程师学会续签了两会合作协议。

附　录

入选土木工程建设企业竞争力分析的企业名单　　附表 2-1

编号	企业名称	地区	编号	企业名称	地区
1	安徽建工集团股份有限公司	安徽	29	广州市建筑集团有限公司	广东
2	中国十七冶集团有限公司	安徽	30	中国建筑第四工程局有限公司	广东
3	安徽富煌钢构股份有限公司	安徽	31	中铁隧道局集团有限公司	广东
4	中国化学工程股份有限公司	北京	32	广东水电二局股份有限公司	广东
5	中国建筑第二工程局有限公司	北京	33	中国华西企业有限公司	广东
6	北京城建集团有限责任公司	北京	34	中国建筑第七工程局有限公司	河南
7	中国建筑一局（集团）有限公司	北京	35	河南省路桥建设集团有限公司	河南
8	北京建工集团有限责任公司	北京	36	河南五建建设集团有限公司	河南
9	中国核工业建设股份有限公司	北京	37	河南省第二建设集团有限公司	河南
10	中铁建设集团有限公司	北京	38	河南三建建设集团有限公司	河南
11	中电建路桥集团有限公司	北京	39	科兴建工集团有限公司	河南
12	中铁建工集团有限公司	北京	40	河北建设集团股份有限公司	河北
13	江河创建集团股份有限公司	北京	41	河北建工集团有限责任公司	河北
14	中国电建集团海外投资有限公司	北京	42	中国二十二冶集团有限公司	河北
15	中铁六局集团有限公司	北京	43	大元建业集团股份有限公司	河北
16	中铝国际工程股份有限公司	北京	44	龙建路桥股份有限公司	黑龙江
17	中国建筑土木建设有限公司	北京	45	中建五局土木工程有限公司	湖南
18	中交公路规划设计院有限公司	北京	46	中交第二公路勘察设计研究院有限公司	湖北
19	中铁十九局集团有限公司	北京	47	中交第二航务工程局有限公司	湖北
20	中电建筑集团有限公司	北京	48	南通四建集团有限公司	江苏
21	中国新兴建设开发有限责任公司	北京	49	江苏省苏中建设集团股份有限公司	江苏
22	三一筑工科技股份有限公司	北京	50	江苏省华建建设股份有限公司	江苏
23	北方国际合作股份有限公司	北京	51	华新建工集团有限公司	江苏
24	中交一公局集团有限公司	北京	52	中亿丰建设集团股份有限公司	江苏
25	中国公路工程咨询集团有限公司	北京	53	江苏扬建集团有限公司	江苏
26	中冶建工集团有限公司	重庆	54	苏州金螳螂建筑装饰股份有限公司	江苏
27	融信（福建）投资集团有限公司	福建	55	吉林建工集团有限公司	吉林
28	中建海峡建设发展有限公司	福建	56	中钢国际工程技术股份有限公司	吉林

编号	企业名称	地区	编号	企业名称	地区
57	中国二冶集团有限公司	内蒙古	82	山东高速路桥集团股份有限公司	山东
58	中国建筑第八工程局有限公司	上海	83	烟建集团有限公司	山东
59	上海建工集团股份有限公司	上海	84	山东省建设建工（集团）有限责任公司	山东
60	旭辉控股（集团）有限公司	上海	85	中铁十局集团有限公司	山东
61	上海隧道工程股份有限公司	上海	86	青建集团股份公司	山东
62	上海宝冶集团有限公司	上海	87	中国建筑第六工程局有限公司	天津
63	中铁十五局集团有限公司	上海	88	中国电建市政建设集团有限公司	天津
64	中交疏浚（集团）股份有限公司	上海	89	中交第一航务工程局有限公司	天津
65	中铁二十四局集团有限公司	上海	90	天津市建工集团（控股）有限公司	天津
66	陕西建工控股集团有限公司	陕西	91	中建西部建设股份有限公司	新疆
67	中建丝路建设投资有限公司	陕西	92	新疆北新路桥集团股份有限公司	新疆
68	中铁一局集团有限公司	陕西	93	新疆交通建设集团股份有限公司	新疆
69	中交第二公路工程局有限公司	陕西	94	新疆维泰开发建设（集团）股份有限公司	新疆
70	中铁二十局集团有限公司	陕西	95	云南省交通投资建设集团有限公司	云南
71	中交第一公路勘察设计研究院有限公司	陕西	96	浙江省建设投资集团股份有限公司	浙江
72	山西建设投资集团有限公司	山西	97	宝业集团股份有限公司	浙江
73	山西四建集团有限公司	山西	98	腾达建设集团股份有限公司	浙江
74	山西二建集团有限公司	山西	99	龙元建设集团股份有限公司	浙江
75	山西省安装集团股份有限公司	山西	100	浙江东南网架股份有限公司	浙江
76	中国五冶集团有限公司	四川	101	宁波建工工程集团有限公司	浙江
77	中国水利水电第七工程局有限公司	四川	102	宏润建设集团股份有限公司	浙江
78	成都建工集团有限公司	四川	103	浙江中南建设集团有限公司	浙江
79	中国十九冶集团有限公司	四川	104	中国电建集团华东勘测设计研究院有限公司	浙江
80	成都建工第一建筑工程有限公司	四川	105	浙江交通科技股份有限公司	浙江
81	成都建工第四建筑工程有限公司	四川	106	浙江亚厦装饰股份有限公司	浙江

中国土木工程学会 2021 年发布的团体标准
附表 4-1

标准名称	标准编号	发布日期	实施日期
城市轨道交通站点室内环境质量要求	T/CCES 6002—2021	2021 年 1 月 12 日	2021 年 4 月 1 日
天然火山灰质材料在混凝土中应用技术规程	T/CCES 18—2021	2021 年 2 月 1 日	2021 年 5 月 1 日
智能停车服务机器人（场）库工程设计规程	T/CCES 19—2021	2021 年 2 月 23 日	2021 年 5 月 1 日
全方位高压喷射注浆技术规程	T/CCES 20—2021	2021 年 4 月 16 日	2021 年 7 月 1 日
水泥土插芯组合桩复合地基技术规程	T/CCES 21—2021	2021 年 4 月 25 日	2021 年 7 月 1 日
预制混凝土构件用金属预埋吊件	T/CCES 6003—2021	2021 年 4 月 25 日	2021 年 7 月 1 日
砂浆外加剂应用技术规程	T/CCES 22—2021	2021 年 5 月 25 日	2021 年 8 月 1 日
装配式多层混凝土墙板建筑技术规程	T/CCES 23—2021	2021 年 5 月 31 日	2021 年 8 月 1 日
城镇燃气管网泄漏评估技术规程	T/CCES 24—2021	2021 年 7 月 2 日	2021 年 10 月 1 日
混凝土用功能型复合矿物掺合料	T/CCES 6004—2021	2021 年 7 月 14 日	2021 年 10 月 1 日
桥梁结构风洞试验标准	T/CCES 25—2021	2021 年 8 月 16 日	2021 年 11 月 1 日
建筑施工扬尘防治与监测技术规程	T/CCES 26—2021	2021 年 9 月 13 日	2021 年 12 月 1 日
超高性能混凝土梁式桥技术规程	T/CCES 27—2021	2021 年 10 月 20 日	2022 年 1 月 1 日
工业化建筑机电管线集成设计标准	T/CCES 28—2021	2021 年 11 月 3 日	2022 年 2 月 1 日

中国建筑业协会 2021 年发布的团体标准
附表 4-2

标准名称	标准编号	发文日期	实施日期
墙体饰面砂浆应用技术规程	T/CCIAT 0032—2021	2021 年 1 月 15 日	2021 年 3 月 15 日
轻集料连锁免抹灰砌块应用技术规程	T/CCIAT 0033—2021	2021 年 3 月 15 日	2021 年 5 月 15 日
城市综合管廊工程监测技术规程	T/CCIAT 0034—2021	2021 年 4 月 5 日	2021 年 6 月 5 日
智慧体育场馆系统工程技术规程	T/CCIAT 0035—2021	2021 年 5 月 18 日	2021 年 7 月 15 日
建筑工程物资管理标准	T/CCIAT 0036—2021	2021 年 6 月 16 日	2021 年 8 月 15 日
泥炭土海砂路基施工技术标准	T/CCIAT 0037—2021	2021 年 6 月 28 日	2021 年 9 月 1 日
商业综合体绿色设计 BIM 应用标准	T/CCIAT 0038—2021	2021 年 8 月 23 日	2021 年 10 月 1 日
预制混凝土保温外墙板应用技术规程	T/CCIAT 0039—2021	2021 年 9 月 8 日	2021 年 11 月 1 日
建设工程人工材料设备机械数据分类标准及编码规则	T/CCIAT 0040—2021	2021 年 9 月 30 日	2021 年 12 月 1 日
建筑钢、木结构企业质量管理等级评价标准	T/CCIAT 0041—2021	2021 年 12 月 27 日	2022 年 3 月 1 日

标准名称	标准编号	发文日期	实施日期
混凝土板桩支护技术规程	T/CECS 794—2021	2021 年 1 月 5 日	2021 年 6 月 1 日
竖向分布钢筋不连接装配整体式混凝土剪力墙结构技术规程	T/CECS 795—2021	2021 年 1 月 5 日	2021 年 6 月 1 日
屋面结构雪荷载设计标准	T/CECS 796—2021	2021 年 1 月 5 日	2021 年 6 月 1 日
建筑工程合同管理标准	T/CECS 797—2021	2021 年 1 月 5 日	2021 年 6 月 1 日
增强高密度聚乙烯（HDPE-IW）六棱结构壁管材	T/CECS 10114—2021	2021 年 1 月 5 日	2021 年 6 月 1 日
多年冻土地区公路一般路基设计与施工技术规程	T/CECS G：D21—02—2021	2021 年 1 月 8 日	2021 年 6 月 1 日
多年冻土地区公路热棒路基设计与施工技术规程	T/CECS G：D21—03—2021	2021 年 1 月 8 日	2021 年 6 月 1 日
建设电子文件与电子档案数据保全技术标准	T/CECS 798—2021	2021 年 1 月 8 日	2021 年 6 月 1 日
蓄能空调工程测试与评价技术规程	T/CECS 799—2021	2021 年 1 月 8 日	2021 年 6 月 1 日
公路沥青路面就地温再生技术规程	T/CECS G：M53—03—2021	2021 年 1 月 12 日	2021 年 6 月 1 日
钢筋机械连接接头认证通用技术要求	T/CECS 10115—2021	2021 年 1 月 12 日	2021 年 6 月 1 日
回弹法检测水泥基灌浆材料抗压强度技术规程	T/CECS 801—2021	2021 年 1 月 12 日	2021 年 6 月 1 日
汽车工业绿色厂房评价标准	T/CECS 802—2021	2021 年 1 月 12 日	2021 年 6 月 1 日
既有居住建筑低能耗改造技术规程	T/CECS 803—2021	2021 年 1 月 12 日	2021 年 6 月 1 日
钢结构中心支撑框架设计标准	T/CECS 804—2021	2021 年 1 月 12 日	2021 年 6 月 1 日
彩色路面技术规程	T/CECS G：D54—03—2021	2021 年 1 月 12 日	2021 年 6 月 1 日
建筑给水排水薄壁不锈钢管连接技术规程	T/CECS 277—2021	2021 年 1 月 18 日	2021 年 6 月 1 日
兽药工业洁净厂房设计标准	T/CECS 805—2021	2021 年 1 月 18 日	2021 年 6 月 1 日
建筑幕墙防火技术规程	T/CECS 806—2021	2021 年 1 月 18 日	2021 年 6 月 1 日
建筑木结构用防火涂料及阻燃处理剂应用技术规程	T/CECS 807—2021	2021 年 1 月 18 日	2021 年 6 月 1 日

标准名称	标准编号	发文日期	实施日期
数据中心二氧化碳灭火器应用技术规程	T/CECS 808—2021	2021 年 1 月 18 日	2021 年 6 月 1 日
螺栓连接多层全装配式混凝土墙板结构技术规程	T/CECS 809—2021	2021 年 1 月 18 日	2021 年 6 月 1 日
混凝土结构钢筋详图设计标准	T/CECS 800—2021	2021 年 1 月 26 日	2021 年 6 月 1 日
湿气固化型缓粘结预应力筋用粘合剂	T/CECS 10116—2021	2021 年 1 月 26 日	2021 年 6 月 1 日
湿气固化型缓粘结预应力钢绞线	T/CECS 10117—2021	2021 年 1 月 26 日	2021 年 6 月 1 日
反射隔热金属板	T/CECS 10118—2021	2021 年 1 月 26 日	2021 年 6 月 1 日
建筑门窗玻璃幕墙热工性能现场检测规程	T/CECS 811—2021	2021 年 1 月 29 日	2021 年 6 月 1 日
绿色装配式边坡防护技术规程	T/CECS 812—2021	2021 年 1 月 29 日	2021 年 6 月 1 日
扩孔自锁锚固技术规程	T/CECS 813—2021	2021 年 1 月 29 日	2021 年 6 月 1 日
后浇清水混凝土技术规程	T/CECS 814—2021	2021 年 1 月 29 日	2021 年 6 月 1 日
埋地双轴取向聚氯乙烯（PVC-O）给水管道工程技术规程	T/CECS 815—2021	2021 年 1 月 29 日	2021 年 6 月 1 日
玻纤带增强聚乙烯复合管材	T/CECS 10119—2021	2021 年 1 月 29 日	2021 年 6 月 1 日
不锈钢复合钢制对焊管件	T/CECS 10120—2021	2021 年 1 月 29 日	2021 年 6 月 1 日
球墨铸铁聚乙烯复合管	T/CECS 10121—2021	2021 年 1 月 29 日	2021 年 6 月 1 日
装配式混凝土砌块砌体建筑技术规程	T/CECS 816—2021	2021 年 2 月 5 日	2021 年 7 月 1 日
屈曲约束支撑应用技术规程	T/CECS 817—2021	2021 年 2 月 5 日	2021 年 7 月 1 日
公路货车不停车计重系统技术规程	T/CECS G：D85-04—2021	2021 年 2 月 5 日	2021 年 7 月 1 日
城市轨道客车防火技术规程	T/CECS 819—2021	2021 年 2 月 5 日	2021 年 7 月 1 日
外脚手架 P-BIM 软件功能与信息交换标准	T/CECS 820—2021	2021 年 2 月 5 日	2021 年 7 月 1 日
模板及支架 P-BIM 软件功能与信息交换标准	T/CECS 821—2021	2021 年 2 月 5 日	2021 年 7 月 1 日
核电厂建（构）筑物外观缺陷检测技术规程	T/CECS 818—2021	2021 年 2 月 26 日	2021 年 7 月 1 日
变截面双向搅拌桩技术规程	T/CECS 822—2021	2021 年 2 月 26 日	2021 年 7 月 1 日

标准名称	标准编号	发文日期	实施日期
被动柔性防护网结构工程技术规程	T/CECS 824—2021	2021 年 2 月 26 日	2021 年 7 月 1 日
给水用连续玻璃纤维增强聚乙烯（PE100）管材、管件	T/CECS 10122—2021	2021 年 2 月 26 日	2021 年 7 月 1 日
低温辐射碳棒发热轨	T/CECS 10123—2021	2021 年 2 月 26 日	2021 年 7 月 1 日
排水球墨铸铁管道工程技术规程	T/CECS823—2021	2021 年 2 月 26 日	2021 年 7 月 1 日
矩形钢管混凝土组合异形柱结构技术规程	T/CECS 825—2021	2021 年 3 月 8 日	2021 年 8 月 1 日
建筑用气密性材料应用技术规程	T/CECS 826—2021	2021 年 3 月 8 日	2021 年 8 月 1 日
绿色建筑性能数据应用规程	T/CECS 827—2021	2021 年 3 月 8 日	2021 年 8 月 1 日
建筑工程非结构构件抗震锚固技术规程	T/CECS 828—2021	2021 年 3 月 8 日	2021 年 8 月 1 日
绿色港口客运站建筑评价标准	T/CECS 829—2021	2021 年 3 月 8 日	2021 年 8 月 1 日
太阳能光伏光热热泵系统技术规程	T/CECS 830—2021	2021 年 3 月 8 日	2021 年 8 月 1 日
木桩工程技术规程	T/CECS 831—2021	2021 年 3 月 8 日	2021 年 8 月 1 日
装配整体式叠合混凝土结构地下工程防水技术规程	T/CECS 832—2021	2021 年 3 月 8 日	2021 年 8 月 1 日
烟囱拆除工程安全技术规程	T/CECS 833—2021	2021 年 3 月 8 日	2021 年 8 月 1 日
混凝土早强剂	T/CECS 10124—2021	2021 年 3 月 22 日	2021 年 8 月 1 日
水箱自动清洗消毒设备	T/CECS 10125—2021	2021 年 3 月 22 日	2021 年 8 月 1 日
气凝胶绝热厚型涂料系统	T/CECS 10126—2021	2021 年 3 月 22 日	2021 年 8 月 1 日
既有建筑外墙饰面砖工程质量评估与改造技术规程	T/CECS 834—2021	2021 年 3 月 22 日	2021 年 8 月 1 日
气凝胶绝热厚型涂料系统应用技术规程	T/CECS 835—2021	2021 年 3 月 22 日	2021 年 8 月 1 日
道路自平衡中空预应力棒技术规程	T/CECS G：D60—10—2021	2021 年 3 月 22 日	2021 年 8 月 1 日
城镇污水处理厂污泥好氧发酵工艺设计与运行管理指南	T/CECS 20006—2021	2021 年 3 月 25 日	2021 年 8 月 1 日
城镇污水处理厂污泥厌氧消化工艺设计与运行管理指南	T/CECS 20007—2021	2021 年 3 月 25 日	2021 年 8 月 1 日
城镇污水处理厂污泥干化焚烧工艺设计与运行管理指南	T/CECS 20008—2021	2021 年 3 月 25 日	2021 年 8 月 1 日

标准名称	标准编号	发文日期	实施日期
城镇污水处理厂污泥深度脱水工艺设计与运行管理指南	T/CECS 20005—2021	2021 年 3 月 25 日	2021 年 8 月 1 日
城镇污水处理厂污泥处理产物园林利用指南	T/CECS 20009—2021	2021 年 3 月 25 日	2021 年 8 月 1 日
强电分电器系统技术规程	T/CECS 836—2021	2021 年 3 月 25 日	2021 年 8 月 1 日
建筑孔洞自动防火封堵装置应用技术规程	T/CECS 837—2021	2021 年 3 月 25 日	2021 年 8 月 1 日
城市综合管廊消防技术规程	T/CECS 838—2021	2021 年 3 月 25 日	2021 年 8 月 1 日
钢结构焊接从业人员资格认证标准	T/CECS 331—2021	2021 年 3 月 25 日	2021 年 8 月 1 日
煤直接液化沥青改性石油沥青混合料技术规程	T/CECS G：D54—04—2021	2021 年 4 月 12 日	2021 年 9 月 1 日
岩体工程微震监测技术规程	T/CECS 839—2021	2021 年 4 月 12 日	2021 年 9 月 1 日
建筑工程安全管理标准	T/CECS 840—2021	2021 年 4 月 12 日	2021 年 9 月 1 日
装配式混凝土建筑工程总承包管理标准	T/CECS 841—2021	2021 年 4 月 12 日	2021 年 9 月 1 日
二次供水智能化泵房技术规程	T/CECS 842—2021	2021 年 4 月 12 日	2021 年 9 月 1 日
预应力锚杆柔性支护技术规程	T/CECS 843—2021	2021 年 4 月 12 日	2021 年 9 月 1 日
建筑工程质量管理标准	T/CECS 844—2021	2021 年 4 月 12 日	2021 年 9 月 1 日
室内冰雪场馆保温及制冷系统设计标准	T/CECS 845—2021	2021 年 4 月 12 日	2021 年 9 月 1 日
夏热冬冷地区供暖空调系统性能检测标准	T/CECS 846—2021	2021 年 4 月 12 日	2021 年 9 月 1 日
石膏基自流平砂浆应用技术规程	T/CECS 847—2021	2021 年 4 月 12 日	2021 年 9 月 1 日
燃气燃烧器具用风机	T/CECS 10127—2021	2021 年 4 月 12 日	2021 年 9 月 1 日
不锈钢二次供水水箱	T/CECS 10128—2021	2021 年 4 月 12 日	2021 年 9 月 1 日
塑料扁丝土石笼袋	T/CECS 10129—2021	2021 年 4 月 12 日	2021 年 9 月 1 日
城镇给水水质监测预警技术指南	T/CECS 20010—2021	2021 年 4 月 12 日	2021 年 9 月 1 日
无机水性渗透结晶型材料应用技术规程	T/CECS 848—2021	2021 年 4 月 16 日	2021 年 9 月 1 日
几何量测量实验室工程技术规程	T/CECS 849—2021	2021 年 4 月 16 日	2021 年 9 月 1 日

标准名称	标准编号	发文日期	实施日期
住宅厨房空气污染控制通风设计标准	T/CECS 850—2021	2021 年 4 月 16 日	2021 年 9 月 1 日
绿色科技馆评价标准	T/CECS 851—2021	2021 年 4 月 16 日	2021 年 9 月 1 日
交通工程钢网架罩棚检测及养护技术规程	T/CECS 779—2021	2021 年 4 月 19 日	2021 年 9 月 1 日
埋地用改性高密度聚乙烯（HDPE-M）双壁波纹管材	T/CECS 10022—2021	2021 年 4 月 19 日	2021 年 9 月 1 日
预制混凝土构件工厂质量保证能力要求	T/CECS 10130—2021	2021 年 4 月 19 日	2021 年 9 月 1 日
中小型餐饮场所厨房用燃气安全监控装置	T/CECS 10131—2021	2021 年 4 月 19 日	2021 年 9 月 1 日
装配式混凝土钢丝网架板式建筑技术规程	T/CECS 852—2021	2021 年 5 月 10 日	2021 年 10 月 1 日
城市社区适老化性能评价标准	T/CECS 853—2021	2021 年 5 月 10 日	2021 年 10 月 1 日
中深层地埋管地源热泵供暖技术规程	T/CECS 854—2021	2021 年 5 月 10 日	2021 年 10 月 1 日
城市森林花园住宅设计标准	T/CECS 855—2021	2021 年 5 月 10 日	2021 年 10 月 1 日
公共机构食堂灶具节能和油烟净化改造技术规程	T/CECS 856—2021	2021 年 5 月 10 日	2021 年 10 月 1 日
建筑墙体热阻现场快速测试方法标准	T/CECS 857—2021	2021 年 5 月 10 日	2021 年 10 月 1 日
公路隧道衬砌结构快速检测规程	T/CECS G：J61—01—2021	2021 年 5 月 12 日	2021 年 10 月 1 日
珍珠岩轻质复合保温板应用技术规程	T/CECS 858—2021	2021 年 5 月 18 日	2021 年 10 月 1 日
超高层建筑夜景照明工程技术规程	T/CECS 859—2021	2021 年 5 月 18 日	2021 年 10 月 1 日
低屈服点钢应用技术规程	T/CECS 860—2021	2021 年 5 月 18 日	2021 年 10 月 1 日
变速氧化沟工艺技术规程	T/CECS 861—2021	2021 年 5 月 18 日	2021 年 10 月 1 日
既有建筑增设电梯技术规程	T/CECS 862—2021	2021 年 5 月 18 日	2021 年 10 月 1 日
既有幕墙维护维修技术规程	T/CECS 863—2021	2021 年 5 月 18 日	2021 年 10 月 1 日
超高性能混凝土试验方法标准	T/CECS 864—2021	2021 年 5 月 18 日	2021 年 10 月 1 日
大跨度预应力混凝土空心板	T/CECS 10132—2021	2021 年 5 月 18 日	2021 年 10 月 1 日
套接紧定式钢导管电线管路施工及验收规程	T/CECS 120—2021	2021 年 5 月 25 日	2021 年 10 月 1 日

标准名称	标准编号	发文日期	实施日期
海绵城市系统方案编制技术导则	T/CECS 865—2021	2021 年 5 月 25 日	2021 年 10 月 1 日
海绵城市低影响开发设施比选方法技术导则	T/CECS 866—2021	2021 年 5 月 25 日	2021 年 10 月 1 日
现浇钢筋混凝土水池和管渠修补与涂装施工及验收规程	T/CECS 867—2021	2021 年 5 月 25 日	2021 年 10 月 1 日
水泥熟料生产用硅铁质混合料	T/CECS 10133—2021	2021 年 5 月 25 日	2021 年 10 月 1 日
建设产品认证标准编制通则	T/CECS 10134—2021	2021 年 5 月 25 日	2021 年 10 月 1 日
二次供水水质污染防治技术规程	T/CECS 868—2021	2021 年 6 月 2 日	2021 年 11 月 1 日
城镇排水管网在线监测技术规程	T/CECS 869—2021	2021 年 6 月 2 日	2021 年 11 月 1 日
绿色建筑被动式设计导则	T/CECS 870—2021	2021 年 6 月 2 日	2021 年 11 月 1 日
既有城市住区环境更新技术标准	T/CECS 871—2021	2021 年 6 月 2 日	2021 年 11 月 1 日
固废基场坪硬化材料	T/CECS 10135—2021	2021 年 6 月 2 日	2021 年 11 月 1 日
空气滤料对 20nm~500nm 球形颗粒物过滤效率试验方法	T/CECS 10136—2021	2021 年 6 月 2 日	2021 年 11 月 1 日
公路斜向预应力混凝土路面技术规程	T/CECS G：D40—01—2021	2021 年 6 月 8 日	2021 年 11 月 1 日
钢筋混凝土拱桥悬臂浇筑与劲性骨架组合法应用技术规程	T/CECS G：D62—01—2021	2021 年 6 月 8 日	2021 年 11 月 1 日
建筑循环冷却水系统水处理工程技术规程	T/CECS 872—2021	2021 年 6 月 8 日	2021 年 11 月 1 日
室内空气微生物污染控制技术规程	T/CECS 873—2021	2021 年 6 月 8 日	2021 年 11 月 1 日
钢筋阻锈剂应用技术规程	T/CECS 874—2021	2021 年 6 月 8 日	2021 年 11 月 1 日
缝隙透水路面技术规程	T/CECS 875—2021	2021 年 6 月 25 日	2021 年 11 月 1 日
透水路面养护技术规程	T/CECS 876—2021	2021 年 6 月 25 日	2021 年 11 月 1 日
发泡陶瓷外墙挂板应用技术规程	T/CECS 877—2021	2021 年 6 月 25 日	2021 年 11 月 1 日
装配式保温装饰一体化混凝土外墙应用技术规程	T/CECS 878—2021	2021 年 6 月 25 日	2021 年 11 月 1 日
桥梁预应力孔道注浆密实度无损检测技术规程	T/CECS 879—2021	2021 年 6 月 25 日	2021 年 11 月 1 日
工程竹材	T/CECS 10138—2021	2021 年 6 月 25 日	2021 年 11 月 1 日
建筑光伏控制及变配电设备技术要求	T/CECS 10137—2021	2021 年 6 月 25 日	2021 年 11 月 1 日
空调系统水质维护技术规程	T/CECS 881—2021	2021 年 6 月 28 日	2021 年 11 月 1 日

标准名称	标准编号	发文日期	实施日期
风电塔架检测鉴定与加固技术规程	T/CECS 882—2021	2021 年 6 月 28 日	2021 年 11 月 1 日
波纹钢综合管廊结构技术标准	T/CECS 883—2021	2021 年 6 月 28 日	2021 年 11 月 1 日
自然排烟窗技术规程	T/CECS 884—2021	2021 年 6 月 28 日	2021 年 11 月 1 日
老旧小区综合改造评价标准	T/CRECC 05—2021	2021 年 6 月 28 日	2021 年 11 月 1 日
自密实混凝土应用技术规程	T/CECS 203—2021	2021 年 6 月 30 日	2021 年 11 月 1 日
建设工程声像文件归档标准	T/CECS 885—2021	2021 年 6 月 30 日	2021 年 11 月 1 日
建筑防烟排烟风管防火性能试验方法标准	T/CECS 886—2021	2021 年 6 月 30 日	2021 年 11 月 1 日
区域火灾风险评估技术规程	T/CECS 887—2021	2021 年 6 月 30 日	2021 年 11 月 1 日
钢 – 混凝土组合桥梁设计导则	T/CECS 888—2021	2021 年 6 月 30 日	2021 年 11 月 1 日
笼芯囊锚杆技术规程	T/CECS 889—2021	2021 年 6 月 30 日	2021 年 11 月 1 日
交通建筑节能运行管理与检测技术规程	T/CECS 890—2021	2021 年 7 月 8 日	2021 年 12 月 1 日
聚氨酯碎石混合料透水路面技术规程	T/CECS 891—2021	2021 年 7 月 8 日	2021 年 12 月 1 日
潜孔冲击高压喷射注浆桩技术规程	T/CECS 892—2021	2021 年 7 月 8 日	2021 年 12 月 1 日
装配式混凝土结构设计 P–BIM 软件功能与信息交换标准	T/CECS 893—2021	2021 年 7 月 8 日	2021 年 12 月 1 日
绿色小镇规划设计标准	T/CECS 894—2021	2021 年 7 月 15 日	2021 年 12 月 1 日
建筑用系统门窗认证通用技术要求	T/CECS 10139—2021	2021 年 7 月 15 日	2021 年 12 月 1 日
超低能耗建筑用门窗认证通用技术要求	T/CECS 10140—2021	2021 年 7 月 15 日	2021 年 12 月 1 日
装配式支吊架认证通用技术要求	T/CECS 10141—2021	2021 年 7 月 15 日	2021 年 12 月 1 日
给水用孔网骨架聚乙烯（PE）塑钢复合稳态管	T/CECS 10142—2021	2021 年 7 月 15 日	2021 年 12 月 1 日
高分子量高密度聚乙烯（HMWHDPE）双波峰缠绕结构壁排水管	T/CECS 10143—2021	2021 年 7 月 15 日	2021 年 12 月 1 日
高分子量高密度聚乙烯（HMWHDPE）中空塑钢复合缠绕结构壁排水管	T/CECS 10144—2021	2021 年 7 月 15 日	2021 年 12 月 1 日
城市综合管廊施工及验收规程	T/CECS 895—2021	2021 年 7 月 20 日	2021 年 12 月 1 日

标准名称	标准编号	发文日期	实施日期
玻璃栈道工程技术规程	T/CECS 896—2021	2021 年 8 月 12 日	2022 年 1 月 1 日
冷库能耗评价方法标准	T/CECS 897—2021	2021 年 8 月 12 日	2022 年 1 月 1 日
近零能耗建筑外墙保温工程技术规程	T/CECS 898—2021	2021 年 8 月 12 日	2022 年 1 月 1 日
高性能建筑围护结构节能技术导则	T/CECS 899—2021	2021 年 8 月 12 日	2022 年 1 月 1 日
隧道防火涂料应用技术规程	T/CECS 901—2021	2021 年 8 月 12 日	2022 年 1 月 1 日
室内空气恒流采样器	T/CECS 10145—2021	2021 年 8 月 12 日	2022 年 1 月 1 日
复杂卷边冷弯型钢	T/CECS 10146—2021	2021 年 8 月 12 日	2022 年 1 月 1 日
湿拌砂浆开放时间调节剂	T/CECS 10147—2021	2021 年 8 月 12 日	2022 年 1 月 1 日
光伏组件屋面工程技术规程	T/CECS 902—2021	2021 年 8 月 19 日	2022 年 1 月 1 日
混凝土用胶粘型锚栓	T/CECS 10148—2021	2021 年 8 月 19 日	2022 年 1 月 1 日
既有城市住区海绵化改造评估标准	T/CECS 903—2021	2021 年 8 月 19 日	2022 年 1 月 1 日
供热管网预制保温塑料管道工程技术规程	T/CECS 904—2021	2021 年 8 月 31 日	2022 年 1 月 1 日
管道燃气自闭阀应用技术规程	T/CECS 905—2021	2021 年 8 月 31 日	2022 年 1 月 1 日
建筑结构非线性分析技术标准	T/CECS 906—2021	2021 年 8 月 31 日	2022 年 1 月 1 日
轻质隔墙板技术规程	T/CECS 907—2021	2021 年 8 月 31 日	2022 年 1 月 1 日
混凝土异形柱－钢丝网架保温墙体复合结构应用技术规程	T/CECS 908—2021	2021 年 8 月 31 日	2022 年 1 月 1 日
彩色涂层不锈钢电缆桥架工程技术规程	T/CECS 909—2021	2021 年 8 月 31 日	2022 年 1 月 1 日
多联机空调系统改造技术规程	T/CECS 910—2021	2021 年 8 月 31 日	2022 年 1 月 1 日
既有住区管网维护修复技术规程	T/CECS 911—2021	2021 年 8 月 31 日	2022 年 1 月 1 日
装配式钢结构建筑工程总承包管理标准	T/CECS 912—2021	2021 年 8 月 31 日	2022 年 1 月 1 日
公路桥梁钢丝绳阻尼装置减震技术规程	T/CECS G：D60—70—2021	2021 年 9 月 6 日	2022 年 2 月 1 日
道路直投式聚合物改性高模量沥青混合料应用技术规程	T/CECS G：D54—05—2021	2021 年 9 月 6 日	2022 年 2 月 1 日
公路沥青铺装层层间结合技术规程	T/CECS G：D56—01—2021	2021 年 9 月 6 日	2022 年 2 月 1 日
公路隧道照明质量评价规程	T/CECS G：F73—01—2021	2021 年 9 月 6 日	2022 年 2 月 1 日

标准名称	标准编号	发文日期	实施日期
公路路面基层应用废旧水泥混凝土再生集料技术规程	T/CECS G：K23—02—2021	2021 年 9 月 6 日	2022 年 2 月 1 日
水泥混凝土自修复性能试验方法标准	T/CECS 913—2021	2021 年 9 月 6 日	2022 年 2 月 1 日
建筑工程饰面石材粘结强度检测标准	T/CECS 914—2021	2021 年 9 月 6 日	2022 年 2 月 1 日
混凝土外加剂质量一致性的测定红外光谱法	T/CECS 10149—2021	2021 年 9 月 6 日	2022 年 2 月 1 日
混凝土预制桩用啮合式机械连接专用部件	T/CECS 10150—2021	2021 年 9 月 6 日	2022 年 2 月 1 日
装配式空心板叠合剪力墙结构技术规程	T/CECS 915—2021	2021 年 9 月 16 日	2022 年 2 月 1 日
贯入法检测蒸压加气混凝土抗压强度技术规程	T/CECS 916—2021	2021 年 9 月 16 日	2022 年 2 月 1 日
地下空间照明设计标准	T/CECS 45—2021	2021 年 9 月 16 日	2022 年 2 月 1 日
楼屋面保温隔声用轻质复合砖瓦系统技术规程	T/CECS 917—2021	2021 年 9 月 16 日	2022 年 2 月 1 日
既有城市住区历史建筑价值评价标准	T/CECS 918—2021	2021 年 9 月 16 日	2022 年 2 月 1 日
城市河道生态健康评价技术导则	T/CECS 919—2021	2021 年 9 月 16 日	2022 年 2 月 1 日
中压转换开关电器及成套开关设备	T/CECS 10151—2021	2021 年 9 月 22 日	2022 年 2 月 1 日
高分子聚合矿物质防渗材料	T/CECS 10152—2021	2021 年 9 月 22 日	2022 年 2 月 1 日
建筑排水用沟槽式连接高密度聚乙烯（HDPE）管材及管件	T/CECS 10153—2021	2021 年 9 月 22 日	2022 年 2 月 1 日
发泡陶瓷装饰构件应用技术规程	T/CECS 921—2021	2021 年 9 月 22 日	2022 年 2 月 1 日
建筑节能设计室内热环境数据获取与处理方法标准	T/CECS 922—2021	2021 年 9 月 22 日	2022 年 2 月 1 日
陶粒发泡混凝土一体化墙板	T/CECS 10154—2021	2021 年 9 月 30 日	2022 年 2 月 1 日
桥梁高承载力板式隔震支座	T/CECS 10155—2021	2021 年 9 月 30 日	2022 年 2 月 1 日
公路项目安全性评价规程	T/CECS G：E10—2021	2021 年 9 月 30 日	2022 年 2 月 1 日
颗粒混聚多功能复合砂浆应用技术规程	T/CECS 923—2021	2021 年 9 月 30 日	2022 年 2 月 1 日
户用清洁供暖集中监管运维系统技术规程	T/CECS 924—2021	2021 年 9 月 30 日	2022 年 2 月 1 日
冲击弹性波法检测混凝土缺陷技术规程	T/CECS 925—2021	2021 年 9 月 30 日	2022 年 2 月 1 日

标准名称	标准编号	发文日期	实施日期
建筑结构抗倒塌设计标准	T/CECS 392—2021	2021 年 10 月 15 日	2022 年 3 月 1 日
承载－消能减震技术规程	T/CECS 900—2021	2021 年 10 月 15 日	2022 年 3 月 1 日
桁架加劲多腔体钢板组合剪力墙技术规程	T/CECS 926—2021	2021 年 10 月 15 日	2022 年 3 月 1 日
小型燃气调压箱应用技术规程	T/CECS 927—2021	2021 年 10 月 15 日	2022 年 3 月 1 日
透气性无机保温装饰板应用技术规程	T/CECS 928—2021	2021 年 10 月 15 日	2022 年 3 月 1 日
纸蜂窝复合墙板应用技术规程	T/CECS 929—2021	2021 年 10 月 15 日	2022 年 3 月 1 日
复配岩改性沥青路面技术规程	T/CECS 930—2021	2021 年 10 月 15 日	2022 年 3 月 1 日
改性模塑聚苯板外墙保温工程技术规程	T/CECS 931—2021	2021 年 10 月 29 日	2022 年 3 月 1 日
预应力高强混凝土管桩基础耐久性技术规程	T/CECS 932—2021	2021 年 10 月 29 日	2022 年 3 月 1 日
工业通廊结构检测鉴定标准	T/CECS 933—2021	2021 年 10 月 29 日	2022 年 3 月 1 日
地下综合管廊混凝土工程检测评定标准	T/CECS 934—2021	2021 年 10 月 29 日	2022 年 3 月 1 日
公共机构建筑空调系统节能改造技术规程	T/CECS 935—2021	2021 年 10 月 29 日	2022 年 3 月 1 日
燃气环压连接薄壁不锈钢管道技术规程	T/CECS 936—2021	2021 年 10 月 29 日	2022 年 3 月 1 日
装配式基坑支护技术标准	T/CECS 937—2021	2021 年 10 月 29 日	2022 年 3 月 1 日
混凝土结构耐久性修复与防护技术规程	T/CECS 938—2021	2021 年 10 月 29 日	2022 年 3 月 1 日
废热梯级利用水源热泵热水系统工程技术规程	T/CECS 939—2021	2021 年 10 月 29 日	2022 年 3 月 1 日
分布式布里渊光纤监测技术规程	T/CECS 940—2021	2021 年 10 月 29 日	2022 年 3 月 1 日
建筑用玻璃纤维增强聚氨酯（GRPU）隔热铝合金型材	T/CECS 10156—2021	2021 年 10 月 29 日	2022 年 3 月 1 日
混凝土粘度调节剂	T/CECS 10157—2021	2021 年 10 月 29 日	2022 年 3 月 1 日
天冬聚脲美缝剂	T/CECS 10158—2021	2021 年 10 月 29 日	2022 年 3 月 1 日
给水用承插柔性接口钢管	T/CECS 10159—2021	2021 年 10 月 29 日	2022 年 3 月 1 日
公路工程智慧工地建设技术规程	T/CECS G：K80－01—2021	2021 年 10 月 29 日	2022 年 3 月 1 日

标准名称	标准编号	发文日期	实施日期
公路隧道超前地质预报技术规程	T/CECS G：F64—04—2021	2021 年 10 月 29 日	2022 年 3 月 1 日
水泥混凝土路面微裂处治与加铺技术规程	T/CECS G：M44—01—2021	2021 年 10 月 29 日	2022 年 3 月 1 日
公路无人机系统通用作业技术标准	T/CECS G：V50—01—2021	2021 年 10 月 29 日	2022 年 3 月 1 日
公路无人机系统飞行平台适用性标准	T/CECS G：V50—02—2021	2021 年 10 月 29 日	2022 年 3 月 1 日
建筑一体化智能光伏系统技术规程	T/CECS 941—2021	2021 年 11 月 12 日	2022 年 4 月 1 日
地下结构排水减压抗浮技术规程	T/CECS 942—2021	2021 年 11 月 12 日	2022 年 4 月 1 日
无机塑化微孔保温板应用技术规程	T/CECS 943—2021	2021 年 11 月 12 日	2022 年 4 月 1 日
箱板钢结构装配式建筑技术标准	T/CECS 944—2021	2021 年 11 月 12 日	2022 年 4 月 1 日
竹缠绕管廊工程技术规程	T/CECS 945—2021	2021 年 11 月 12 日	2022 年 4 月 1 日
既有住宅建筑修缮工程技术规程	T/CECS 946—2021	2021 年 11 月 12 日	2022 年 4 月 1 日
文化旅游工程建筑信息模型应用标准	T/CECS 947—2021	2021 年 11 月 12 日	2022 年 4 月 1 日
复合垂直流污水土地处理系统技术规程	T/CECS 948—2021	2021 年 11 月 12 日	2022 年 4 月 1 日
免模装配一体化钢筋混凝土结构技术规程	T/CECS 949—2021	2021 年 11 月 19 日	2022 年 4 月 1 日
建设工程消防物联网系统技术规程	T/CECS 950—2021	2021 年 11 月 19 日	2022 年 4 月 1 日
隐式钢管混凝土结构技术规程	T/CECS 951—2021	2021 年 11 月 19 日	2022 年 4 月 1 日
不锈钢管混凝土结构技术规程	T/CECS 952—2021	2021 年 11 月 19 日	2022 年 4 月 1 日
聚合物水泥防水装饰涂料应用技术规程	T/CECS 953—2021	2021 年 11 月 19 日	2022 年 4 月 1 日
装配式冷弯薄壁型钢结构建筑施工质量验收标准	T/CECS 954—2021	2021 年 11 月 19 日	2022 年 4 月 1 日
城镇供水系统节能设计标准	T/CECS 955—2021	2021 年 11 月 19 日	2022 年 4 月 1 日
公路沥青路面土工织物应力吸收层应用技术规程	T/CECS G：D56—02—2021	2021 年 11 月 19 日	2022 年 4 月 1 日
钢桥面铺装预防养护技术规程	T/CECS G：N69—02—2021	2021 年 11 月 19 日	2022 年 4 月 1 日
钢筋混凝土用 600MPa 级抗震热轧带肋钢筋	T/CECS 10160—2021	2021 年 11 月 30 日	2022 年 4 月 1 日

标准名称	标准编号	发文日期	实施日期
钢筋免加热直轧技术要求	T/CECS 10161—2021	2021 年 11 月 30 日	2022 年 4 月 1 日
锚杆用高强热轧带肋钢筋	T/CECS 10162—2021	2021 年 11 月 30 日	2022 年 4 月 1 日
医学隔离观察设施设计标准	T/CECS 961—2021	2021 年 12 月 1 日	2021 年 12 月 1 日
工程建设标准编写导则	T/CECS 1000—2021	2021 年 12 月 1 日	2021 年 12 月 1 日
装配式医院建筑设计标准	T/CECS 920—2021	2021 年 12 月 2 日	2022 年 5 月 1 日
深井曝气工程技术规程	T/CECS 42—2021	2021 年 12 月 20 日	2022 年 5 月 1 日
装配式混凝土框架节点与连接设计标准	T/CECS 43—2021	2021 年 12 月 20 日	2022 年 5 月 1 日
合流制排水系统截流设施技术规程	T/CECS 91—2021	2021 年 12 月 20 日	2022 年 5 月 1 日
建筑用真空陶瓷微珠绝热系统技术规程	T/CECS 530—2021	2021 年 12 月 20 日	2022 年 5 月 1 日
钢管混凝土束结构轻质抹灰石膏防火技术规程	T/CECS 956—2021	2021 年 12 月 20 日	2022 年 5 月 1 日
地基加固构件应用技术规程	T/CECS 957—2021	2021 年 12 月 20 日	2022 年 5 月 1 日
多层机喷砂浆抹灰系统技术规程	T/CECS 958—2021	2021 年 12 月 20 日	2022 年 5 月 1 日
焊接不锈钢屋面工程技术标准	T/CECS 959—2021	2021 年 12 月 20 日	2022 年 5 月 1 日
建筑隔墙用工业副产石膏条板应用技术规程	T/CECS 960—2021	2021 年 12 月 20 日	2022 年 5 月 1 日
超大尺寸玻璃幕墙应用技术规程	T/CECS 962—2021	2021 年 12 月 20 日	2022 年 5 月 1 日
住宅室内环境技术规程	T/CECS 963—2021	2021 年 12 月 20 日	2022 年 5 月 1 日
摆锤敲入法检测钢材屈服强度技术规程	T/CECS 964—2021	2021 年 12 月 20 日	2022 年 5 月 1 日
摆锤敲入法检测木材强度技术规程	T/CECS 965—2021	2021 年 12 月 20 日	2022 年 5 月 1 日
塌陷区铁路线路维护与加固技术规程	T/CECS 966—2021	2021 年 12 月 20 日	2022 年 5 月 1 日
铁路隧道设备洞室灭火装置技术规程	T/CECS 967—2021	2021 年 12 月 20 日	2022 年 5 月 1 日
旅馆建筑节能技术规程	T/CECS 968—2021	2021 年 12 月 20 日	2022 年 5 月 1 日
城市轨道交通地下车站机电系统节能调适与运行维护技术规程	T/CECS 969—2021	2021 年 12 月 20 日	2022 年 5 月 1 日
建筑幕墙安全性评估技术标准	T/CECS 970—2021	2021 年 12 月 20 日	2022 年 5 月 1 日
纤维增强聚氨酯复合材料杆塔	T/CECS 10163—2021	2021 年 12 月 20 日	2022 年 5 月 1 日
建筑隔墙用工业副产石膏条板	T/CECS 10164—2021	2021 年 12 月 20 日	2022 年 5 月 1 日
直埋式城镇燃气调压箱	T/CECS 10165—2021	2021 年 12 月 20 日	2022 年 5 月 1 日

标准名称	标准编号	发文日期	实施日期
混凝土抗低温硫酸盐侵蚀试验方法	T/CECS 10166—2021	2021 年 12 月 20 日	2022 年 5 月 1 日
公路隧道机电设施综合管控技术规程	T/CECS G：D85—07—2021	2021 年 12 月 20 日	2022 年 5 月 1 日
公路直流供电系统设计标准	T/CECS G：D85—08—2021	2021 年 12 月 20 日	2022 年 5 月 1 日
全向毫米波雷达路况感知系统技术标准	T/CECS G：D85—09—2021	2021 年 12 月 20 日	2022 年 5 月 1 日
公路护栏智能检测系统技术标准	T/CECS G：D85—10—2021	2021 年 12 月 20 日	2022 年 5 月 1 日
公路沥青路面渗透性雾封层技术规程	T/CECS G：M52—02—2021	2021 年 12 月 20 日	2022 年 5 月 1 日
自动水灭火系统薄壁不锈钢管管道工程技术规程	T/CECS 229—2021	2021 年 12 月 26 日	2022 年 5 月 1 日
再生纺胎改性沥青自粘防水卷材应用技术规程	T/CECS 972—2021	2021 年 12 月 26 日	2022 年 5 月 1 日
微生物自修复混凝土应用技术规程	T/CECS 973—2021	2021 年 12 月 26 日	2022 年 5 月 1 日
微生物抗泛碱剂在水泥基材料中应用技术规程	T/CECS 974—2021	2021 年 12 月 26 日	2022 年 5 月 1 日
市政公用工程绿色施工评价标准	T/CECS 975—2021	2021 年 12 月 26 日	2022 年 5 月 1 日
数字档案中手写电子签名应用标准	T/CECS 976—2021	2021 年 12 月 26 日	2022 年 5 月 1 日
装配式钢结构地下综合管廊工程技术规程	T/CECS 977—2021	2021 年 12 月 26 日	2022 年 5 月 1 日
道路软土地基强力搅拌就地固化技术规程	T/CECS 978—2021	2021 年 12 月 26 日	2022 年 5 月 1 日
钢渣沥青路面技术规程	T/CECS 979—2021	2021 年 12 月 26 日	2022 年 5 月 1 日
高污染工业建筑环境评价标准	T/CECS 980—2021	2021 年 12 月 26 日	2022 年 5 月 1 日
墙布装饰工程施工及验收标准	T/CECS 981—2021	2021 年 12 月 26 日	2022 年 5 月 1 日
成品住宅全装修设计标准	T/CECS 982—2021	2021 年 12 月 26 日	2022 年 5 月 1 日
轻型保温装饰板外墙外保温工程技术规程	T/CECS 983—2021	2021 年 12 月 26 日	2022 年 5 月 1 日
基于建筑信息模型的综合管廊设备与设施管理编码标准	T/CECS 984—2021	2021 年 12 月 26 日	2022 年 5 月 1 日

标准名称	标准编号	发文日期	实施日期
空气源热泵热水系统技术规程	T/CECS 985—2021	2021 年 12 月 26 日	2022 年 5 月 1 日
混凝土缓凝剂	T/CECS 10167—2021	2021 年 12 月 26 日	2022 年 5 月 1 日
旅游公路技术标准	T/CECS G：C12—2021	2021 年 12 月 26 日	2022 年 5 月 1 日
公路索道桥技术规程	T/CECS G：D64—01—2021	2021 年 12 月 26 日	2022 年 5 月 1 日
公路桥梁预应力混凝土管桩基础技术规程	T/CECS G：D67—03—2021	2021 年 12 月 26 日	2022 年 5 月 1 日
现浇改性石膏墙体应用技术规程	T/CECS 971—2021	2021 年 12 月 26 日	2022 年 5 月 1 日

中国建筑学会 2021 年发布的团体标准　　　　　　　附表 4-4

标准名称	标准编号	发文日期	实施日期
电动汽车充换电设施系统设计标准	T/ASC 17—2021	2021 年 2 月 1 日	2021 年 5 月 1 日
高层建筑物玻璃幕墙模拟雷击试验方法	T/ASC 6001—2021	2021 年 2 月 1 日	2021 年 5 月 1 日
消防用电线电缆耐火性能试验方法	T/ASC 6002—2021	2021 年 3 月 31 日	2021 年 6 月 1 日
室外适老健康环境设计标准	T/ASC 18—2021	2021 年 4 月 30 日	2021 年 7 月 1 日
智慧建筑设计标准	T/ASC 19—2021	2021 年 4 月 30 日	2021 年 7 月 1 日
寒地建筑多性能目标优化设计技术标准	T/ASC 20—2021	2021 年 6 月 22 日	2021 年 9 月 1 日
水泥基渗透结晶型防水材料应用技术标准	T/ASC 21—2021	2021 年 6 月 22 日	2021 年 9 月 1 日

2021 年土木工程建设企业科技创新能力排序各指标评分情况　　　　　附表 4-5

名次	指标评分											综合评价得分
	指标1	指标2	指标3	指标4	指标5	指标6	指标7	指标8	指标9	指标10	指标11	
1	15.000	2.037	10.000	10.000	5.000	1.932	0.333	10.000	4.800	8.333	2.500	69.935
2	8.465	0.926	2.889	1.111	4.286	3.939	5.000	9.227	4.800	0.000	0.000	40.644
3	2.890	2.733	2.889	10.000	2.143	0.303	1.191	2.895	0.000	0.000	0.000	25.044
4	5.314	1.428	4.444	1.111	0.000	0.758	0.858	2.105	1.800	3.137	3.750	24.707
5	2.952	1.869	1.778	1.111	0.714	0.341	0.009	3.865	0.600	10.000	1.458	24.698
6	5.161	1.402	2.889	0.000	5.000	0.758	0.079	2.303	4.800	0.000	2.083	24.474

名次	指标评分											综合评价得分
	指标1	指标2	指标3	指标4	指标5	指标6	指标7	指标8	指标9	指标10	指标11	
7	5.095	1.629	0.444	7.778	0.714	1.250	0.201	3.684	1.200	0.000	0.000	21.996
8	6.133	2.710	1.333	1.111	0.714	0.682	1.068	4.901	3.000	0.000	0.000	21.653
9	0.863	1.871	3.556	3.333	3.571	0.758	0.482	3.438	3.600	0.000	0.000	21.470
10	0.214	0.709	0.000	2.222	0.714	0.303	0.236	1.036	0.000	4.706	10.000	20.141
11	2.030	2.198	0.000	0.000	0.357	0.000	0.105	0.000	15.000	0.000	0.000	19.690
12	4.870	0.983	3.111	0.000	0.714	0.568	0.166	2.813	2.400	1.863	1.458	18.946
13	3.063	1.297	4.222	0.000	0.357	0.076	0.543	1.530	6.600	0.000	0.000	17.687
14	7.245	2.228	0.667	2.222	0.357	0.265	1.033	2.089	1.200	0.000	0.000	17.306
15	7.386	2.404	0.000	0.000	0.000	2.386	0.131	1.069	1.200	0.000	2.500	17.076
16	2.067	1.982	0.000	3.333	0.000	0.682	0.517	5.921	0.000	0.000	0.000	14.501
17	2.820	2.070	3.333	0.000	0.714	0.114	0.377	1.431	2.400	0.000	0.000	13.259
18	6.429	2.120	0.889	0.000	0.357	0.152	0.359	1.365	0.000	0.098	0.208	11.977
19	0.293	2.972	3.333	0.000	2.143	0.795	0.035	0.493	1.800	0.000	0.000	11.865
20	2.925	2.127	0.444	0.000	0.000	0.417	0.053	5.197	0.600	0.000	0.000	11.763
21	5.367	1.720	0.222	0.000	0.000	0.341	0.228	2.368	0.600	0.000	0.625	11.472
22	5.367	1.122	0.444	0.000	0.714	0.795	0.053	1.563	1.200	0.000	0.000	11.258
23	0.265	2.843	2.222	0.000	3.571	0.568	0.088	0.609	0.600	0.000	0.208	10.975
24	0.275	2.333	2.444	1.111	2.143	0.758	0.359	0.313	0.600	0.000	0.208	10.543
25	2.210	1.811	0.889	0.000	1.071	0.227	0.061	1.217	3.000	0.000	0.000	10.487
26	2.987	1.569	0.000	0.000	0.000	0.000	0.018	2.615	3.000	0.000	0.000	10.189
27	2.966	2.509	0.000	1.111	0.714	0.227	0.630	1.990	0.000	0.000	0.000	10.148
28	4.245	1.013	0.000	0.000	0.714	0.530	0.499	1.184	0.000	0.000	1.875	10.061
29	4.103	1.686	0.222	0.000	0.357	0.000	0.009	0.576	0.600	0.000	1.875	9.428
30	0.852	2.441	0.000	4.444	0.357	0.114	0.114	0.444	0.600	0.000	0.000	9.367
31	2.717	1.719	0.667	0.000	0.714	0.114	0.289	0.658	2.400	0.000	0.000	9.278
32	0.647	0.516	0.222	0.000	0.000	5.000	0.911	0.362	0.000	0.000	1.250	8.908

名次	指标评分											综合评价得分
	指标1	指标2	指标3	指标4	指标5	指标6	指标7	指标8	指标9	指标10	指标11	
33	2.556	1.964	0.444	0.000	0.714	0.265	0.254	0.658	0.600	0.000	0.417	7.873
34	2.556	1.138	0.222	0.000	1.429	0.152	0.009	0.839	1.200	0.000	0.000	7.544
35	1.067	1.779	0.222	0.000	0.357	0.341	0.061	3.191	0.000	0.000	0.000	7.019
36	1.351	2.087	0.222	0.000	0.000	1.326	0.271	1.234	0.000	0.000	0.000	6.491
37	1.014	1.438	0.444	0.000	1.071	0.492	0.140	1.645	0.000	0.000	0.000	6.245
38	1.070	2.234	0.444	0.000	1.429	0.417	0.368	0.247	0.000	0.000	0.000	6.209
39	0.214	5.000	0.222	0.000	0.357	0.000	0.009	0.362	0.000	0.000	0.000	6.164
40	0.209	0.173	0.000	0.000	0.000	0.114	0.035	0.559	4.800	0.000	0.000	5.890
41	1.116	1.350	0.222	0.000	0.357	0.000	0.026	1.053	1.200	0.000	0.417	5.740
42	1.190	3.711	0.000	0.000	0.000	0.265	0.009	0.066	0.000	0.000	0.000	5.241
43	1.401	1.409	0.222	0.000	0.000	0.152	0.035	0.740	1.200	0.000	0.000	5.159
44	0.834	0.468	0.667	0.000	0.714	0.530	0.254	0.280	1.200	0.000	0.208	5.155
45	1.604	1.780	0.000	0.000	0.357	0.038	0.053	0.148	0.600	0.000	0.208	4.788
46	1.190	2.438	0.889	0.000	0.000	0.114	0.026	0.099	0.000	0.000	0.000	4.756
47	1.061	1.994	0.000	0.000	0.000	0.038	0.000	1.579	0.000	0.000	0.000	4.672
48	0.826	2.590	0.000	0.000	0.000	0.152	0.149	0.230	0.600	0.000	0.000	4.547
49	1.510	1.203	0.667	0.000	0.000	0.038	0.070	0.921	0.000	0.000	0.000	4.409
50	1.033	1.301	0.000	0.000	0.000	0.303	0.070	0.132	1.200	0.000	0.208	4.247
51	1.016	0.963	0.000	0.000	0.714	0.114	0.035	0.378	0.600	0.000	0.208	4.028
52	0.393	2.022	0.000	0.000	0.357	0.152	0.018	0.066	0.600	0.000	0.417	4.024
53	1.401	2.003	0.000	0.000	0.000	0.189	0.018	0.230	0.000	0.000	0.000	3.841
54	0.133	0.410	0.000	0.000	1.786	0.114	0.044	0.658	0.600	0.000	0.000	3.744
55	0.180	0.289	0.444	0.000	0.000	0.189	0.026	0.214	2.400	0.000	0.000	3.744
56	0.650	2.028	0.000	0.000	0.000	0.189	0.096	0.543	0.000	0.000	0.000	3.507
57	0.212	1.149	0.000	0.000	0.714	0.152	0.079	0.477	0.000	0.392	0.208	3.383
58	0.256	2.412	0.222	0.000	0.000	0.000	0.000	0.000	0.000	0.098	0.000	2.988

名次	指标评分											综合评价得分
	指标1	指标2	指标3	指标4	指标5	指标6	指标7	指标8	指标9	指标10	指标11	
59	0.437	2.346	0.000	0.000	0.000	0.038	0.009	0.066	0.000	0.000	0.000	2.896
60	0.485	1.094	0.000	0.000	0.000	0.076	0.543	0.099	0.000	0.000	0.417	2.714
61	0.588	1.859	0.000	0.000	0.000	0.000	0.009	0.016	0.000	0.000	0.000	2.472
62	0.488	1.756	0.000	0.000	0.000	0.000	0.009	0.115	0.000	0.000	0.000	2.368
63	0.432	1.514	0.222	0.000	0.000	0.152	0.035	0.000	0.000	0.000	0.000	2.355
64	0.255	1.892	0.000	0.000	0.000	0.038	0.018	0.066	0.000	0.000	0.000	2.268
65	0.259	1.822	0.000	0.000	0.000	0.000	0.000	0.000	0.000	0.000	0.000	2.082
66	0.528	0.560	0.000	0.000	0.714	0.038	0.000	0.197	0.000	0.000	0.000	2.037
67	0.079	0.430	0.000	0.000	0.000	0.152	0.280	0.428	0.000	0.000	0.000	1.368
68	0.298	1.065	0.000	0.000	0.000	0.000	0.000	0.000	0.000	0.000	0.000	1.363
69	0.616	0.300	0.000	0.000	0.000	0.038	0.035	0.164	0.000	0.000	0.208	1.363
70	0.167	0.437	0.000	0.000	0.000	0.682	0.026	0.049	0.000	0.000	0.000	1.361
71	0.065	0.090	0.000	0.000	0.000	0.303	0.018	0.197	0.600	0.000	0.000	1.273
72	0.121	0.595	0.000	0.000	0.000	0.038	0.140	0.132	0.000	0.000	0.208	1.235
73	0.124	0.862	0.000	0.000	0.000	0.038	0.000	0.066	0.000	0.000	0.000	1.090
74	0.039	0.177	0.000	0.000	0.000	0.000	0.289	0.033	0.000	0.000	0.000	0.538
75	0.096	0.361	0.000	0.000	0.000	0.000	0.009	0.000	0.000	0.000	0.000	0.466
76	0.059	0.153	0.000	0.000	0.000	0.038	0.035	0.115	0.000	0.000	0.000	0.399
77	0.015	0.240	0.000	0.000	0.000	0.000	0.000	0.016	0.000	0.000	0.000	0.271
78	0.018	0.018	0.000	0.000	0.000	0.038	0.009	0.066	0.000	0.000	0.000	0.149

图书在版编目（CIP）数据

中国土木工程建设发展报告 . 2021 / 中国土木工程
学会组织编写 . —北京：中国建筑工业出版社，
2022.12
　ISBN 978-7-112-28272-2

　I. ①中… Ⅱ. ①中… Ⅲ. ①土木工程—研究报告—
中国—2021 Ⅳ. ① TU

中国版本图书馆CIP数据核字（2022）第240533号

责任编辑：王砾瑶
责任校对：张　颖

中国土木工程建设发展报告2021
中国土木工程学会　组织编写
＊
中国建筑工业出版社出版、发行（北京海淀三里河路9号）
各地新华书店、建筑书店经销
北京海视强森文化传媒有限公司制版
北京富诚彩色印刷有限公司印刷
＊
开本：787毫米×1092毫米　1/16　印张：22¾　插页：13　字数：409千字
2022年12月第一版　2022年12月第一次印刷
定价：180.00元
ISBN 978-7-112-28272-2
　　　（40723）